Office 2010三合一教程

成　昊　主　编
游溯涛　余良谋　副主编

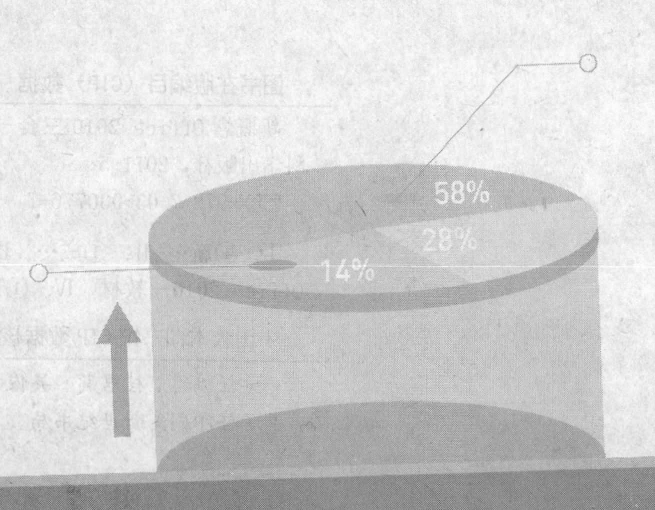

科学出版社

内容简介

本书系统地介绍了目前国内流行的Office 2010办公应用技术，全书采用项目化教学模式，精选实用、够用的案例与实训，注重了理论与实践相结合，突出了对学习Office的应用技能、实际操作能力及职业能力的培养。

全书共18个项目，项目1～项目6讲解Word 2010的实用技术，主要包含Word 2010基础入门、字符格式和段落编排、设置样式和模板、表格处理、文本框/艺术字和图形设置、页面设置和打印输出等内容；项目7～项目12讲解Excel工作表的实用技术，主要包含Excel 2010的基本操作、管理工作表、公式与函数、图表、管理数据、打印工作表等内容；项目13～项目17讲解PowerPoint 2010演示文稿的实用技术，主要包含PowerPoint 2010的基本操作、格式化幻灯片、处理幻灯片、在幻灯片中插入对象、设计和放映幻灯片等内容，最后通过项目18的3个综合案例的应用将Office 2010的知识融会贯通。全书在内容上突出实用性和可操作性，以实践技能为核心，注重全面提高职业实践能力和职业素养。

本书为用书教师提供超值的立体化教学资源包，主要包含素材与效果文件、与书中内容同步的多媒体教学视频（播放时间长达126分钟）、电子课件、192个Office使用模板（Word、PowerPoint、Excel模板各64个）和课程设计，为教师的教学和学生的学习提供了便利。

图书在版编目（CIP）数据

新概念Office 2010三合一教程/成昊编著. —北京：科学出版社，2011.5

ISBN 978-7-03-030776-7

Ⅰ. ①新… Ⅱ. ①成… Ⅲ. ①办公自动化—应用软件，Office 2010—教材 Ⅳ. ①TP317.1

中国版本图书馆CIP数据核字（2011）第067505号

责任编辑：桂君莉 吴俊华 / 责任校对：杨慧芳

责任印刷：新世纪书局 / 封面设计：彭琳君

科学出版社 出版

北京东黄城根北街16号

邮政编码：100717

http://www.sciencep.com

中国科学出版集团新世纪书局策划

北京市艺辉印刷有限公司印刷

中国科学出版集团新世纪书局发行 各地新华书店经销

*

2011年6月第一版 开本：16开

2011年6月第一次印刷 印张：14.00

印数：1—4 000 字数：340 000

定价：29.90元

第6版新概念 丛书使用指南

一、编写目的

“新概念”系列教程于2000年初上市，当时是图书市场中唯一的IT多媒体教学培训图书，以其易学易用、高性价比等特点倍受读者欢迎。在历时11年的销售过程中，我们按照同时期最新、最实用的多媒体教学理念，根据用书教师和读者需求对图书的内容、体例、写法进行过4次改进，丛书发行量早已超过300万册，是深受计算机培训学校、职业教育院校师生喜爱的首选教学用书。

随着《国家中长期教育改革和发展规划纲要（2010～2020年）》的制定和落实，我国职业教育改革已进入一个活跃期，地方的教育改革和制度创新的案例日渐增多。为了顺应教改的大潮流，我们迎来了本系列教程第6版的深度改版升级。

为此，我们组织国内26名职业教育专家、43所著名职业院校和职业培训机构的一线优秀教师联合策划与编写了“第6版新概念”系列丛书——“十二五”职业教育计算机应用型规划教材。

二、丛书的特色

本丛书作为“十二五”职业教育计算机应用型规划教材，根据《国家中长期教育改革和发展规划纲要（2010～2020年）》职业教育的重要发展战略，按照现代化教育的新观念开发而来，为您的学习、教学、工作和生活带来便利，主要有如下特色。

- **强大的编写团队**。由26名职业教育专家、43所著名职业院校和职业培训机构的一线优秀教师联合组成。
- **满足教学改革的新需求**。在《国家中长期教育改革和发展规划纲要（2010～2020年）》职业教育重要发展战略的指导下，针对当前的教学特点，以职业教育院校为对象，以“实用、够用、好用、好教”为核心，通过课堂实训、案例实训强化应用技能，最后以来自行业应用的综合案例，强化学生的岗位技能。
- **秉承“以例激趣、以例说理、以例导行”的教学宗旨**。通过对案例的实训，激发读者兴趣，鼓励读者积极参与讨论和学习活动；让读者可以在实际操作中掌握知识和方法，提高实际动手能力、强化与拓展综合应用技能。
- **好教、好用**。每章均按内容讲解、课堂实训、案例实训、课后习题和上机操作的结构组织内容，在领悟知识的同时，通过实训强化应用技能。在开始讲解之前，归纳出所讲内容的知识要点，便于读者自学，方便学生预习、教师讲课。

三、立体化教学资源包

为了迎合现代化教育的教学需求，我们为丛书中的每一本书都开发了一套立体化多媒体教学资源包，为教师的教学和学生的学习提供了极大的便利，主要包含以下元素。

- **素材与效果文件**。为书中的实训提供必要的操作文件和最终效果参考文件。
- **与书中内容同步的教学视频**。在授课中配合此教学视频演示，可代替教师在课堂上的演示操作，这样教师就可以将授课的重心放在讲授知识和方法上，从而大大增强课堂授课效果，同时学生课后还可以参考教学视频，进行课后演练和复习。
- **电子课件**。完整的PowerPoint演示文档，协助用书教师优化课堂教学，提高课堂授课质量。

- **附赠的教学案例及其使用说明**。为教师课堂上的举例和教学拓展提供多个实用案例，丰富课堂内容。
- **习题的参考答案**。为教师评分提供参考。
- **课程设计**。提供多个综合案例的实训要求，为教师布置期末大作业提供参考。

用书教师请致电（010）64865699 转 8067/8082/8081/8033 或发送 E-mail 至 bookservice@126.com 免费索取此教学资源包。

四、丛书的组成

新概念 Office 2003 三合一教程
新概念 Office 2003 六合一教程
新概念 Photoshop CS5 平面设计教程
新概念 Flash CS5 动画设计与制作教程
新概念 3ds Max 2011 中文版教程
新概念网页设计三合一教程——Dreamweaver CS5、Flash CS5、Photoshop CS5
新概念 Dreamweaver CS5 网页设计教程
新概念 CorelDRAW X5 图形创意与绘制教程
新概念 Premiere Pro CS5 多媒体制作教程
新概念 After Effects CS5 影视后期制作教程
新概念 Office 2010 三合一教程
新概念 Excel 2010 教程
新概念计算机组装与维护教程
新概念计算机应用基础教程
新概念文秘与办公自动化教程
新概念 AutoCAD 2011 教程
新概念 AutoCAD 2011 建筑制图教程
……

五、丛书的读者对象

"第 6 版新概念"系列教材及其配套的立体化教学资源包面向初、中级读者，尤其适合用作职业教育院校、大中专院校、成人教育院校和各类计算机培训学校相关课程的教材。即使没有任何基础的自学读者，也可以借助本套丛书轻松入门，顺利完成各种日常工作，尽情享受 IT 的美好生活。对于稍有基础的读者，可以借助本套丛书快速提升综合应用技能。

六、编者寄语

"第 6 版新概念"系列教材提供满足现代化教育新需求的立体化多媒体教学环境，配合一看就懂、一学就会的图书，绝对是计算机职业教育院校、大中专院校、成人教育院校和各类计算机培训学校以及计算机初学者、爱好者的理想教程。

由于编者水平有限，书中疏漏之处在所难免。我们在感谢您选择本套丛书的同时，也希望您能够把对本套丛书的意见和建议告诉我们。联系邮箱：l-v2008@163.com。

丛书编者
2011 年 4 月

Contents

目 录

项目 1

Word 2010 基础入门

本章导读

通过对本章的学习，读者可以了解 Word 2010 的基本原理和操作方法，能够完成常用操作和体会 Word 2010 的强大。

知识要点

- Word 2010 的启动
- Word 2010 的工作窗口
- 打开文档
- 选择视图方式
- 页面视图
- 改变显示比例
- 文档的建立和保存
- 定位
- 拼写

任务 1 Word 2010 的基本操作

实训 1 启动和认识 Word 2010

使用 Word 2010 进行文档处理工作，首先需要启动 Word 2010。这里我们介绍两种常用的启动方法。

1．使用“开始”菜单启动 Word 2010

单击 Windows 任务栏上的“开始”按钮，然后指向“程序”选项，从弹出的级联菜单中选择 Microsoft Office | Microsoft Office Word 2010 命令，即可启动 Word 2010。

2．使用文档启动 Word 2010

在“我的电脑”窗口或在“Windows 资源管理器”窗口中找到一个 Word 文档，双击它即可。

另外，要打开新近使用过的 Word 文档，可以单击 Windows 任务栏上的“开始”按钮，从弹出的菜单中选择“我最近的文档”命令，在其级联菜单中选择要使用的 Word 文档，即可启动 Word 2010。

3．Word 2010 的工作窗口

启动 Word 2010 后，可以看到如图 1.1 所示的 Word 工作窗口。下面分别介绍其组成部分。

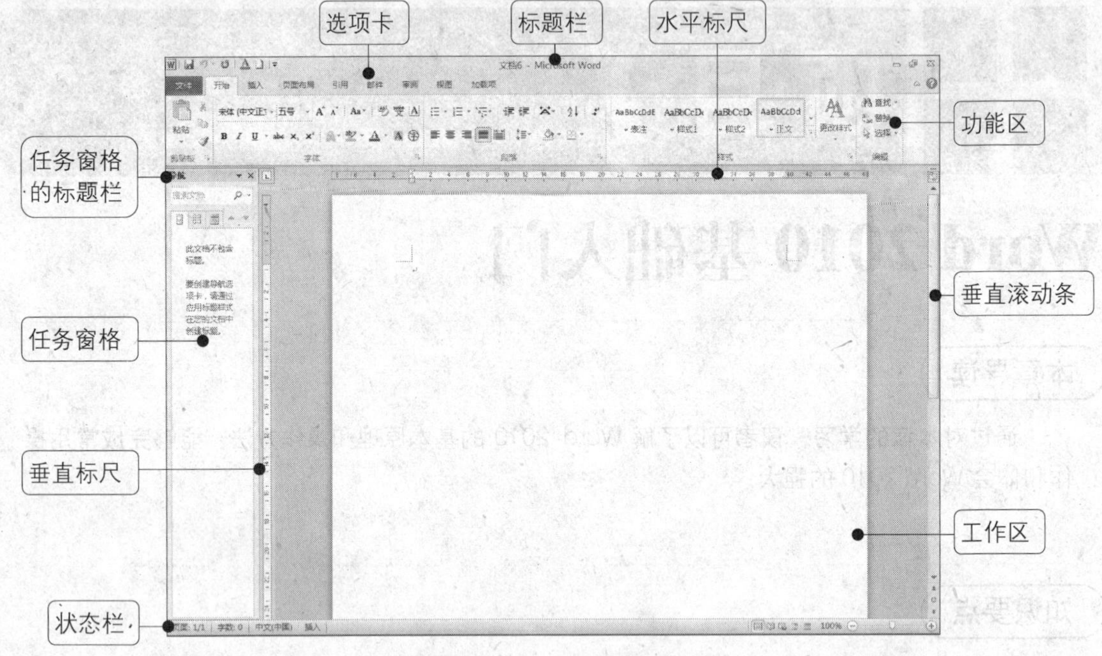

图 1.1　Word 2010 工作窗口

（1）标题栏

在图 1.1 所示的窗口的最上方是标题栏，其中从左到右依次为“控制菜单”按钮、自定义快速访问工具栏、当前正在编辑的文档名、文档名称、“最小化”按钮、“向下还原”按钮和“关闭”按钮。

单击“控制菜单”按钮，在弹出的下拉菜单中改变窗口的大小、位置和关闭窗口等。例如，选择控制菜单中的“最小化”命令或单击右上角的“最小化”按钮，即可将整个窗口最小化。此时再单击任务栏中的应用程序图标，即可将窗口复原。

如果选择 Word 控制菜单中的“还原”命令或单击右上角的“向下还原”按钮，就可以将窗口恢复到上次出现的窗口大小。这时再选择控制菜单中的“最大化”命令或单击右上角的“最大化”按钮，就可以将窗口恢复到最大化状态。

如果想关闭 Word 程序，在控制菜单中选择“关闭”命令，也可以通过单击右上角的“关闭”按钮退出 Word。如果在退出之前用户没有保存已编辑的文档，系统就会自动弹出一个对话框，询问是否保存该文档。

（2）选项卡

选项卡在标题栏的下方，将一类活动（功能）组织在一起。选项卡中包含若干个组，通过对选项卡中命令的选择可以执行 Word 的各种功能，选项卡如图 1.2 所示。

图 1.2　选项卡

在选项卡的右侧还有一个“帮助”按钮，单击该按钮，在弹出的对话框中输入需要帮助的问题，如输入“字体”两字，就会出现“搜索结果”任务窗格，其中列有相应的关于设置、更改字体方面的帮助信息。

（3）功能区

功能区位于选项卡下方，可以帮助用户快速找到完成某一任务所需的按钮选项。按钮选项被组织在组中，组集中在选项卡中。为减少混乱，某些选项卡只在需要时才显示，功能区如图 1.3 所示。

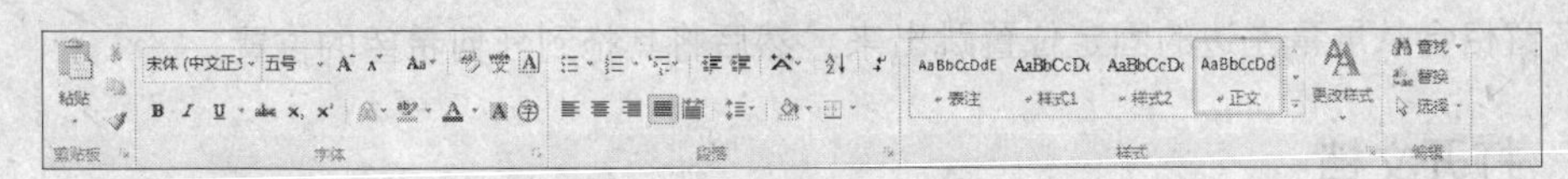

图 1.3　功能区

有些组含有对话框启动器，以便打开相应的对话框，从而进行对更多按钮选项的访问。在键盘操作功能区，可以通过几个按键访问任意按钮选项，操作步骤如下。

Step 01 按 Alt 键，在当前视图中每个功能都会显示键盘提示，如图 1.4 所示。

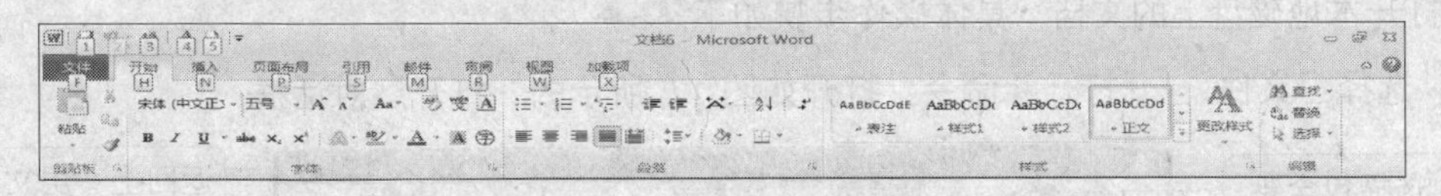

图 1.4　按 Alt 键后在当前视图中显示的键盘提示

Step 02 在键盘上按下视图中所提示的按键，可打开相应的选项卡。例如，在 Word 2010 中，先按 Alt 键，在当前视图中每个可用功能上方显示键盘提示，然后按 N 键，则会显示“插入”选项卡及选项中各个组的提示键。

Step 03 根据“插入”选项卡中各个组的按键提示，按下某个按键可打开相应的按钮选项。例如，在“插入”选项卡中按 P 键，打开“插入图片”对话框。

（4）标尺

在通常情况下，水平标尺位于“段落”功能区的正下方。标尺的功能很多，如缩进段落、改变栏宽、设置制表位等。另外，在窗口的左侧还有垂直标尺。同工具栏的默认提示一样，将鼠标指针移动到各个标尺符号上稍停片刻，屏幕就会出现相应的提示。

（5）工作区

水平标尺下面是 Word 2010 工作窗口中最大的区域：工作区。在普通视图中，工作区中会有一个不断闪烁的竖条，称为插入点，它指示的是下一个字符输入的位置。

如果是在页面视图中，工作区可能会出现灰色的网格线，这是帮助用户编辑的，不会被打印出来。不想在视图中出现网格线时，选择“视图”|“网格线”命令，取消勾选“网格线”即可。

（6）滚动条

滚动条包括垂直滚动条（右侧）和水平滚动条（下方）。用户可以通过拖动滚动条来移动文档视图。

在垂直滚动条左下方有 5 个视图切换按钮：“草稿视图”按钮、“Web 版式视图”按钮、“页面视图”按钮、“大纲视图”按钮和“阅读版式”按钮。单击相应的按钮，可切换到不同的视图模式。

在垂直滚动条下方有一个“选择浏览对象”按钮，单击该按钮会出现“选择浏览对象”面板，在其中选择所要浏览的项目，即可快速浏览文档。

（7）状态栏

状态栏位于水平滚动条下方，其中包括字数、目前页数/总页数、插入点所在位置（行和列）等信息和语言框（提示当前正在使用的语言）。

（8）任务窗格

任务窗格是提供常用命令的独立窗口，一般位于文档窗口的左侧，如图 1.1 中显示的就是“导航”任务窗格。

如果不希望任务窗格出现在屏幕左边而占据过多的编辑区域，可以拖动任务窗格标题栏的左侧，任务窗格会从屏幕左边的固定位置跳出来，然后将其拖到任何希望的位置。

实训 2　打开文档

利用 Word 可以打开任何位置上的文档，包括本地磁盘、网络驱动器，甚至 Internet 上的文档，还能打开文档的副本，对副本的任何修改不会影响它的源文档。

1. 打开本地磁盘上的文档

要打开本地磁盘上的文档，具体操作步骤如下。

Step 01 选择"文件"|"打开"命令，打开如图 1.5 所示的"打开"对话框。

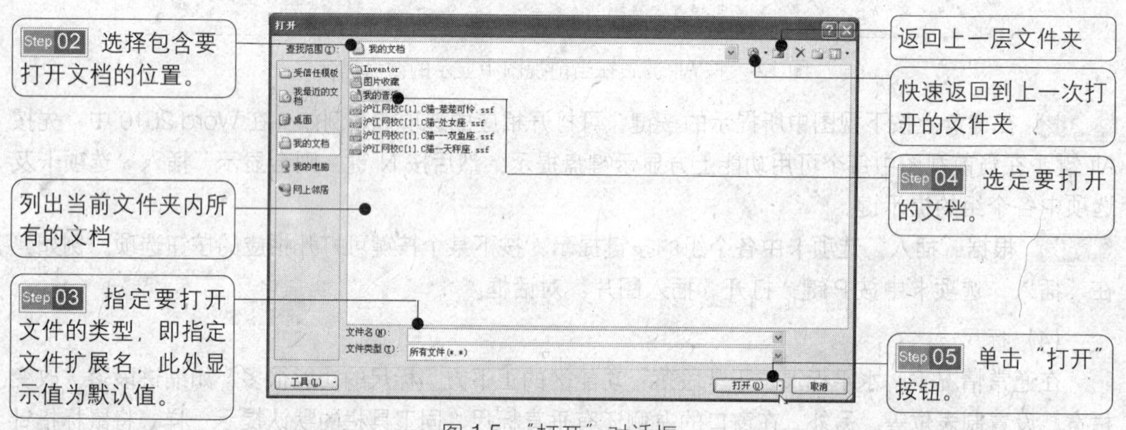

图 1.5 "打开"对话框

2. 以只读方式和副本方式打开文档

要想在查看文档时不修改文档，Word 允许以只读方式打开文档，其具体操作步骤如下。

Step 01 选择"文件"|"打开"命令，打开"打开"对话框。

Step 02 选择要打开文档所在的文件夹。

Step 03 选择要打开的文档。

Step 04 单击"打开"按钮右边的下三角按钮，从弹出的菜单中选择"以只读方式打开"命令，如图 1.6 所示。

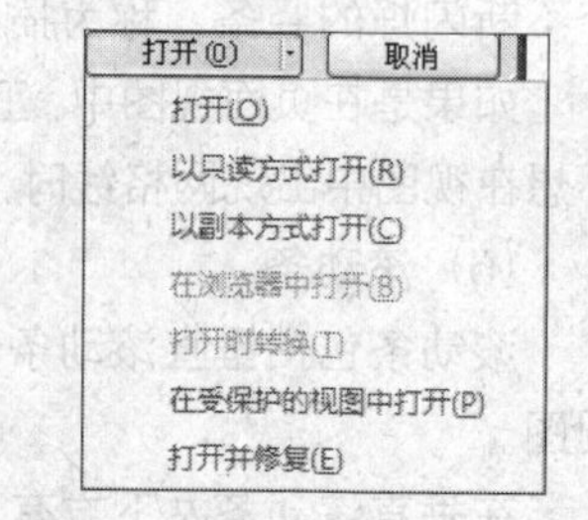

图 1.6 "打开"下拉列表

要以副本方式打开文档，可在 Step 04 中，从弹出的菜单中选择"以副本方式打开"命令。以副本方式打开文档的好处是，对副本所做的任何修改都不会影响它的源文档。

用"打开并修复"方式打开一个断电前没有保存的文档时，Word 可以将它恢复到最后一次自动备份的状态，这在一定程度上保护了使用者的劳动成果。

实训 3　选择视图方式

Word 2010 为用户提供了 5 种基本视图方式：草稿视图、页面视图、大纲视图、Web 版式视图和阅读版式视图。在这 5 种基本视图中只有页面视图可以显出页眉和页脚。

1. 草稿视图

选择"视图"|"草稿"命令，或者单击"草稿视图"按钮，都可以切换到草稿视图。在草

稿视图中，用户能够看到字体、字号、字形及行距等格式，但没有页眉和页脚的显示，和实际的打印效果有些不同。草稿视图的效果如图 1.7 所示。

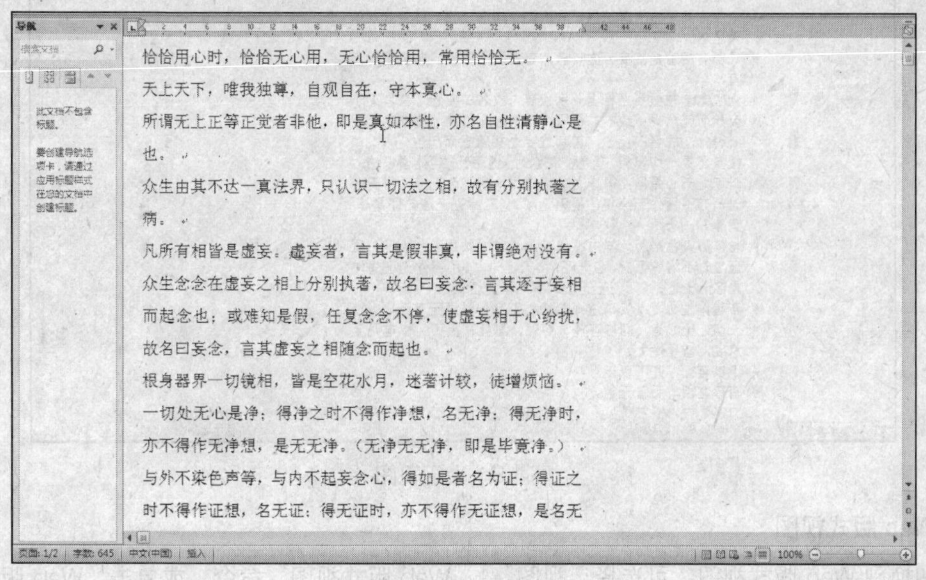

图 1.7　草稿视图

2. 页面视图

要切换到页面视图也有两种办法：一是选择“视图”|“页面”命令；二是单击“页面视图”按钮。

在页面视图中，文档的显示效果跟实际打印出来的效果是一致的。页面视图的效果如图 1.8 所示。

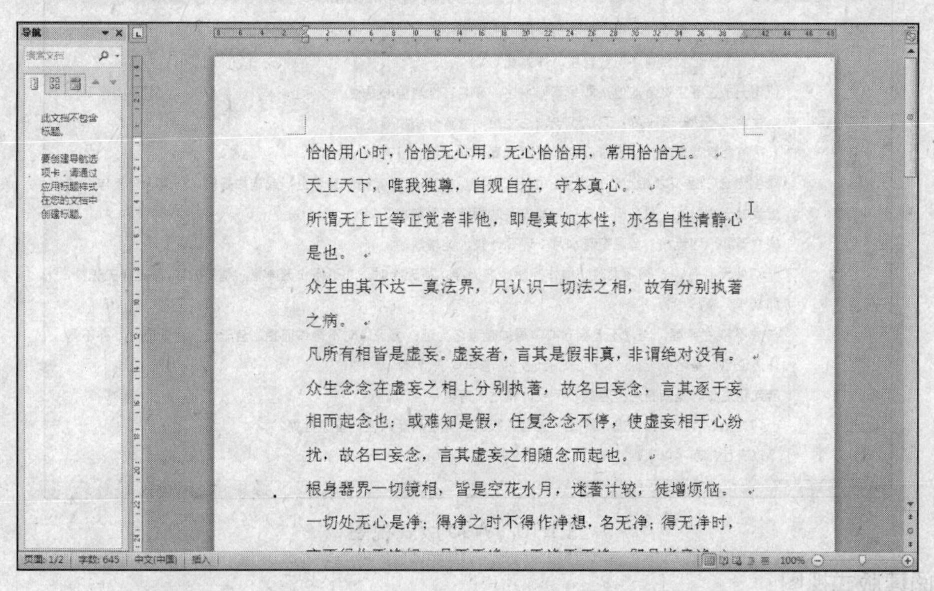

图 1.8　页面视图

3. 大纲视图

要切换到大纲视图，可选择“视图”|“大纲”命令，或者单击“大纲视图”按钮。为了方便用户查看整个文档的内容，用户可以选择大纲视图。在大纲视图中，用户可以方便地折叠文档，只看标题；展开文档，查看内容。大纲视图的效果如图 1.9 所示。

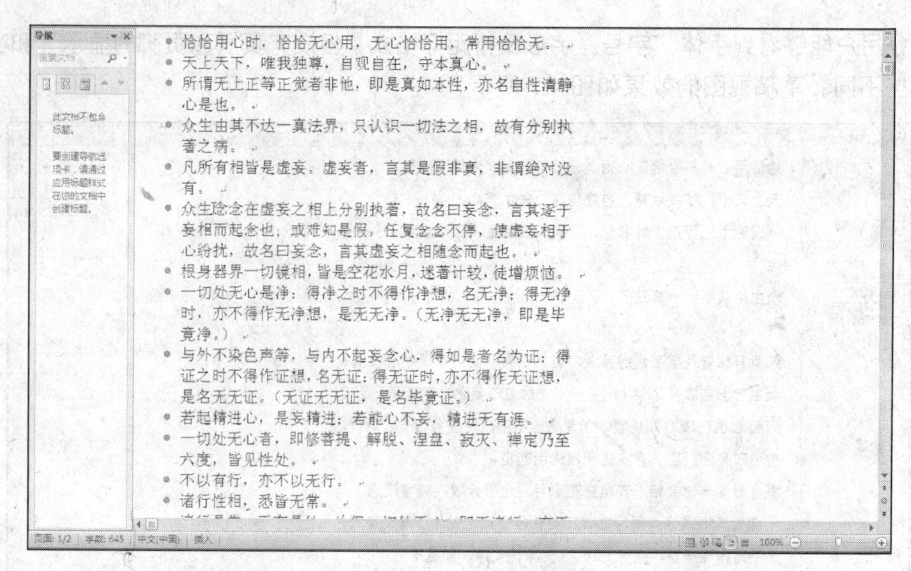

图 1.9　大纲视图

4. Web 版式视图

要切换到 Web 版式视图，可选择“视图”|“Web 版式视图”命令，或单击“Web 版式视图”按钮。

Web 版式视图是专门用来创作 Web 页的视图形式。在此视图中，文档的显示就像在 Web 浏览器中看到的一样。在 Web 版式视图中，用户可以看到 Web 文档的背景，而且文档会自动换行以适应窗口的大小。Web 版式视图的效果如图 1.10 所示。

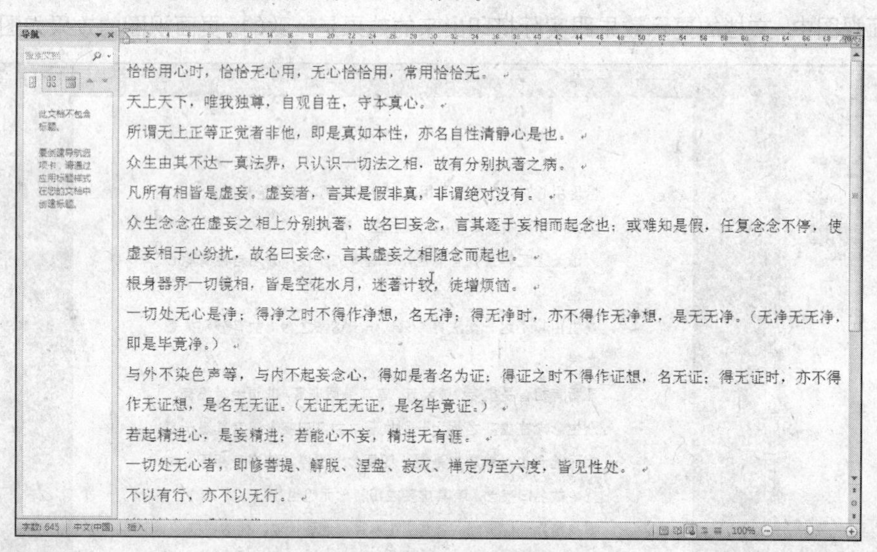

图 1.10.　Web 版式视图

5. 阅读版式视图

要切换到阅读版式视图，选择“视图”|“阅读版式”命令，或者单击“阅读版式”按钮。阅读版式视图的效果如图 1.11 所示。

要在文档中翻页，可单击“向右”按钮或按 Page Down 和 Page Up 键滚动屏幕。若要跳转到特定的屏幕，可以按 Ctrl+Home 或 Ctrl+End 快捷键跳至文档的开头和结尾；输入一个屏幕编号，然后按 Enter 键，可跳转到指定的屏幕上。

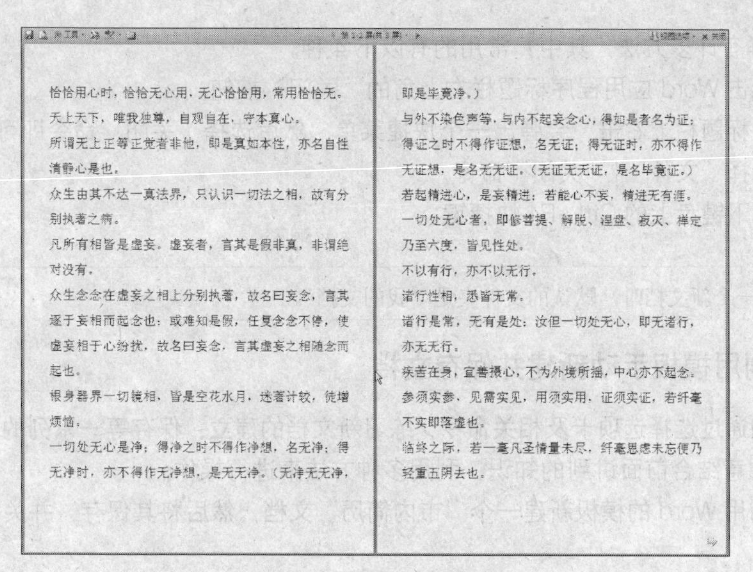

图 1.11 阅读版式视图

提 示

只有插入点不在文档中的情况下才可使用输入屏幕编号的方式，在输入屏幕编号前请不要在文档中单击。

实训 4 改变文档的显示比例

在 Word 2010 的编辑过程中，用户可以选择各种比例来显示文档。这里只是改变显示比例，并不能改变实际打印效果。

选择“视图”|“显示比例”命令，在打开的“显示比例”对话框中输入合适的百分比或在“显示比例”选项组下选中某一百分比单选按钮，如图 1.12 所示。

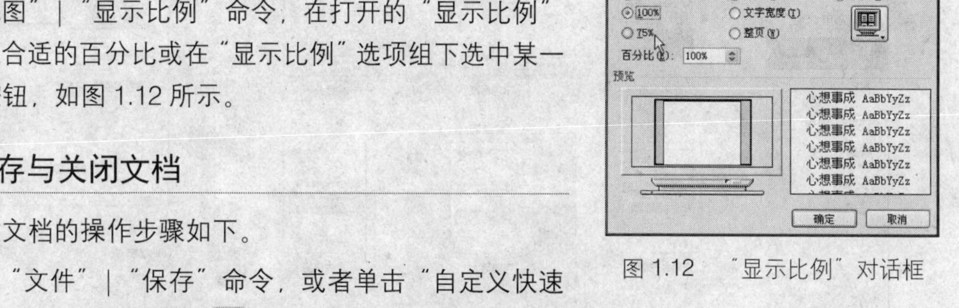

图 1.12 “显示比例”对话框

实训 5 保存与关闭文档

保存新建文档的操作步骤如下。

Step 01 选择“文件”|“保存”命令，或者单击“自定义快速访问工具栏”中的“保存”按钮，打开如图 1.13 所示的“另存为”对话框。

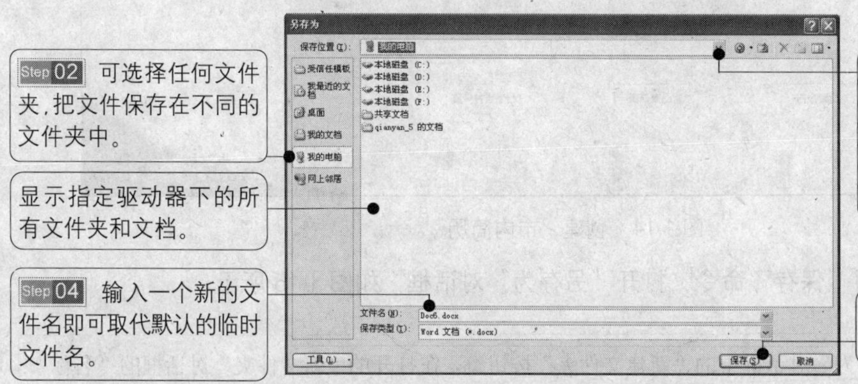

图 1.13 “另存为”对话框

当在文档中完成了所做的工作后，就可以将已经保存过的文档直接关闭了。关闭文档与关闭应用程序窗口一样有许多方法，其中，常用的有以下 4 种。

方法 1：单击 Word 应用程序标题栏右上角的“关闭”按钮。

方法 2：在标题栏上右击，会弹出一个快捷菜单，然后选择“关闭”命令即可。

方法 3：选择“文件”|“关闭”命令。

方法 4：按下键盘上的 Ctrl+F4 快捷键。

提 示

当保存一个新文档时，默认的文件夹是“我的文档”。

随堂演练　利用模板手动新建并保存文档

这里，我们通过选择选项卡及相关命令，练习新文档的建立、保存等一系列的基本操作。读者在练习时，应注意结合前面讲到的知识，利用多种方法来进行操作。

下面练习利用 Word 的模板新建一个“市内简历”文档，然后将其保存，并关闭文档。其具体操作步骤如下。

Step 01 选择“文件”|“新建”命令，打开“空白文档”任务窗格。

Step 02 选中“样本模板”，在打开的“可用模板”选项组下选择“市内简历”，单击“创建”按钮，如图 1.14 所示。

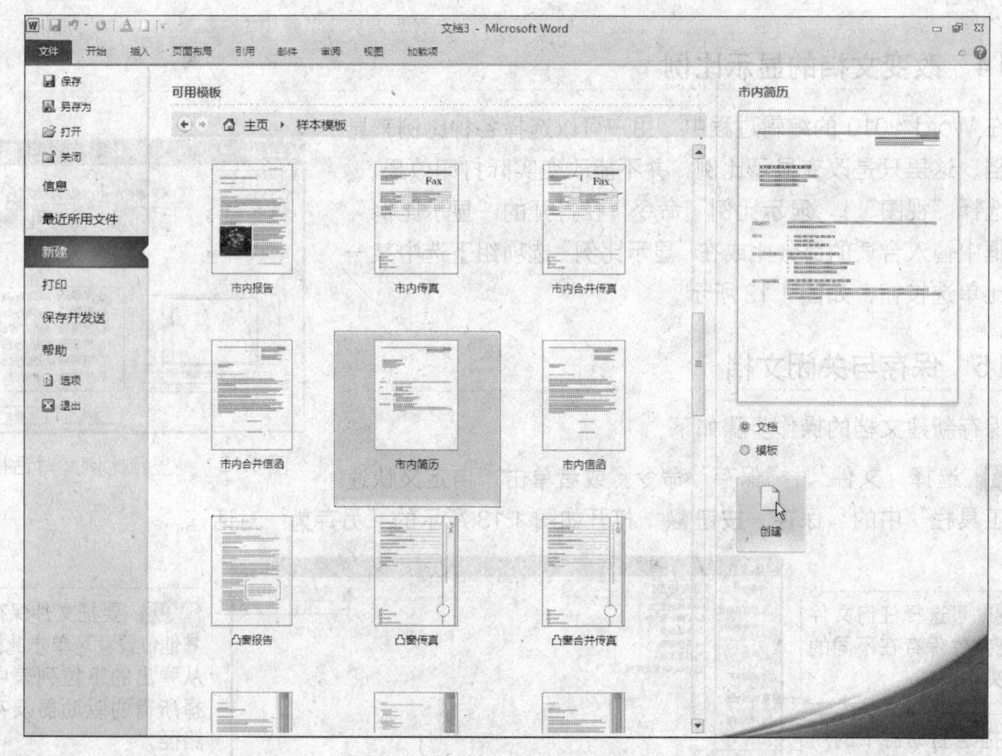

图 1.14　创建“市内简历”

Step 03 选择“文件”|“保存”命令，打开“另存为”对话框，如图 1.15 所示。

提 示

也可单击“另存为”对话框中的“新建文件夹”按钮，在打开的“新文件夹”对话框的“名称”文本框中输入新文件夹的名称，单击“确定”按钮，即可在当前文件夹下创建一个新的文件夹。

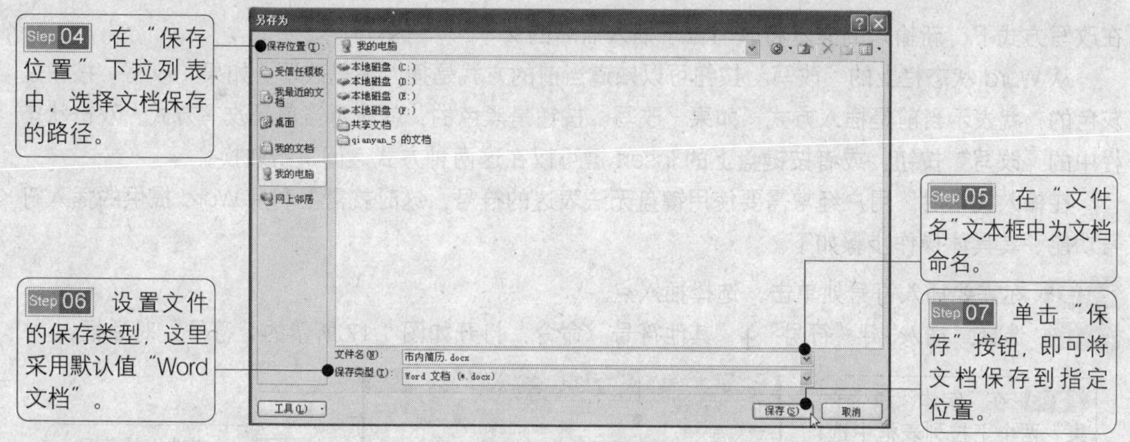

图 1.15 保存文档

任务 2 文档编辑的基本操作

实训 1 新建文档

打开 Word 2010，有 2 种新建文档的方法可供用户选择。

方法 1：在启动 Word 2010 时，Word 会自动新建一个空白文档。如果还要另外新建一个文档，那么直接单击“自定义快速访问工具栏”中的“新建空白文档”按钮即可。

方法 2：选择“文件”|“新建”命令，弹出“空白文档”任务窗格，选中“空白文档”，单击“创建”按钮，如图 1.16 所示。

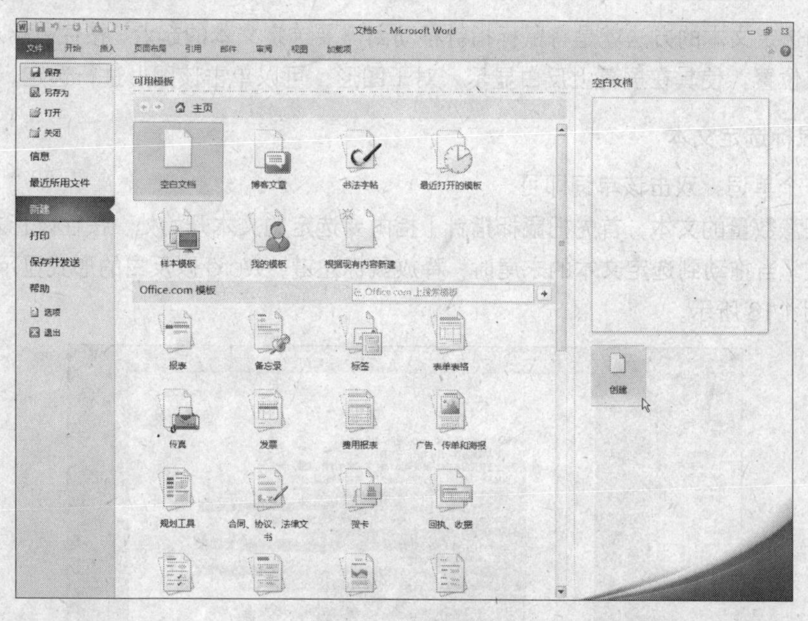

图 1.16 新建文档

实训 2 在文档中输入文字和符号

把插入点移到某个位置，就可以插入新的文本。不过，要先搞清楚当前的状态是插入方式还是改写方式。在插入方式下，新输入的文本将添加到插入点所在的位置，该插入点后的文本将向后移。

在改写方式下，新输入的文本将改写位于插入点后的文本。

从 Word 状态栏上的“改写”按钮可以知道当前的方式是插入还是改写。如果“改写”按钮是灰色的，就表示当前是插入方式；如果“改写”按钮是黑色的，就表示当前是改写方式。双击状态栏中的“改写”按钮，或者按键盘上的 Insert 键可以在这两种方式之间进行转换。

在输入文本时，用户经常需要使用键盘无法表达的符号，这时就需要利用 Word 提供的插入符号功能。其具体操作步骤如下。

Step 01 在需要插入符号处单击，选择插入点。

Step 02 选择“插入”|“符号”|“其他符号”命令，打开如图 1.17 所示的“符号”对话框。

Step 03 在“字体”和“子集”两个下拉列表框中选择符合要求的选项。

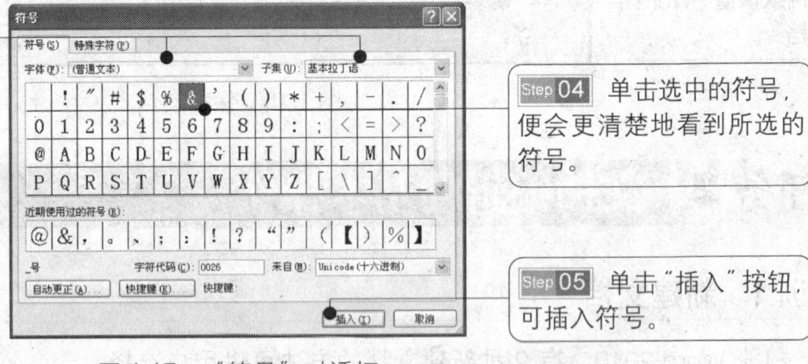

符号
Step 04 单击选中的符号，便会更清楚地看到所选的符号。
Step 05 单击“插入”按钮，可插入符号。

图 1.17 “符号”对话框

注 意

有的字体只包括符号，无子集可选。

实训 3 选定文本

最常用的选定文本的方法就是将鼠标指针移动到需要选定文本的起点，按住鼠标左键不放，然后拖动到结束位置，使其在屏幕上反白显示。对于图形，可以单击该图形进行选定。

1. 利用鼠标选定文本

要选定一个单词，双击该单词即可。

要选定任意数量的文本，首先把鼠标指针 I 指向要选定的文本开始处，按住鼠标左键并拖过想要选定的正文。当拖动到选定文本的末尾时，释放鼠标左键，Word 以反白的形式显示选定的文本，屏幕显示如图 1.18 所示。

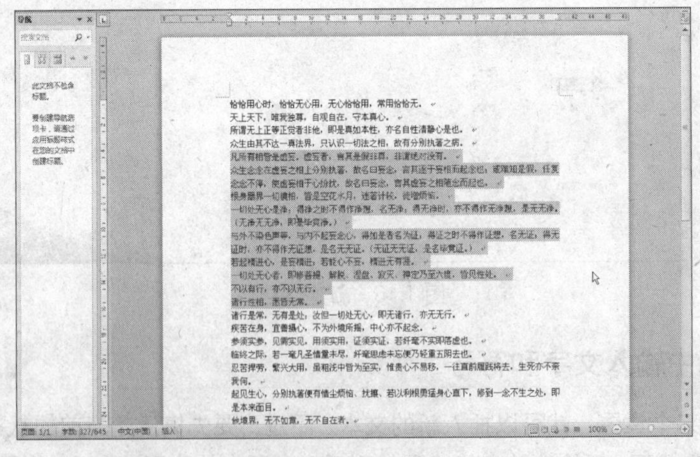

图 1.18 选定文本

要选定一句文本，可以按住 Ctrl 键，再单击句中的任意位置。

2. 利用选定栏选定文本

选定栏是指文档窗口左端至文本之间的空白区域，当把鼠标指针移至选定栏时，鼠标指针会变成一个向右指的箭头 ↗。

- 要选定一行文本，单击该行左侧的选定栏。
- 要选定多行文本，请将鼠标指针移至第一行左侧的选定栏中，按住鼠标左键在选定栏中拖动。
- 要选定一段文本，双击该段左侧的选定栏，也可以在该段的任意位置快速连续单击 3 次鼠标。
- 要选定整个文档，按住 Ctrl 键，再单击选定栏。
- 要选定一个矩形文本块，首先将鼠标指针移至该区域的左上角，按住 Alt 键，然后按住鼠标左键向区域的右下角拖动。

3. 用扩展选定方式选定文本

在 Word 中，可以使用扩展选定方式来选定文本。按 F8 键时，可以一句句地扩展，多次按 F8 键，可以选择整篇文档。如果想关闭扩展选定方式，只需在文档的开始位置单击鼠标左键即可。

实训 4　移动、删除和复制文本

1. 删除文本

最常用的删除文本的方法就是把插入点置于该文本的右边，然后按 Backspace 键。与此同时，该文本后面的内容会自动左移来填补被删除的文本的位置。同样也可以按 Delete 键来删除插入点后面的文本。

要删除一大块文本，可以先选定该文本块，然后单击功能区中的“剪切”按钮 ✂（把剪切下的内容存放在剪贴板上，以后可粘贴到其他位置），或者按 Delete 键将所选定的文本块删除。

2. 移动文本

（1）使用拖放法移动文本

在 Word 2010 中，可以使用拖放法来移动文本，其具体操作步骤如下。

Step 01　选定要移动的文本。例如，选定“自观自在，守本真心。”

Step 02　将鼠标指针指向选定的文本，鼠标指针变成箭头形状。

Step 03　按住鼠标左键，鼠标指针变成 ↖，并且还会出现一条虚线插入点，屏幕画面如图 1.19 所示。

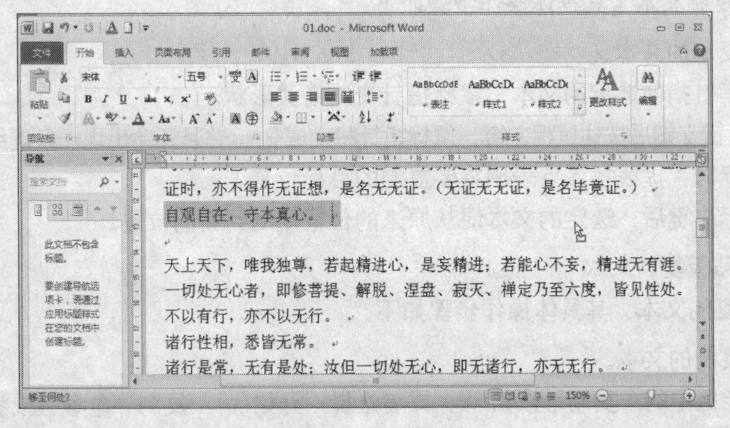

图 1.19　拖放操作

Step 04 拖动鼠标时，虚线插入点表明将要移到的目标位置。

Step 05 释放鼠标左键后，选定的文本便从原来的位置移至新的位置，如图 1.20 所示。

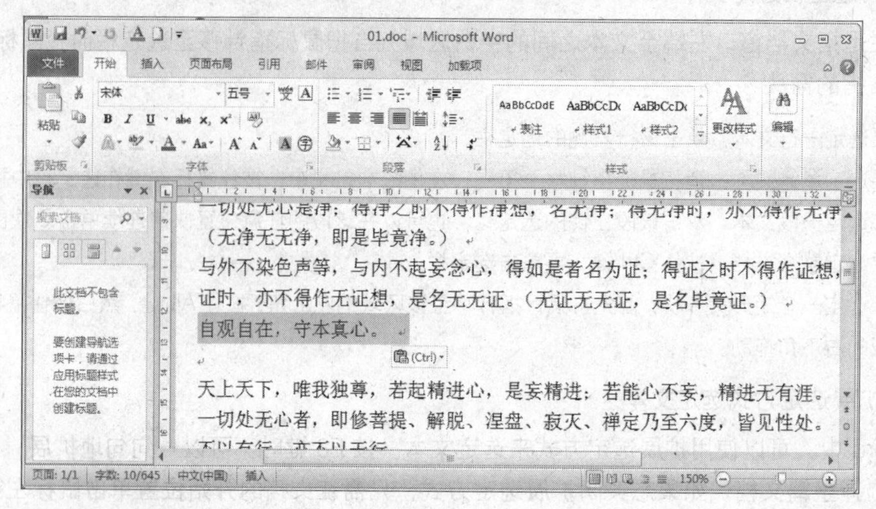

图 1.20　将选定的文本移至新的位置

（2）使用剪贴板移动文本

如果文本的原位置离目标位置较远，不能在同一屏幕中显示，可以使用剪贴板来移动文本。其具体操作步骤如下。

Step 01 选定要移动的文本。

Step 02 单击功能区中的“剪切”按钮，或者选择“开始”|“剪贴板”|“剪切”命令（或者按 Ctrl+X 快捷键），选定的文本将从原位置处删除，被存放到剪贴板中。

Step 03 将插入点移到目标位置。如果是在不同的文档间移动内容，将活动文档切换到目标文档中。

Step 04 单击功能区中的“粘贴”按钮，或者选择“开始”|“粘贴”命令（或者按 Ctrl+V 快捷键），即可将文本移动到目标位置。

3. 复制文本

复制到 Office 剪贴板中的内容，用“粘贴”命令可以多次插入。因此在输入较长的文本时，使用“复制”命令并结合“粘贴”命令可以节省时间、提高效率。

（1）使用拖放法复制文本

使用拖放法复制文本，其具体操作步骤如下。

Step 01 选定要复制的文本。

Step 02 将鼠标指针指向选定的文本，鼠标指针变成箭头形状。

Step 03 按住 Ctrl 键，然后按住鼠标左键，鼠标指针将变成，并且还会出现一条虚线插入点。

Step 04 拖动鼠标时，虚线插入点表明将要复制的目标位置。

Step 05 释放鼠标左键后，选定的文本便从原来的位置复制到新的位置。

（2）使用剪贴板复制文本

使用剪贴板复制文本，其具体操作步骤如下。

Step 01 选定要复制的文本。

Step 02 单击功能区中的“复制”按钮，或者选择“开始”|“复制”命令（或者按 Ctrl+C 快捷键），选定的文本将被存放到剪贴板中。

Step 03 把插入点移到要粘贴的位置。如果是在不同的文档间移动内容，就将活动文档切换到目标文档中。

Step 04 单击功能区中的“粘贴”按钮，或者选择“开始”|“粘贴”命令（或者按 Ctrl+V 快捷键），即可将文本粘贴到目标位置。

实训 5 撤销与恢复操作

如果不小心删除了一段不该删除的文本，可通过单击“自定义快速访问工具栏”中的“撤销”按钮把刚刚删除的内容恢复过来。如果又要删除该段文本，则可以单击“自定义快速访问工具栏”中的“恢复”按钮。

“撤销”命令与用户最近完成的操作有关。如果刚刚删除了文本，则“编辑”菜单上会出现“撤销清除”命令，选择该命令可以恢复刚被删除的文本。

在 Word 2010 中，不但可以撤销和恢复上一次的操作，还可以撤销和恢复最近进行的多次操作。方法是单击功能区中的“撤销”按钮（或“恢复”按钮）旁边的下三角按钮，将弹出最近执行的可撤销操作列表，在其中单击要撤销的操作即可。

实训 6 查找与替换文本

Word 2010 提供了查找与替换功能，不仅可以方便地进行查找，还能把查找到的字句替换成其他字句，或查找指定的格式和其他特殊字符等，从而大大提高了工作效率。

1. 查找文本

（1）查找一般文本

利用 Word 提供的查找功能，可以查找任意组合的字符，包括中文、英文、全角或半角等，甚至可以查找英文单词的各种形式，其具体操作步骤如下。

Step 01 选择“开始”|“编辑”|“查找”|“高级查找”命令，打开如图 1.21 所示的“查找和替换”对话框。

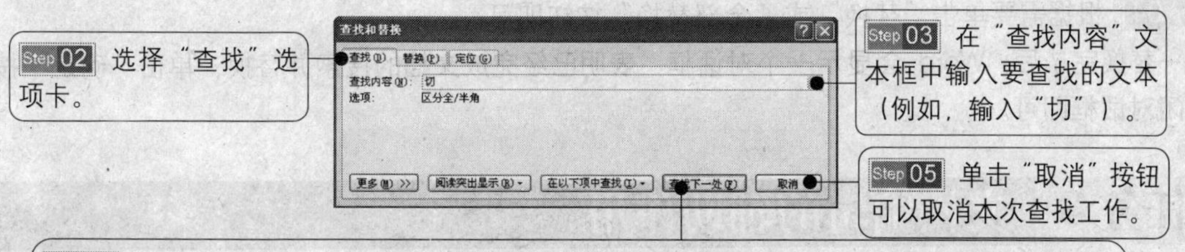

图 1.21 “查找和替换”对话框

（2）查找特定文本

使用通配符查找特定文本的具体操作步骤如下。

Step 01 选择“开始”|“编辑”|“查找”|“高级查找”命令，打开“查找和替换”对话框，单击“更多”按钮，如图 1.22 所示。

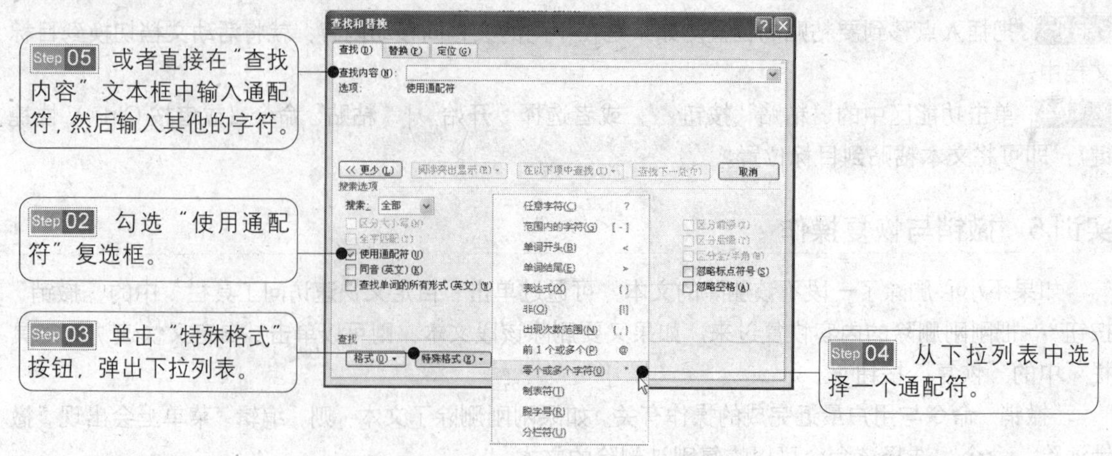

Step 05 或者直接在"查找内容"文本框中输入通配符，然后输入其他的字符。
Step 02 勾选"使用通配符"复选框。
Step 03 单击"特殊格式"按钮，弹出下拉列表。
Step 04 从下拉列表中选择一个通配符。

图 1.22 "查找和替换"对话框

Step 06 单击"查找下一处"按钮。

2. 替换文本

在编辑文档时，需要进行文本的替换时（例如，将文档中的"书"替换为"本"），可以按照如下操作步骤执行。

Step 01 选择"开始"|"编辑"|"替换"命令，打开如图 1.23 所示的"查找和替换"对话框。

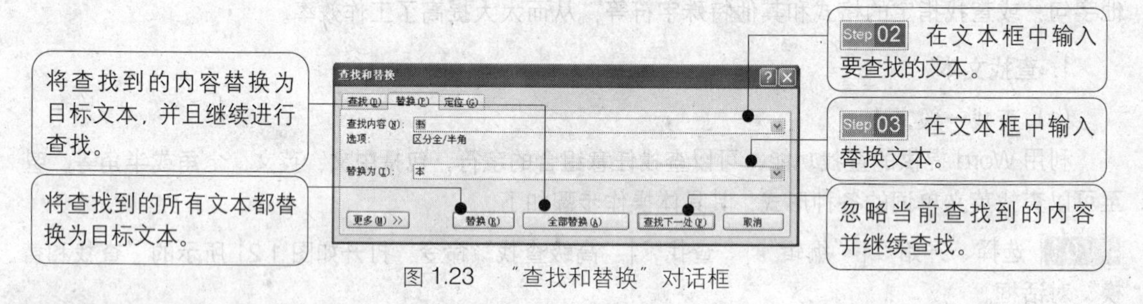

Step 02 在文本框中输入要查找的文本。
将查找到的内容替换为目标文本，并且继续进行查找。
Step 03 在文本框中输入替换文本。
将查找到的所有文本都替换为目标文本。
忽略当前查找到的内容并继续查找。

图 1.23 "查找和替换"对话框

Step 04 根据需要单击"替换"或"全部替换"按钮即可。

替换完毕后，Word 会显示一个对话框，表明已经完成文档的搜索并替换，单击"确定"按钮关闭对话框即可。

任务 3 文档编辑的辅助作用

实训 1 定位

在编辑过程中，有时需要对文档的某个特定位置进行操作（如查找、复制、剪切等），用户可以使用"定位"命令，也可以设置书签后通过书签进行定位。

对于比较长的文档，使用"定位"命令查找文档中某个特定的位置，其具体操作步骤如下。

Step 01 选择"开始"|"编辑"|"替换"命令，打开"查找和替换"对话框，选择"定位"选项卡，或者双击状态栏上的"页面"所在的区域，打开如图 1.24 所

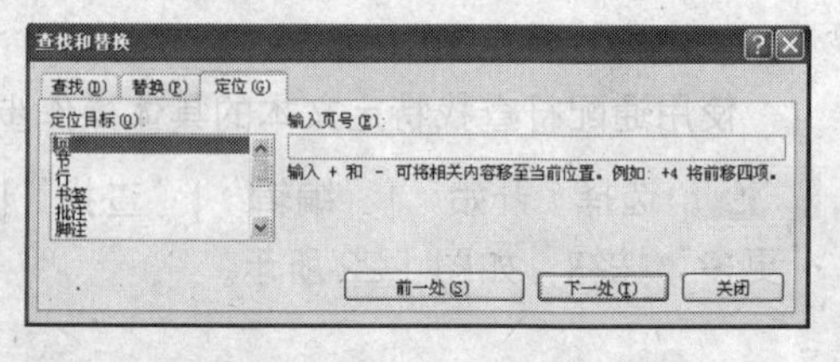

图 1.24 "定位"选项卡

示的“查找和替换”对话框并显示“定位”选项卡。

Step 02 在“定位目标”列表框中列出了不同类型的定位方式：页、节、行、书签、批注、脚注、尾注、域、表格、图形、公式、对象以及标题，然后根据需要选择定位类型。

Step 03 要定位指定项，在“输入页号”文本框中输入该项的名称或编号。例如，在“定位目标”列表框中选择“页”后，可以进行以下几种操作。

- 要想迅速移到下一页，可单击“下一处”按钮，Word 将把插入点移到下一页第一行的起始位置。
- 在“输入页号”文本框中指定相对位置。例如，输入“+7”表示向前移 7 页，输入“-2”表示向后移 2 页。这时，“下一处”按钮将变为“定位”按钮，单击“定位”按钮，可以迅速移到所需位置。
- 如果要移到具体的某一页，例如，要迅速移到第 10 页，可以在“输入页号”文本框中输入“10”。这时，“下一处”按钮将变为“定位”按钮，单击“定位”按钮，将把插入点迅速移到第 10 页第一行的起始位置，在文档窗口内显示该页的文档。单击“关闭”按钮，可以关闭“查找和替换”对话框。

实训 2　自动更正

Word 为用户提供了自动更正功能，从而使文本的输入更为准确、快捷。

选择“文件”|“选项”命令，打开“Word 选项”对话框，选择“校对”命令，在“自动更正”选项组中单击“自动更正选项”按钮，打开如图 1.25 所示的对话框。单击“自动更正”标签，切换至“自动更正”选项卡，然后可以选择各项功能。

“自动更正”选项卡底部的列表框中已经预设了大量的实例，当用户的输入出现相同情况时，Word 会自动对其进行更正。

用户也可将经常输入的词条创建成自动更正词条，其具体操作步骤如下。

Step 01 在文档中选择要创建为自动更正词条的文本，包括其格式。

Step 02 选择“文件”|“选项”命令，打开“Word 选项”对话框，选择“校对”命令，在“自动更正”选项组中单击“自动更正选项”按钮，打开“自动更正”对话框，此时在对话框中的“替换为”文本框中将出现选定文本。

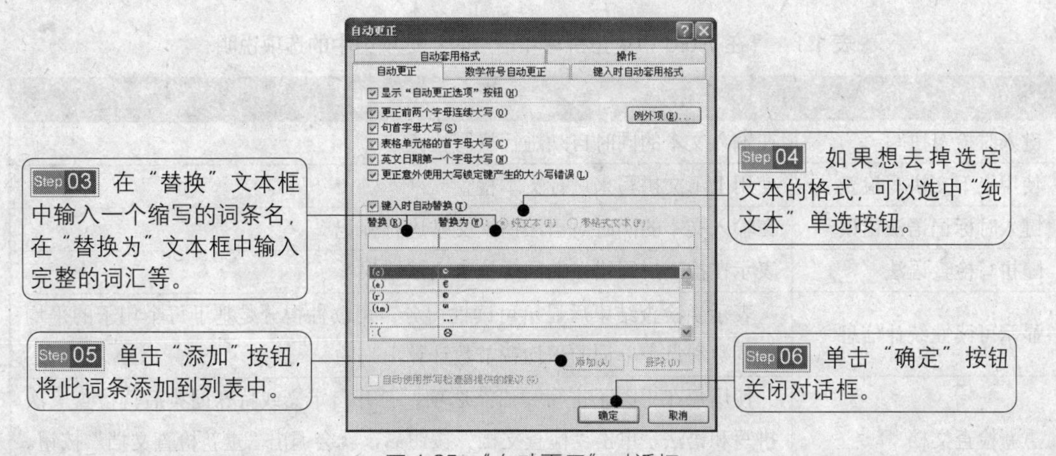

图 1.25 “自动更正”对话框

在用户创建了词条以后，只要在光标处输入词条名并按空格键，Word 文档中就会出现相应的词条。在输入成语时，如果输入了错误的成语，Word 会迅速自动地将其更正过来。

如果用户想删除某一词条，只需在如图 1.25 所示的列表框中选中该词条，单击“删除”按钮，然后单击“确定”按钮，即可完成删除任务。

实训 3　拼写与语法检查

一篇文档编辑完成后，文档中难免会存在一些英文单词的拼写错误以及句子的语法错误，因此，需要对文档进行校对或检查。

1. 自动检查拼写和语法错误

Word 2010 的另一大功能是可以在输入时自动检查拼写和语法错误，当输入了错误的或不可识别的单词时，Word 会在该单词下用红色波浪线进行标记，并会用绿色波浪线标记可能的语法错误。

要想使 Word 在输入时自动检查拼写和语法错误，可选择“文件”|“选项”命令，打开“Word 选项”对话框，选择“校对”命令，选择“在 Word 中更正拼写和语法时”选项组，如图 1.26 所示。

图 1.26　“在 Word 中更正拼写和语法”选项组

取消勾选“显示可读性统计信息”复选框，勾选“键入时检查拼写”和“键入时标记语法错误”复选框，然后单击“确定”按钮，返回到文档中。

如果在输入时不想自动检查拼写和语法错误，则取消勾选“键入时检查拼写”和“键入时标记语法错误”复选框，然后单击“确定”按钮。

提 示

要设置拼写和语法检查功能的选项，可以选择“文件”|“选项”|“校对”命令，选择“在 Word 中更正拼写和语法时”选项组（见图 1.26）。“在 Word 中更正拼写和语法时”选项组中的选项说明如表 1.1 所示。

表 1.1　“在 Word 中更正拼写和语法时”选项组中的选项说明

选　项	说　明
键入时检查拼写	在输入文本的同时自动进行拼写检查
使用上下文拼写检查	使用上下文拼写来进行文本检查
键入时标记语法错误	在输入文本的同时对语法错误文本进行标记
随拼写检查语法	表示在检查拼写错误的同时检查语法错误
显示可读性统计信息	表示当检查结束后显示可读性得分。可读性得分是基于每个句子的平均单词数和每个单词的平均音节数计算出来的
重新检查文档	使用户在更改了拼写和语法选项、打开自定义或特殊词典后再检查一次拼写和语法。单击“检查文档”按钮后，就会调出“重新检查文档”按钮。单击“重新检查文档”按钮后，Word 还会重设内部的“全部忽略”列表

2. 对已存在的文档进行拼写和语法检查

要对已有的文档进行拼写和语法检查，其具体操作步骤如下。

Step 01 如果只检查文档中的一部分，可以先选定该部分文档；如果是检查整篇文档，可以按

Ctrl+Home 快捷键把插入点移到文档的开头。

Step 02 选择“文件”|“选项”命令，打开“Word 选项”对话框，选择“校对”命令，选择“在 Word 中更正拼写和语法时”选项组来启动拼写和语法检查器。

Step 03 选择“审阅”|“拼写和语法”命令，打开“拼写和语法”对话框，当查找到不可识别的单词时，Word 将在文档中反白标识该单词，并打开如图 1.27 所示的“拼写和语法”对话框。当查找到含有语法错误的句子时，Word 将在文档中反白标识该句，并且打开如图 1.28 所示的“拼写和语法”对话框。

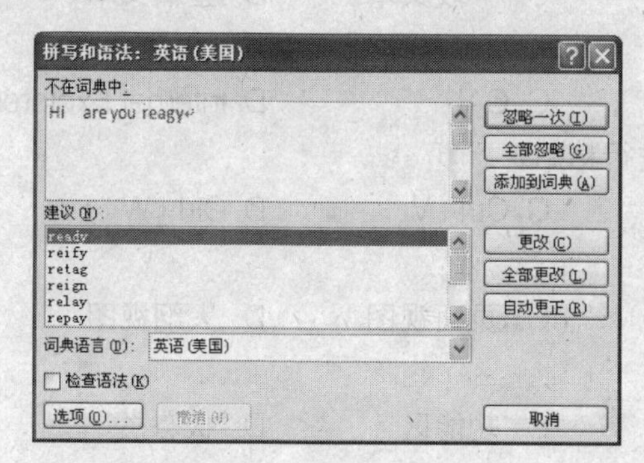

图 1.27 检查到拼写错误

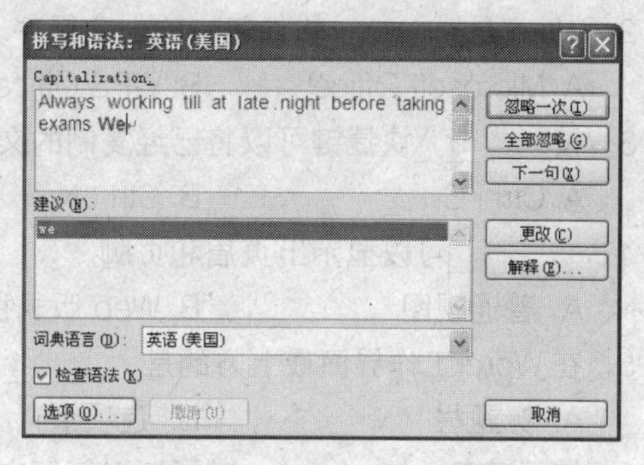

图 1.28 检查到语法错误

Step 04 当拼写和语法检查结束时，会出现一个消息框，表明拼写和语法检查已经完成，单击“确定”按钮即可返回到文档中。

技 巧

使用快捷键直接删除文件：在删除文件时，使用 Shift+Delete 快捷键，会彻底删除文件而不进入回收站。如果回收站已满，再删除文件就会直接删除。

综合案例 草拟合作协议书

Step 01 启动 Word 2010，Word 会自动新建一个空白文档。

Step 02 输入协议书的标题和内容，如图 1.29 所示。

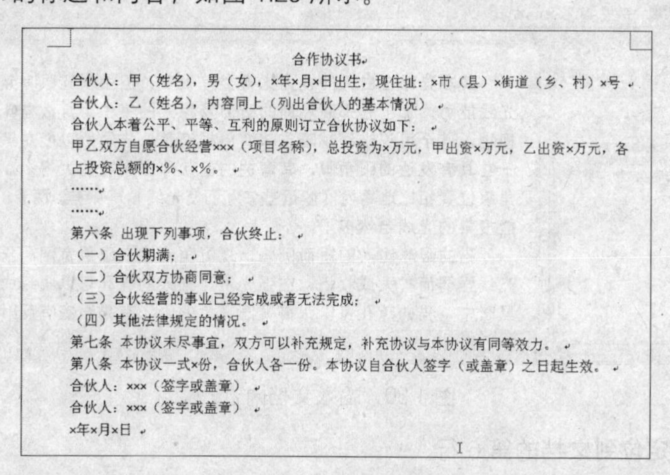

合作协议书

合伙人：甲（姓名），男（女），×年×月×日出生，现住址：×市（县）×街道（乡、村）×号

合伙人：乙（姓名），内容同上（列出合伙人的基本情况）

合伙人本着公平、平等、互利的原则订立合伙协议如下：

甲乙双方自愿合伙经营×××（项目名称），总投资为×万元，甲出资×万元，乙出资×万元，各占投资总额的×%、×%。

……

……

第六条 出现下列事项，合伙终止：

（一）合伙期满；

（二）合伙双方协商同意；

（三）合伙经营的事业已经完成或者无法完成；

（四）其他法律规定的情况。

第七条 本协议未尽事宜，双方可以补充规定，补充协议与本协议有同等效力。

第八条 本协议一式×份，合伙人各一份。本协议自合伙人签字（或盖章）之日起生效。

合伙人：×××（签字或盖章）

合伙人：×××（签字或盖章）

×年×月×日

图 1.29 输入文档的标题与内容

Step 03 选中“合作协议书”的标题与内容，单击“开始”选项卡，在“字体”选项组中设置“字体”为“宋体”、“字号”为“五号”。

Step 04 选择“文件”|“保存”命令，或者单击标题栏中的“保存”按钮，对文件进行保存。

课后练习与上机操作

一、选择题

1. 在文本段落中连续 3 次单击鼠标左键，将选定________。

   A. 一行文本　　B. 多行文本　　C. 一段文本　　D. 整篇文本

2. Word 是________软件包中的一个组件。

   A. Microsoft Office　　B. WPS Office　　C. CAI　　D. Internet Explorer

3. 按________快捷键可以将已经复制的文本进行粘贴。

   A. Ctrl+C　　B. Ctrl+N　　C. Ctrl+V　　D. Ctrl+W

4. ________可以显示出页眉和页脚。

   A. 普通视图　　B. Web 版式视图　　C. 页面视图　　D. 大纲视图

5. 在 Word 工作界面最上方的是________。

   A. 标题栏　　B. 选项卡　　C. 功能区　　D. 状态栏

6. 按下键盘上的________键可以对任何文本进行选择。

   A. Ctrl　　B. Shift　　C. Ctrl+Shift　　D. Alt

二、简答题

1. Word 2010 有哪几种视图方式?
2. 如何新建一个 Word 文档?
3. 怎样查找和替换文档中的文本?
4. 如何利用自动更正功能进行更正?

三、上机实训

1. 新建一个文档，输入类似于“素材\Cha01\猫的视力.docx”文件中的内容，如图 1.30 所示。

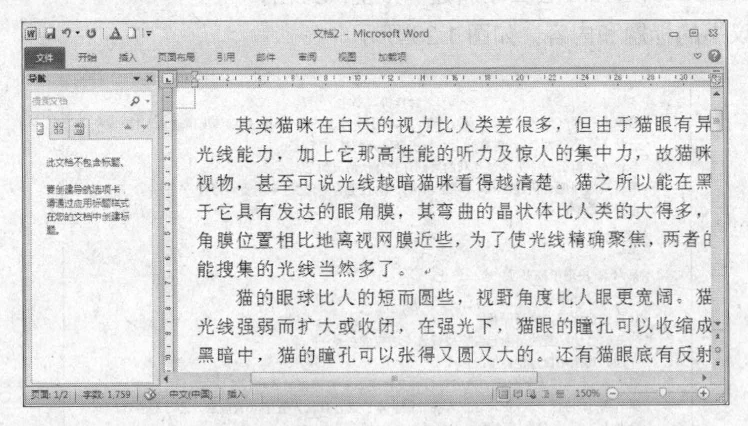

图 1.30　输入文档内容

2. 练习将光标定位到文档的第 6 行。
3. 分别选定第 1 行文本、第 3 行文本、第 3 段文本。
4. 将第 1 段文本复制到文档的最后，然后将当前的第 2 段文本移动到文档的开始处。
5. 把文档中的“猫”替换为“Cat”。

项目2

字符格式和段落编排

本章导读

本章将介绍字符格式和段落格式编排。通过对本章的学习，读者可以在文本中设置所需要的项目符号和文本格式，以及设置段落之间的行距等，以达到理想的效果。

知识要点

- ✪ 设置文本格式
- ✪ 设置项目符号与编号
- ✪ 设置段落格式

任务1 设置文本格式

文本格式的设置主要包括设置字体、字号和字形3部分。其中字体是指文本采用的是宋体、黑体还是楷体等字体形式，字号是指字的大小，字形是指有无加粗、倾斜、下划线等形式。

实训1 设置字体

1. 在“字体”下拉列表框中设置字体

用户可以利用“字体”下拉列表框来改变文本的字体。例如，要把“素材\Cha02\山东简介.doc”中的“山东简介”改为楷体字，其具体操作步骤如下。

Step 01 打开“素材\Cha02\山东简介.doc”文件，选中“山东简介”文本。

Step 02 选择“开始”|“字体”命令，单击“宋体”下拉列表框右边的下三角按钮，会出现如图2.1所示的“字体”下拉列表。

Step 03 在“字体”下拉列表中选择“楷体_GB2312”选项，则“山东简介”就变成楷体字，结果如图2.2所示。

图2.1 “字体”下拉列表

2. 通过菜单命令设置字体

通过菜单命令设置字体，其具体操作步骤如下。

Step 01 选定要改变字体的文本。

Step 02 选择“开始”|“字体”命令，单击“字体”右下

角的按钮，打开如图 2.3 所示的“字体”对话框。

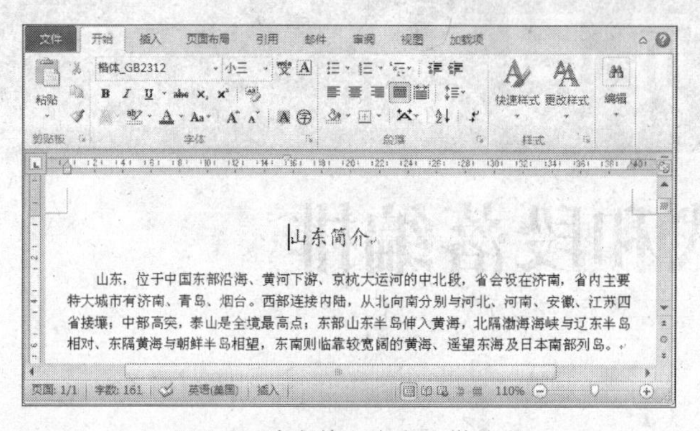

图 2.2　选定的文本变为楷体字

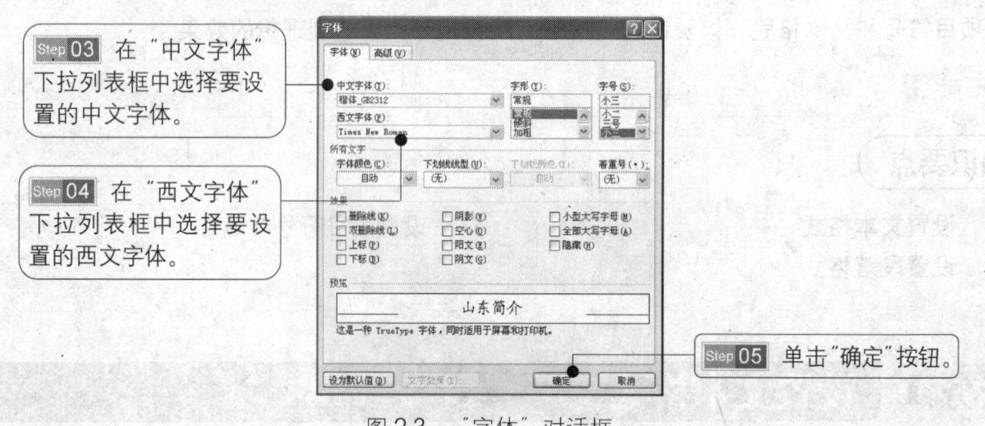

Step 03 在“中文字体”下拉列表框中选择要设置的中文字体。
Step 04 在“西文字体”下拉列表框中选择要设置的西文字体。
Step 05 单击“确定”按钮。

图 2.3　“字体”对话框

实训 2　设置字号

字号就是字的大小，Word 默认设置的字号为五号。还有一种常见的衡量字号的单位是“磅”（1 磅相当于 1/72 英寸）。“磅”与“号”之间有一定的关系，例如，9 磅的字与小五号字大小相当。

通过改变字号，可以将不同层次的文字从大小上区分开来。例如，示例文档中的“山东简介”作为标题有点小，要将其由原来的小三改为二号，其具体操作步骤如下。

Step 01　打开“素材\Cha02\山东简介.doc”文件。

Step 02　选择“开始”|“字体”命令，单击“字号”列表框右边的下三角按钮，出现如图 2.4 所示的“字号”下拉列表。

Step 03　在“字号”下拉列表中选择“二号”选项，结果如图 2.5 所示。

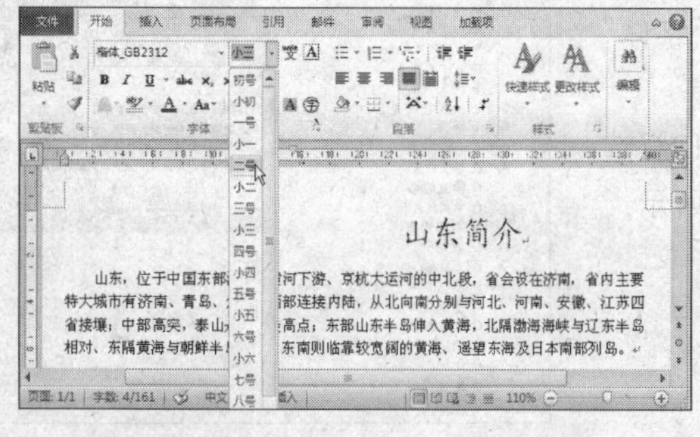

图 2.4　“字号”下拉列表

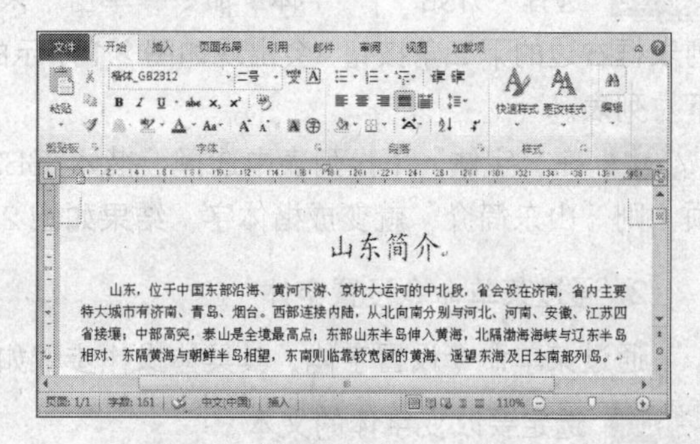

图 2.5　将选定文本的字号改为二号

当然，用户也可以在“字号”下拉列表中选择以磅为单位的数字。例如，可以选择 36 来改变文本的字号。

实训 3　设置字形

字形是指附加于文本的属性，包括常规、加粗、倾斜或下划线等。Word 默认设置的文本为常规字形。单击“开始”工具栏中的“加粗”按钮B（快捷键为 Ctrl+B），选定的文本变为加粗格式，结果如图 2.6 所示。此时，“加粗”按钮B呈按下状态。若单击工具栏中的“倾斜”按钮I（快捷键为 Ctrl+I），则选定的文本变为倾斜格式，结果如图 2.7 所示。若单击工具栏中的“下划线”按钮U（快捷键为 Ctrl+U），则选定的文本下方会出现单线形式的下划线。

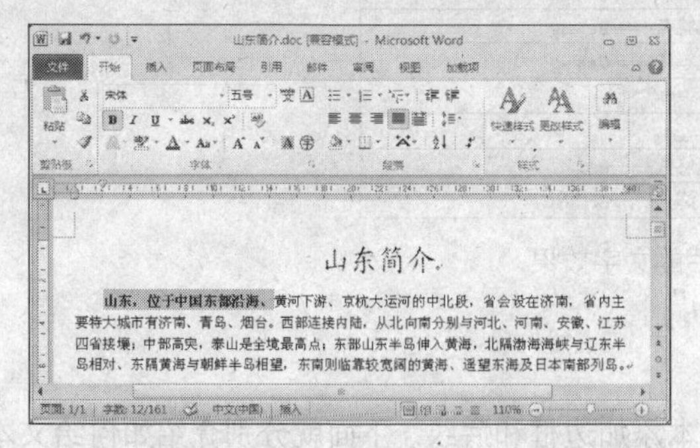

图 2.6　将选定的文本变为加粗格式

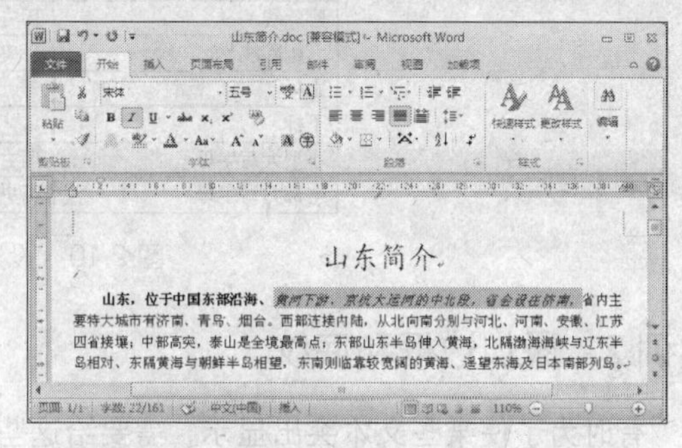

图 2.7　将选定的文本变为倾斜格式

要让选定的文本恢复常规字形，可以再次单击这些按钮，此时它们又恢复为弹起状态。

另外，加粗、倾斜、下划线这 3 种字符格式还可以综合起来使用。例如，要使选定的文本同时具有加粗、倾斜格式，可以分别单击“加粗”按钮和“倾斜”按钮。

要添加其他类型的下划线，可以单击“下划线”按钮右边的下三角按钮，出现如图 2.8 所示的下拉列表，从中选择所需的下划线，例如，双下划线、虚下划线或波浪线等。

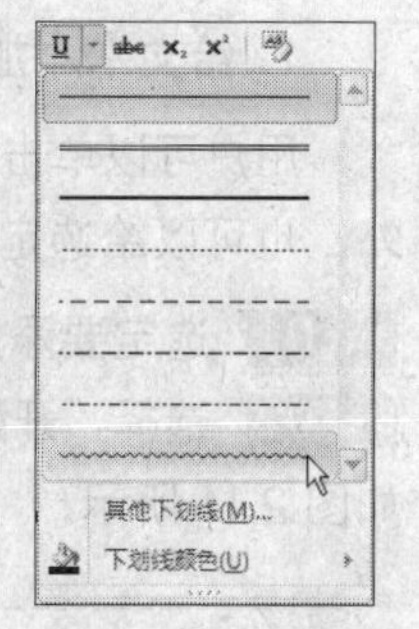

图 2.8　“下划线”下拉列表

如果要设置下划线的颜色，则从“下划线”下拉列表中选择“下划线颜色”选项，再从出现的调色板中选择所需的颜色。

实训 4　设置颜色

为了突出显示，很多宣传品常把文本设置为不同的颜色。其具体操作步骤如下。

Step 01　选定要设置字体颜色的文本。

Step 02　单击“开始”选项卡下“字体颜色”按钮A右边的下三角按钮，出现如图 2.9 所示的“字体颜色”下拉列表。

Step 03　从“字体颜色”下拉列表中选择所需的颜色，选定的文本就会变为相应的颜色。如果该列表中没有符合要求的颜色，可以选择“其他颜色”选项，在打开的“颜色”对话框中定义新的颜色。

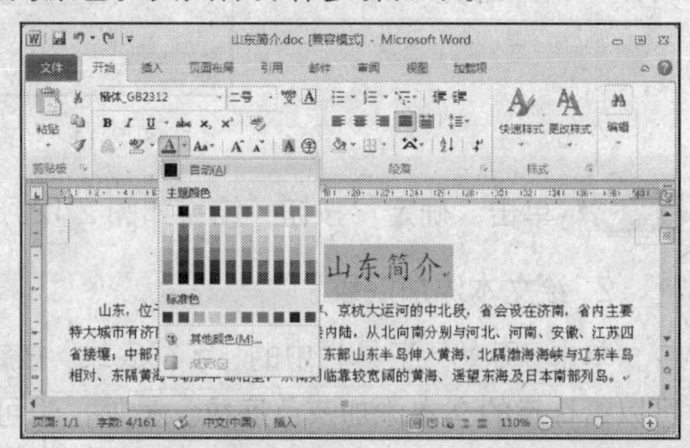

图 2.9　“字体颜色”下拉列表

任务2 文本的进阶操作

实训1 设置特殊效果

如果要给文本设置删除线、双删除线、上标、下标、小型大写字母、全部大写字母等特殊效果，可先选定要修饰的文本，然后选择“开始”|“字体”命令，单击“字体”右下角的按钮，打开如图2.3所示的“字体”对话框。在“字体”对话框中有一个“效果”选项组，可在此设置文字的一些特殊效果。以“历史文化悠久”为例，其设置后的效果如图2.10所示。

正常	历史文化悠久——Beijing
删除线	历史文化悠久——Beijing
双删除线	历史文化悠久——Beijing
上标	历史文化悠久——Beijing
下标	历史文化悠久——Beijing
小型大写字母	历史文化悠久——BEIJING
全部大写字母	历史文化悠久——BEIJING

图2.10 设置后的文字效果

实训2 添加边框和底纹

有时为了使某些文本突出显示，需要给这些文本添加边框和底纹。下面就分别介绍如何给文本添加边框和底纹。

1. 给文本添加边框

用户可以单击“开始”工具栏中的“字符边框”按钮A，给选定的文本添加单线边框。除此之外，也可以给选定的文本添加不同的边框，其具体操作步骤如下。

Step 01 选定要添加边框的文本。

Step 02 选择“开始”|“段落”命令，单击“边框和底纹”按钮，打开“边框和底纹”对话框，如图2.11所示。

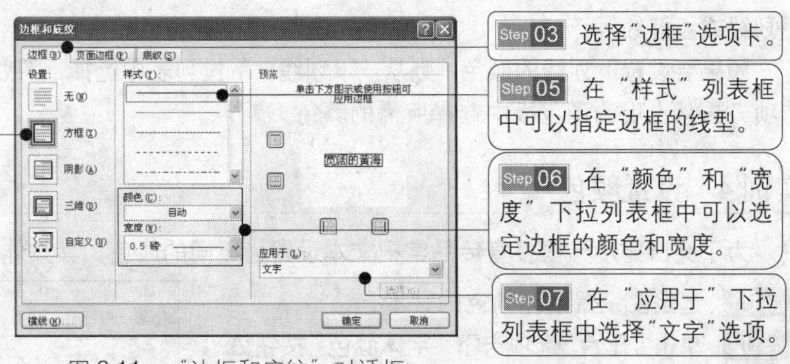

图2.11 “边框和底纹”对话框

Step 08 单击“确定”按钮，结果如图2.12所示。

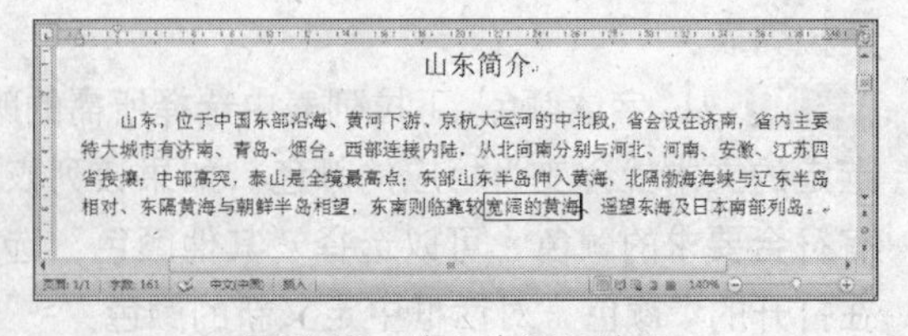

图2.12 给文本添加边框

2. 给文本添加底纹

单击“开始”工具栏中的“字符底纹”按钮A，可以给选定的文本添加灰色底纹。另外，也可以选择“开始”|“段落”命令，单击“边框和底纹”按

钮，来为选定的文本添加不同色彩的底纹。其具体操作步骤如下。

Step 01 选定要添加底纹的文本，如这里选择“山东简介”。

Step 02 选择“开始”|“段落”命令，单击“边框和底纹”按钮，打开“边框和底纹”对话框，如图 2.13 所示。

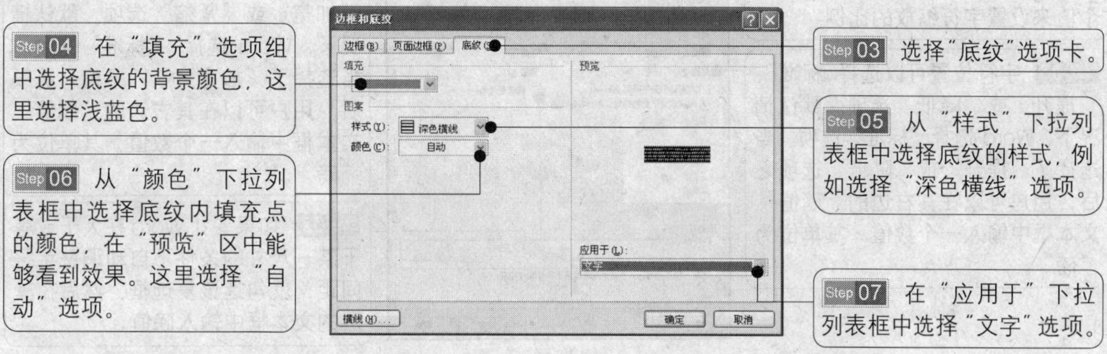

Step 03 选择“底纹”选项卡。

Step 04 在“填充”选项组中选择底纹的背景颜色，这里选择浅蓝色。

Step 05 从“样式”下拉列表框中选择底纹的样式，例如选择“深色横线”选项。

Step 06 从“颜色”下拉列表框中选择底纹内填充点的颜色，在“预览”区中能够看到效果。这里选择“自动”选项。

Step 07 在“应用于”下拉列表框中选择“文字”选项。

图 2.13 “边框和底纹”对话框

Step 08 单击“确定”按钮，即可给选定的文本添加底纹，效果如图 2.14 所示。

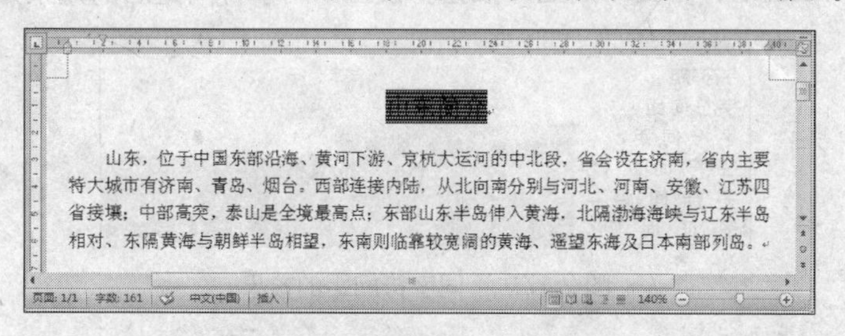

图 2.14 添加底纹后的文本

实训 3 字符缩放

通常情况下，Word 显示的文字是标准型的，如果对一些文字进行“拉长”或“压扁”等缩放，则它们将会产生特别的效果。对字符缩放的具体操作步骤如下。

Step 01 选定要进行字符缩放的文本。

Step 02 选择“开始”|“段落”命令，单击“中文版式”按钮，在弹出的下拉列表中选择“字符缩放”选项，出现如图 2.15 所示的“字符缩放”下拉列表。

Step 03 从“字符缩放”下拉列表中选择一种缩放比例，单击即可完成设置。

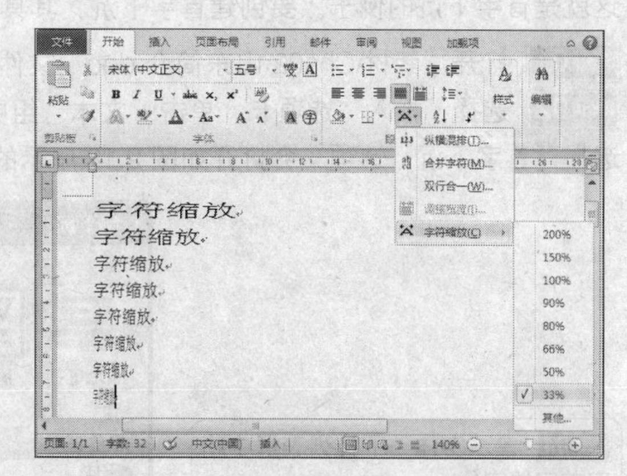

图 2.15 “字符缩放”下拉列表

实训 4 调整字符间距

通常情况下，用户无须考虑字符间距，因为 Word 已经设置了一定的字符间距。但有时为了版面的美观，可以适当改变字符间距来达到理想的排版效果。这时，可以按照下述步骤来精确设置字符间距。

Step 01 输入要设置字符间距的文本。

Step 02 选择“开始” | “字体”命令，单击“字体”右下角的按钮，打开“字体”对话框。

Step 03 选择“高级”选项卡，如图 2.16 所示。

Step 04 在“缩放”可以输入任意一个值来设置字符缩放的比例。

Step 06 字符位置可以选择“标准”、“提升”或“降低”选项。默认情况下，Word 选择“标准”选项。当选择了“提升”或“降低”选项之后，用户可以在其右边的“磅值”文本框中输入一个数值，其单位为“磅”。

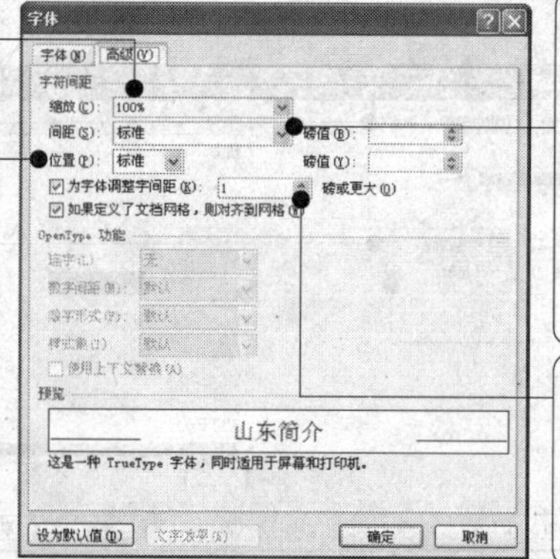

Step 05 字符间距可以选择“标准”、“加宽”或“紧缩”选项。默认情况下，Word 选择“标准”选项。当选择了“加宽”或“紧缩”选项后，用户可以在其右边的“磅值”文本框中输入一个数值，其单位为“磅”。

Step 07 如果要让 Word 在大于或等于某一尺寸的条件下自动调整字符间距，就勾选该复选框，然后在其后的文本框中输入磅值。

图 2.16 “高级”选项卡

Step 08 完成必要的设置后，单击“确定”按钮。设置不同字符间距后的效果如图 2.17 所示。

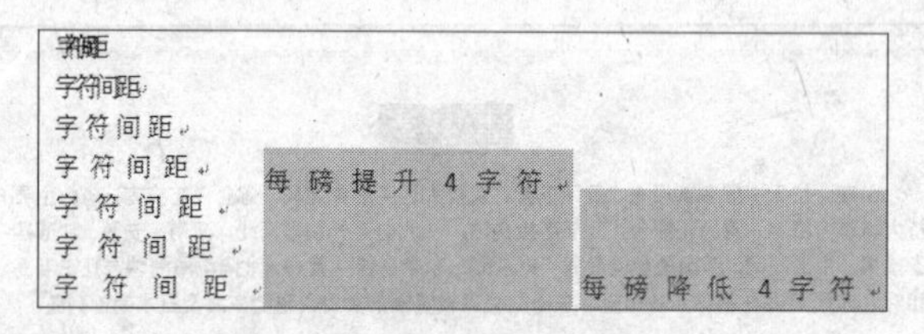

图 2.17 不同字符间距的效果

实训 5 首字下沉

在报纸杂志上经常会看到一段文字第一个字被放大并占据 2 行或 3 行，其他字符在它的右方。这就是首字下沉的例子。要创建首字下沉，其具体操作步骤如下。

Step 01 打开“素材\Cha02\山东简介.doc”文件，将插入点放到要设置首字下沉的段落中。

Step 02 选择“插入”选项卡，单击“文本”组中的单击“首字下沉”按钮，在弹出的下拉列表中选择“首字下沉”选项，会打开如图 2.18 所示的“首字下沉”对话框。

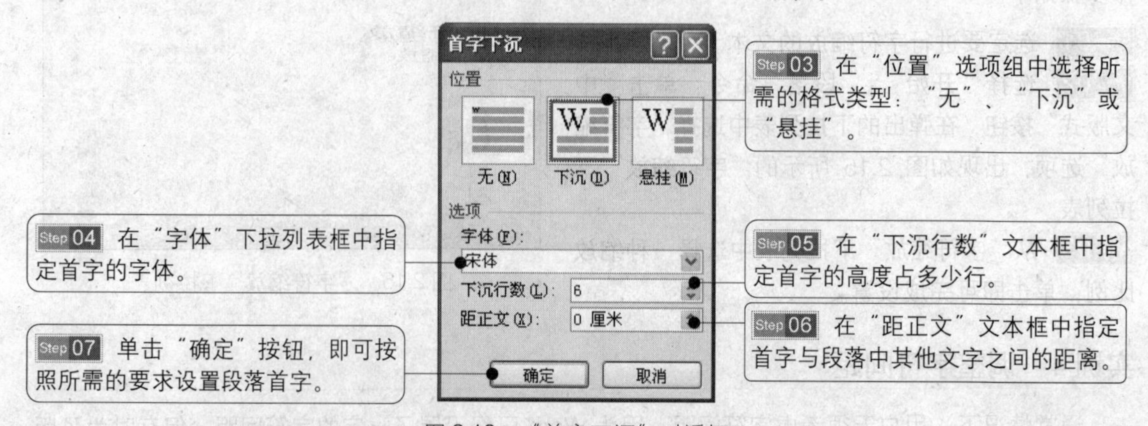

图 2.18 “首字下沉”对话框

选择“首字下沉”选项后的效果如图 2.19 所示。

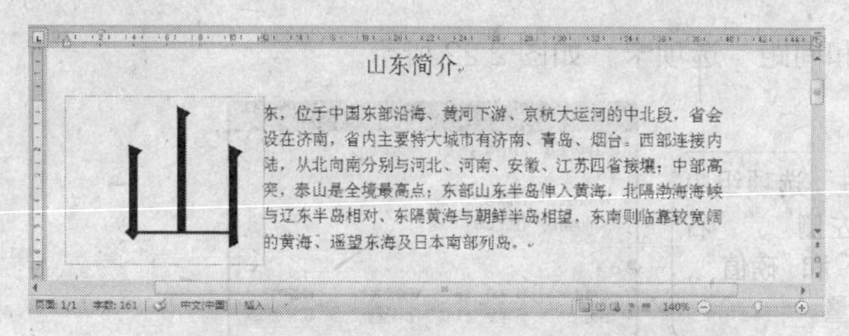

图 2.19 选择“首字下沉”选项后的效果

实训 6 更改大小写

有时在对英文文档进行编辑时，需要改变英文单词的大小写，其具体操作步骤如下。

Step 01 选定要更改大小写的英文单词。

Step 02 选择“开始”|“字体”命令，单击“更改大小写”按钮 Aa，出现如图 2.20 所示的“更改大小写”下拉列表。

Step 03 在“更改大小写”下拉列表中选择所需的选项即可。

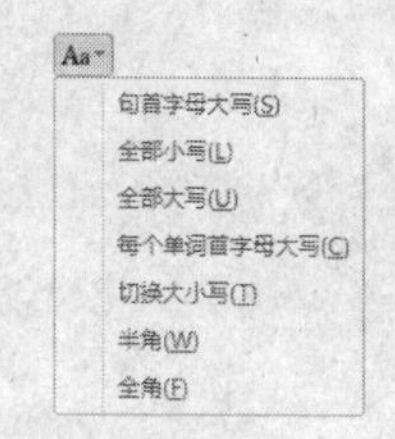

图 2.20 “更改大小写”下拉列表

任务 3 设置段落格式

实训 1 段落缩进

段落缩进是指改变文本和页边距之间的距离，使文档段落更加清晰、易读。在 Word 2010 中，段落缩进一般包括首行缩进、悬挂缩进、左缩进和右缩进。

- **首行缩进**：控制段落的第一行第一个字的起始位置。
- **悬挂缩进**：控制段落中第一行以外的其他行的起始位置。
- **左缩进**：控制段落左边界的位置。
- **右缩进**：控制段落右边界的位置。

在 Word 2010 中，可以使用标尺和“段落”对话框来设置段落缩进。

1. 使用标尺设置缩进

图 2.21 注明了文档上方的水平标尺中各缩进标记的名称。在 Word 2010 中，只要把鼠标指针移到缩进标记之上，就会显示出相应的提示。

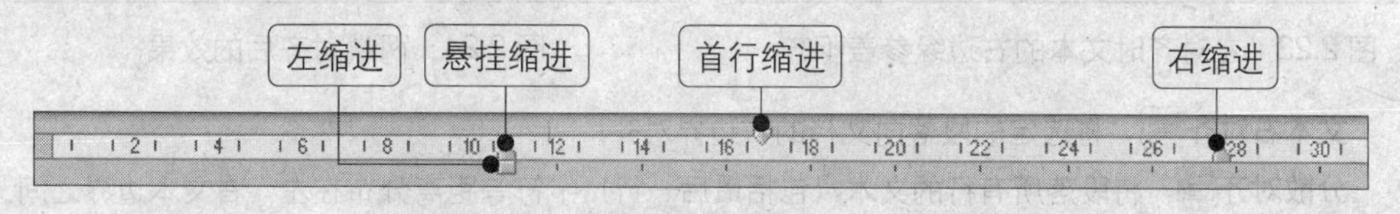

图 2.21 水平标尺中各缩进标记的名称

2. 使用“段落”对话框设置缩进

要精确地设置缩进值，就需要使用“段落”对话框。使用“段落”对话框设置缩进的具体操作步骤如下。

Step 01 选定想要缩进的段落，或者同时选定几个段落。

Step 02 选择“开始”|“段落”命令，单击“段落”右下角的按钮，打开“段落”对话框。

Step 03 选择“缩进和间距”选项卡，如图 2.22 所示。

Step 04 在“缩进”选项组中有 4 个选项：“左侧”、“右侧”、“特殊格式”和“磅值”，在其中设置缩进量。

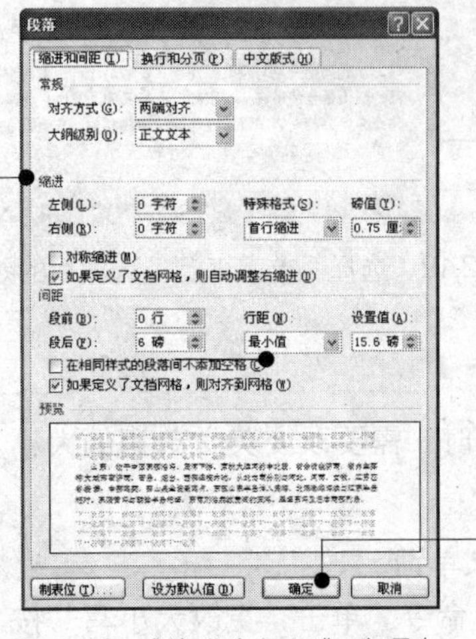

Step 05 设置完成后，单击“确定”按钮。

图 2.22 “缩进和间距”选项卡

实训 2 设置段落对齐方式

1. 段落水平对齐方式

段落的水平对齐方式是指定段落中的文字在水平方向排列对齐的基准，包括文本左对齐、居中、文本右对齐、两端对齐和分散对齐 5 种。

利用“开始”工具栏中的 4 个按钮可以设置段落的水平对齐方式。如果 4 个按钮都不选择，Word 默认设置为左对齐方式。要设置段落的对齐方式，应先将插入点置于某个段落之中或者选定多个段落，然后单击所需的按钮即可。另外，还可以通过图 2.22 所示的“缩进和间距”选项卡中的“对齐方式”来设置段落的对齐方式。

- **两端对齐**：指段落中除最后一行文本外，其他行文本的左右两端分别向左右边界靠齐。对于纯中文的文本来说，两端对齐方式与左对齐方式没有太大的差别。但如果文档中含有英文单词，左对齐方式可能会使文本的右边缘参差不齐，如图 2.23 所示。选择两端对齐后的效果如图 2.24 所示。

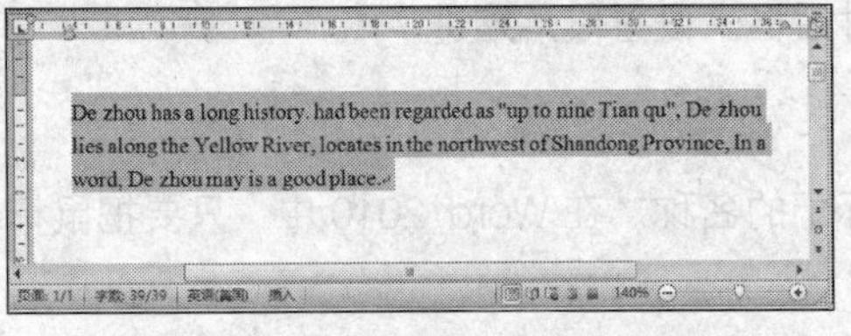

图 2.23 左对齐时文本的右边缘参差不齐

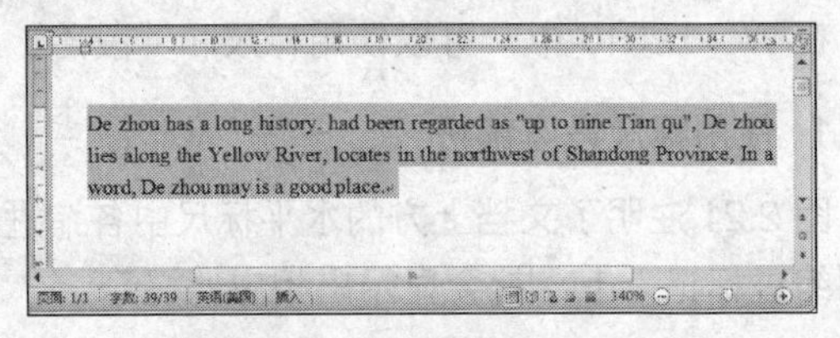

图 2.24 两端对齐后的效果

- **文本右对齐**：将选定的段落向文档的右边界对齐。
- **分散对齐**：将段落所有行的文本（包括最后一行）字符等距离分布在左、右文本边界之间。
- **文本左对齐**：指段落中每行文本都向文档的左边界对齐。
- **居中**：将选定的段落放在页面的中间，这对排版很有好处。

2. 段落垂直对齐方式

如果需要在一段文字中使用不同字号的字符，可以将这些字符居下、居中和居上对齐，即设置段落的垂直对齐方式，以得到特殊的效果。

设置段落垂直对齐方式的具体操作步骤如下。

Step 01 将插入点置于要进行垂直对齐操作的段落中。

Step 02 选择“开始”|“段落”命令，单击“段落”右下角的按钮，打开“段落”对话框。

Step 03 选择“中文版式”选项卡，如图 2.25 所示。

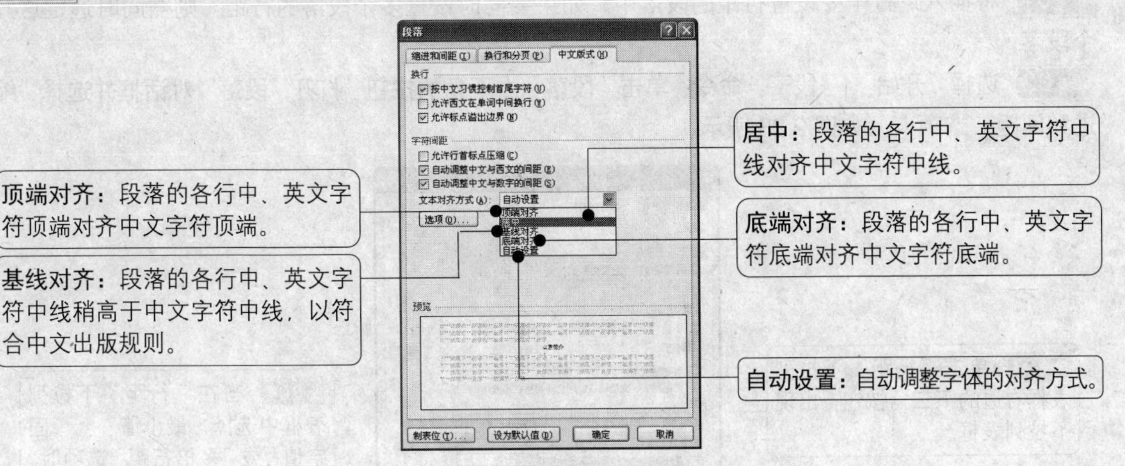

居中：段落的各行中、英文字符中线对齐中文字符中线。
顶端对齐：段落的各行中、英文字符顶端对齐中文字符顶端。
底端对齐：段落的各行中、英文字符底端对齐中文字符底端。
基线对齐：段落的各行中、英文字符中线稍高于中文字符中线，以符合中文出版规则。
自动设置：自动调整字体的对齐方式。

图 2.25 “中文版式”选项卡

Step 04 选择所需的文字对齐方式后，单击“确定”按钮。选择不同对齐方式的效果如图 2.26 所示。

图 2.26 设置文本对齐方式

实训 3 设置段间距

段间距是指段落与它前后相邻的段落之间的距离。精确设置段间距的具体操作步骤如下。

Step 01 选定要设置段间距的段落。这里打开“素材\Cha02\山东简介 1.doc”文件，选择第二段文本。

Step 02 选择“开始”|“段落”命令，单击“段落”右下角的按钮，打开“段落”对话框并选择“缩进和间距”选项卡。

Step 03 在“段前”文本框中输入与前一段落的间距。例如，输入“0.5 行”。

Step 04 在“段后”文本框中输入与后一段落的间距。例如，输入“0.1 行”。

Step 05 单击“确定”按钮，结果如图 2.27 所示。

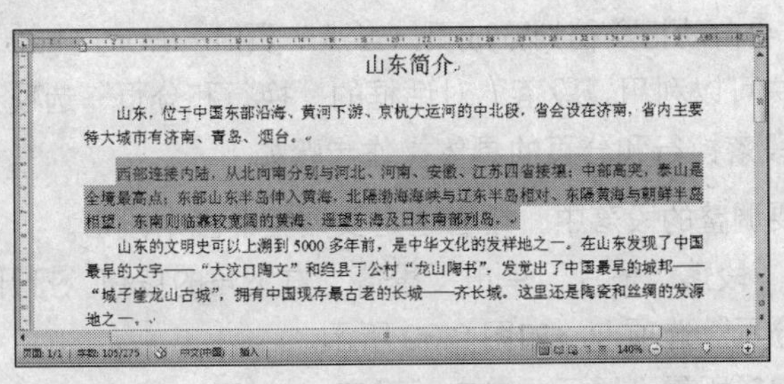

图 2.27 设置段间距

实训 4　设置行距

行距是指段落中行与行之间的距离。精确设置行距的具体操作步骤如下。

Step 01　将插入点置于要设置行距的段落中。如果要同时设置多个段落的行距，则需同时选定这几个段落。

Step 02　选择“开始”|“段落”命令，单击“段落”右下角的按钮，打开“段落”对话框并选择“缩进和间距”选项卡，如图 2.28 所示。

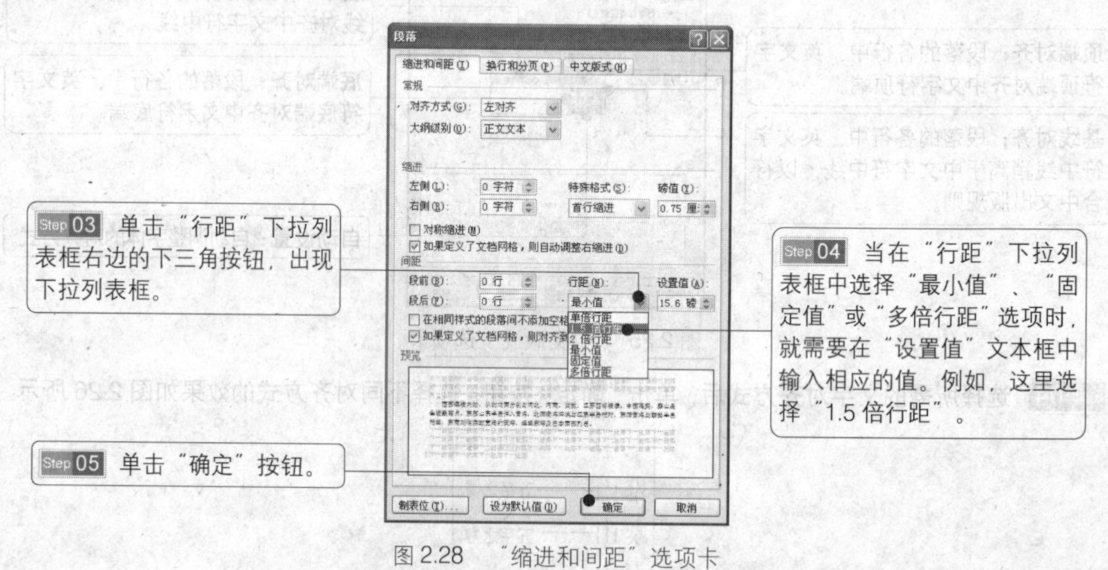

图 2.28　“缩进和间距”选项卡

为两段文字分别设置不同的行距后所产生的结果如图 2.29 所示。

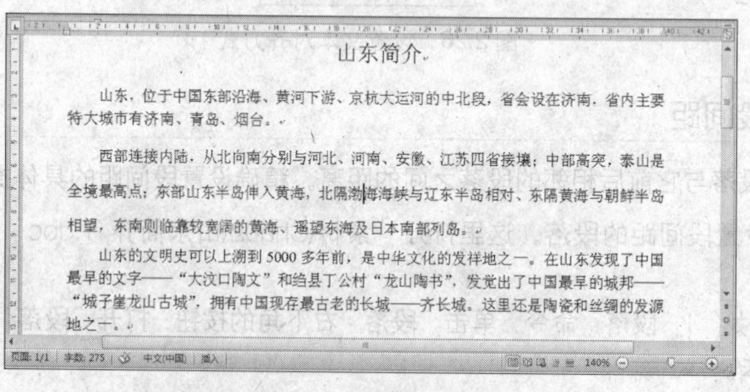
山东简介

山东，位于中国东部沿海、黄河下游、京杭大运河的中北段，省会设在济南，省内主要特大城市有济南、青岛、烟台。

西部连接内陆，从北向南分别与河北、河南、安徽、江苏四省接壤；中部高突，泰山是全境最高点；东部山东半岛伸入黄海，北隔渤海海峡与辽东半岛相对、东隔黄海与朝鲜半岛相望，东南则临靠较宽阔的黄海、遥望东海及日本南部列岛。

山东的文明史可以上溯到 5000 多年前，是中华文化的发祥地之一。在山东发现了中国最早的文字——“大汶口陶文”和绉县丁公村“龙山陶书”，发觉出了中国最早的城邦——“城子崖龙山古城”，拥有中国现存最古老的长城——齐长城。这里还是陶瓷和丝绸的发源地之一。

页面: 1/1　字数: 275　中文(中国)　插入　140%

图 2.29　设置不同行距的结果

实训 5　段落换行与分页

输入文本时，Word 会自动把文档划分成页。当满一页时，Word 会自动地增加一个分页符并且开始新的页面。但是用户可以利用“段落”对话框的“换行和分页”选项卡中的选项来控制 Word 自动插入分页符。调整段落换行和分页的具体操作步骤如下。

Step 01　将插入点置于要调整的段落中，或者选定要调整的多个段落。

Step 02　选择“开始”|“段落”命令，单击“段落”右下角的按钮，打开“段落”对话框。

Step 03　选择“换行和分页”选项卡，如图 2.30 所示。

Step 04　在该选项卡中完成所需设置后，单击“确定”按钮。

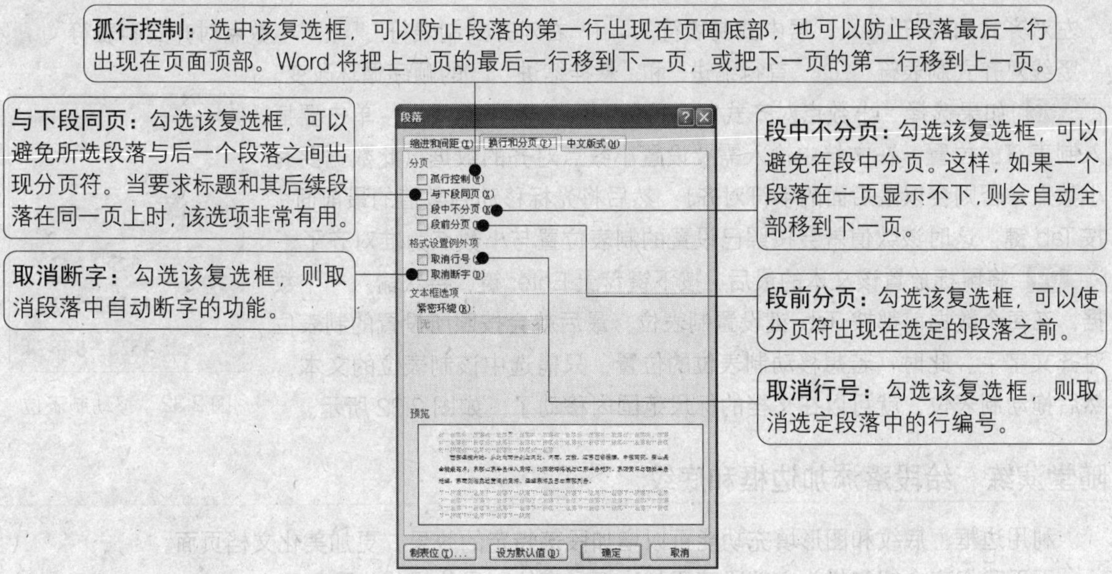

孤行控制：选中该复选框，可以防止段落的第一行出现在页面底部，也可以防止段落最后一行出现在页面顶部。Word 将把上一页的最后一行移到下一页，或把下一页的第一行移到上一页。

与下段同页：勾选该复选框，可以避免所选段落与后一个段落之间出现分页符。当要求标题和其后续段落在同一页上时，该选项非常有用。

段中不分页：勾选该复选框，可以避免在段中分页。这样，如果一个段落在一页显示不下，则会自动全部移到下一页。

取消断字：勾选该复选框，则取消段落中自动断字的功能。

段前分页：勾选该复选框，可以使分页符出现在选定的段落之前。

取消行号：勾选该复选框，则取消选定段落中的行编号。

图 2.30 “换行和分页”选项卡

另外，如果要在某一个页面没有满的情况下强行分页，这时可以插入分页符。其具体操作步骤如下。

Step 01 把插入点置于要插入分页符的位置。

Step 02 选择“页面布局”|“分隔符”命令，出现“分隔符”下拉列表，如图 2.31 所示。

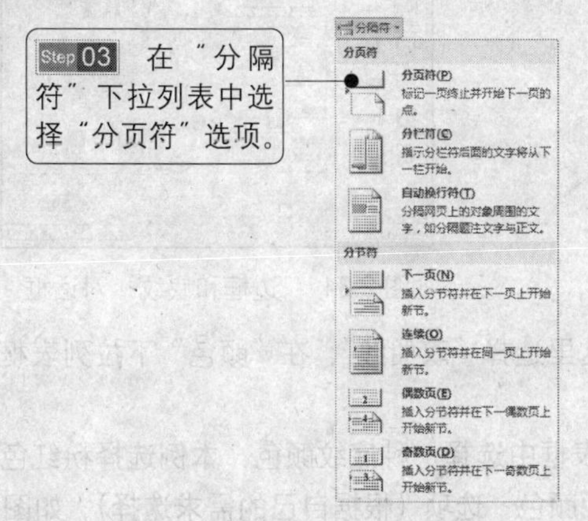

图 2.31 “分隔符”下拉列表

注 意

在文档编辑过程中，可能需要频繁地重新分页，应尽量少用分页符。

实训 6 设置制表位

制表位是用来在段落中定位文字的，当按下键盘上的 Tab 键后，插入点会向右移动到指定的位置。例如，默认情况下，把插入点置于段落的开始处后按 Tab 键，原来顶格的文字会自动向右移动两个字的距离；如果按 Backspace 键，光标就会自动向左移动两个字的距离。

制表位还可以自定义。自定义制表位位置可以使用水平标尺或“制表位”对话框来设置。

下面介绍设置制表位对齐方式的方法，具体操作步骤如下。

Step 01 选中需要设置制表位符段落，该段落可以先设置制表符再输入文本，也可以先输入文本再设置制表符。

Step 02 在水平标尺的左边有一个制表符按钮，单击该按钮时，按钮上显示的对齐方式制表符将按

“左对齐式制表符”、“居中式制表符”、“右对齐式制表符”、“小数点对齐式制表符”、“竖线对齐式制表符”、“首行缩进”和“悬挂缩进”的顺序循环改变。

Step 03 如果选择“小数点对齐式制表符”，在水平标尺上，单击要插入制表符的位置，在文档中输入需要设置小数点对齐的数据（此数据要有小数点，否则会以最后面的字符对齐），然后将光标移动到数值的最前面，按 Tab 键，这时该数值就会按照已设置的制表位置与小数点为准对齐了。

Step 04 将鼠标放置该文本的最后，按下键盘上 Enter 键，再次输入一个数据，在每个数据前都按 Tab 键设置制表位，最后就会按照所设置的制表位对齐文字了。此时，若想移动制表位的位置，只需选中该制表位的文本，然后拖动制表位，就可以在文档的标尺范围内移动了，如图 2.32 所示。

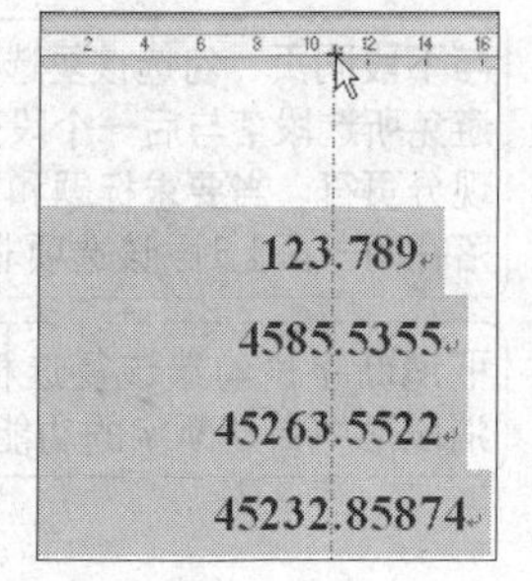

图 2.32 移动制表位

随堂演练 给段落添加边框和底纹

利用边框、底纹和图形填充功能可以增加段落特定的效果，更加美化文档页面。

下面我们来介绍怎样为文档段落添加边框和底纹，具体操作步骤如下。

Step 01 打开“素材\Cha02\山东简介 1.doc”文件，选定要添加边框和底纹的段落，如图 2.33 所示。

Step 02 选择“开始”|“段落”命令，单击“边框和底纹”按钮，打开“边框和底纹”对话框。选择“边框”选项卡，在“设置”区域中有 5 个选项，可以用来设置边框四周的样式，如图 2.34 所示。

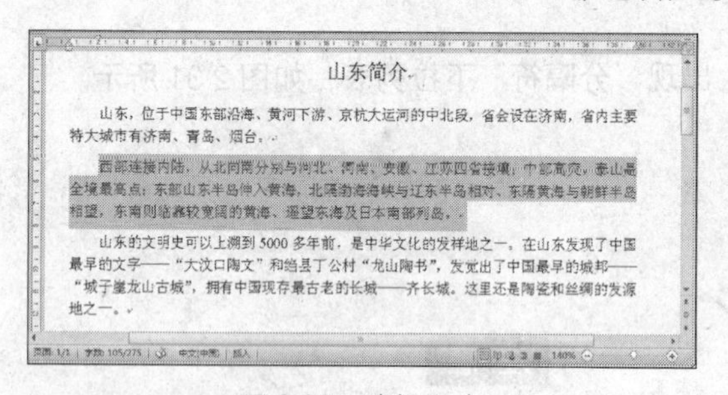

图 2.33 选择文本

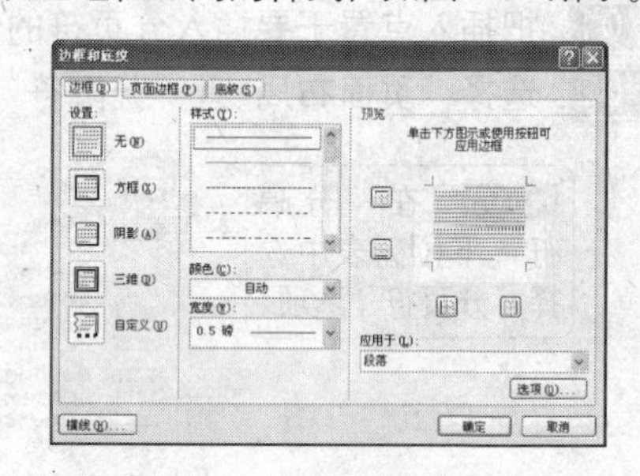

图 2.34 “边框和底纹”对话框

Step 03 在“样式”列表框中选择一种线型样式，这里选择“双曲线”，在“颜色”下拉列表框中选择边框的颜色，如图 2.35 所示。

Step 04 选择“底纹”选项卡，在“填充”下拉列表框中选择一种底纹颜色，本例选择粉红色，在“图案”选项组中可以选择一种图案的“样式”和“颜色”选项（根据自己的需求选择），如图 2.36 所示。

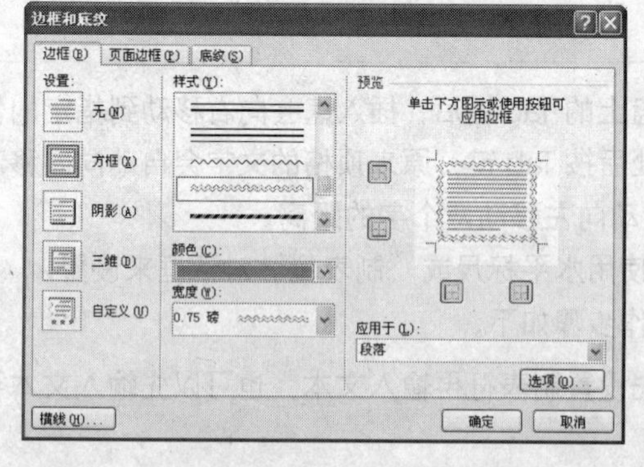

图 2.35 设置边框

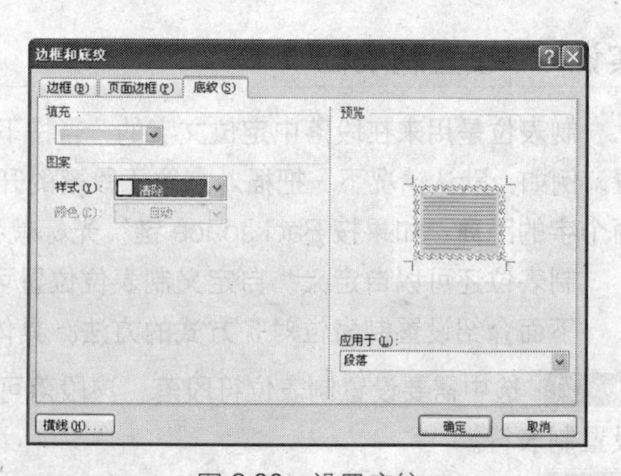

图 2.36 设置底纹

Step 05 设置完成后，单击“确定”按钮。此时，选中的文本已经被添加了边框和底纹，完成后的效果如图 2.37 所示。

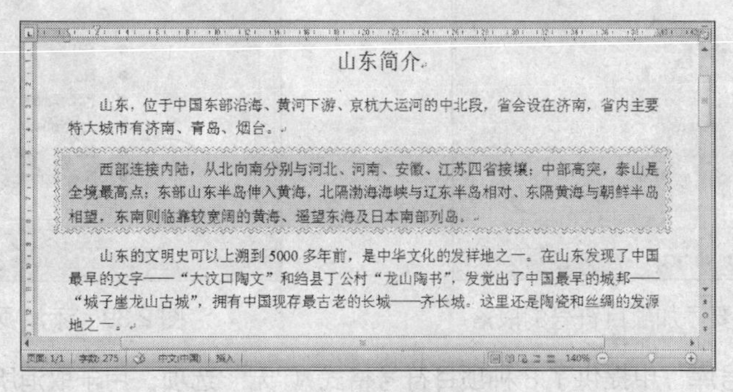
山东简介

山东，位于中国东部沿海、黄河下游、京杭大运河的中北段，省会设在济南，省内主要特大城市有济南、青岛、烟台。

西部连接内陆，从北向南分别与河北、河南、安徽、江苏四省接壤；中部高突，泰山是全境最高点；东部山东半岛伸入黄海，北隔渤海海峡与辽东半岛相对、东隔黄海与朝鲜半岛相望，东南则临靠较宽阔的黄海、遥望东海及日本南部列岛。

山东的文明史可以上溯到 5000 多年前，是中华文化的发祥地之一。在山东发现了中国最早的文字——“大汶口陶文”和邹县丁公村“龙山陶书”，发觉出了中国最早的城邦——“城子崖龙山古城”，拥有中国现存最古老的长城——齐长城。这里还是陶瓷和丝绸的发源地之一。

图 2.37　完成后的效果

任务 4　项目符号与编号

在文档中，为了使相关的内容醒目并且有序，经常要用到项目符号和编号。项目符号用于强调一些特别重要的观点或条目；编号用于逐步展开一个文档的内容，这种方式常用在图书目录或文档索引格式上。

实训 1　自动创建项目符号与编号

Word 2010 可以在输入文本时自动创建项目符号或编号。如果要创建项目符号列表，在文档中输入一个星号（*）或者一个或两个连字符（-），后跟一个空格或制表符，然后输入文本。当按 Enter 键结束该段时，Word 自动将该段转换为项目符号列表（如星号会自动转换成黑色的圆点），同时在新的一段中也自动添加该项目符号。

要结束列表时，按 Enter 键开始一个新段，然后按 Backspace 键即可删除为该段添加的项目符号。

若要创建带有编号的列表，先输入“1.”，“a)”，“(1)”，“1)”，“一、”，“第一、”等格式，后跟一个空格或制表位，然后输入文本。当按 Enter 键时，在新的一段开始处会自动接着上一段进行编号。

如果不想在输入时自动创建项目符号或编号列表，可以选择“文件”|“选项”|“校对”|“自动更正选项”命令，单击“自动更正选项”按钮，打开“自动更正”对话框，选择“键入时自动套用格式”选项卡，然后取消勾选“自动项目符号列表”和“自动编号列表”复选框。

用户既可以使用已有的项目符号列表，也可以使用自定义的项目符号列表。这里先介绍使用已有的项目符号列表。

要在已经输入的文本中添加项目符号列表，其具体操作步骤如下。

Step 01 选定要添加项目符号的段落，如图 2.38 所示。

Step 02 单击鼠标右键，在弹出的快捷菜单中选择“项目符号”命令，Word 会在这些段落之前添加一个黑圆点，结果如图 2.39 所示。

如果要给选定的段落添加其他的项目符号，其具体操作步骤如下。

Step 01 选定要添加项目符号的段落。

Step 02 单击鼠标右键，在弹出的快捷菜单中选择“项目符号”，如图 2.40 所示。

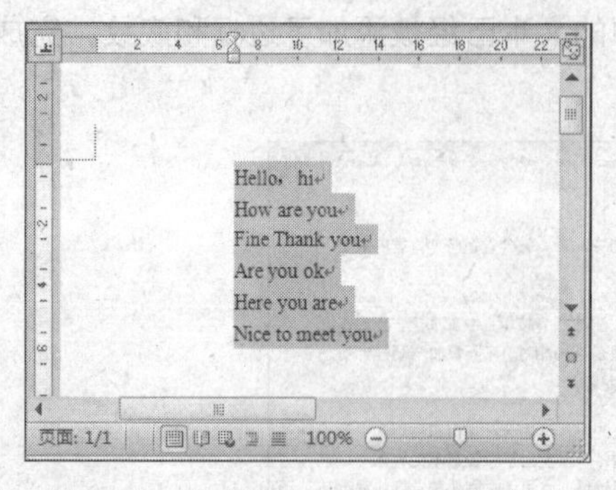

图 2.38　选定要添加项目符号的段落

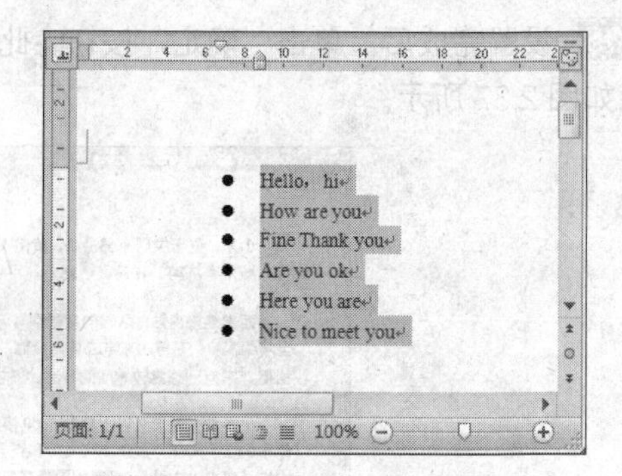

图 2.39　添加项目符号

Step 03 在“项目符号库”中提供了 8 种项目符号格式（“无”选项，用于取消所选段落的项目符号）。选择所需的项目符号格式，效果如图 2.41 所示。

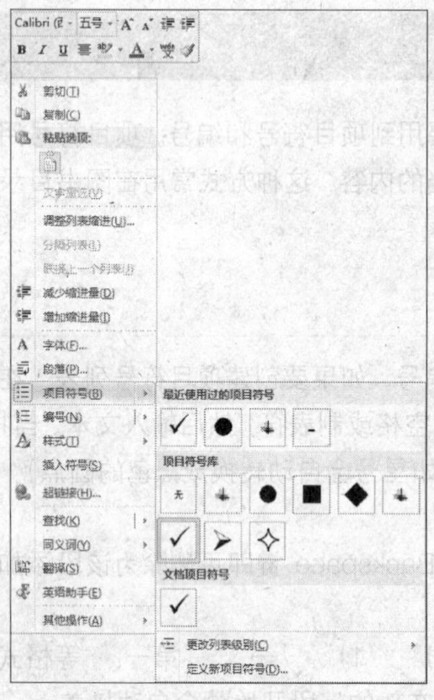

图 2.40　“项目符号”快捷菜单

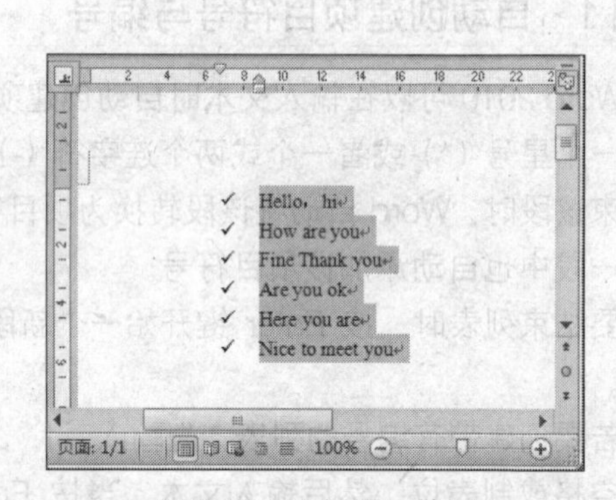

图 2.41　添加项目符号

实训 2　自定义项目符号和编号

1. 添加自定义项目符号

添加自定义项目符号，其具体操作步骤如下。

Step 01 选定要添加项目符号的段落。

Step 02 单击鼠标右键，在弹出的快捷菜单中选择“项目符号”|“定义新项目符号”命令，打开如图 2.42 所示的“定义新项目符号”对话框。

Step 03 单击“符号”按钮，打开如图 2.43 所示的“符号”对话框，用户可在其中选择所需的符号。单击“确定”按钮返回到“定义新项目符号”对话框中。

Step 04 在“定义新项目符号”对话框中，用户可以单击“字体”按钮，在打开的“字体”对话框中设置项目符号的大小或颜色等；单击“图片”按钮，可以将图片作为项目符号。设置完成后，单击“确定”按钮返回到“定义新项目符号”对话框中。

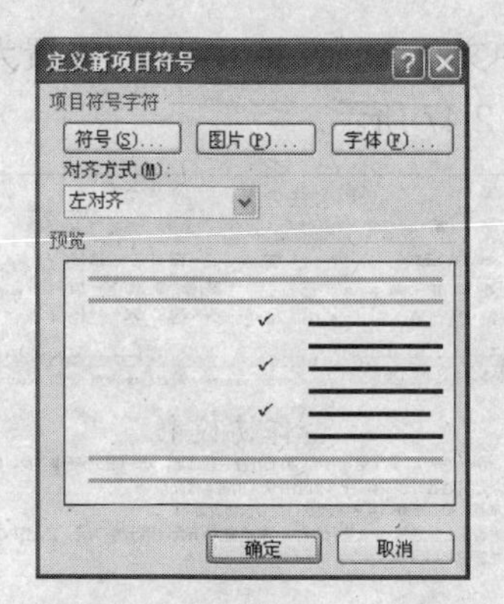

图 2.42 “定义新项目符号”对话框

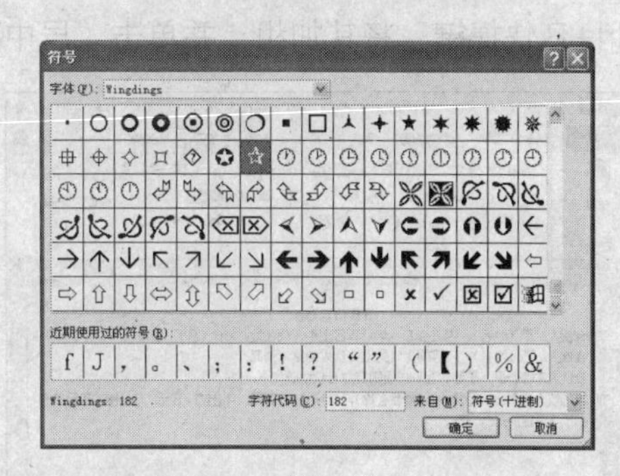

图 2.43 “符号”对话框

Step 05 在“对齐方式”下拉列表框中可以选择左对齐、居中和右对齐等对齐方式。

Step 06 单击“确定”按钮，即可给段落添加自定义的项目符号，效果如图 2.44 所示。

2. 使用自定义编号列表

同使用项目符号列表类似，用户既可以使用已有的编号列表，也可以使用自定义的编号列表。如果要给段落添加自定义编号，其具体操作步骤如下。

Step 01 选定要添加编号的段落。

Step 02 右击，在弹出的快捷菜单中选择“编号”|“定义新编号格式”命令，打开“定义新编号格式”对话框，在“编号样式”下拉列表框中，选择一种编号样式，如图 2.45 所示。在“对齐方式”中，用户可以选择所需的对齐方式，设置完成后单击“确定”按钮。

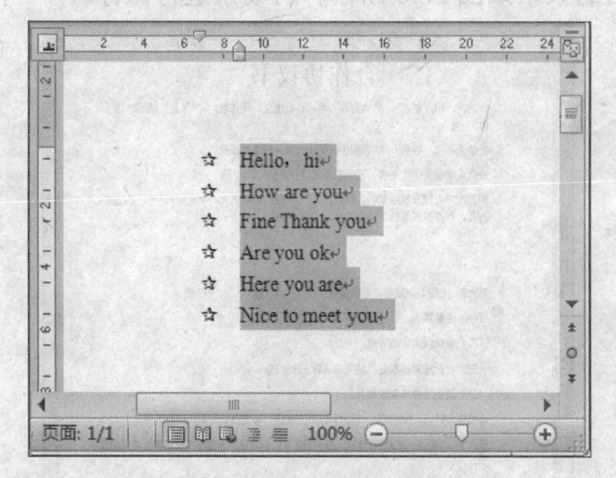

图 2.44 使用自定义项目符号列表

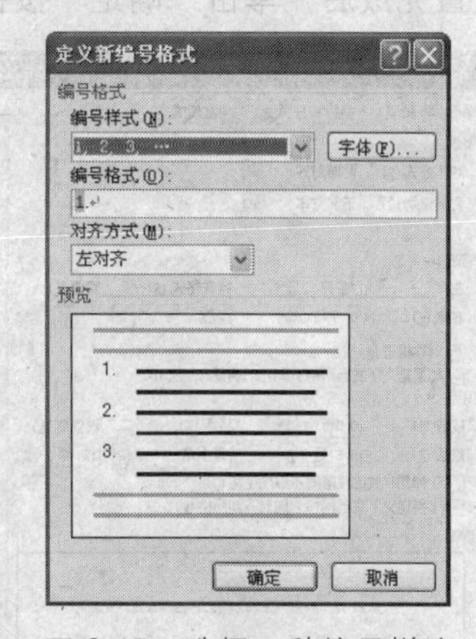

图 2.45 选择一种编号样式

技 巧

快速定义快捷键：选择“文件”|“选项”命令，弹出“Word 选项”对话框，在对话框中选择“自定义功能区”，单击“键盘快捷方式”右侧的“自定义”按钮，打开“自定义键盘”对话框，在该对话框中的“类别”列表中选择“插入 选项卡”选项，然后在“命令”列表中选择 InsertPicture，在“请按新快捷键”文本框中指定快捷键，最后单击“指定”按钮。这样，新的快捷键就指定完成了。

综合案例 编排合作协议书中的字符格式和段落

Step 01 打开“素材\Cha02\合伙人协议书.docx”文件，如图 2.46 所示。

Step 02 选择“合作协议书”，将“字体”设置为“宋体（中文正文）”，将“字号”设置为“小一”，按 Ctrl+B 快捷键，将其加粗，并单击“居中”按钮，如图 2.47 所示。

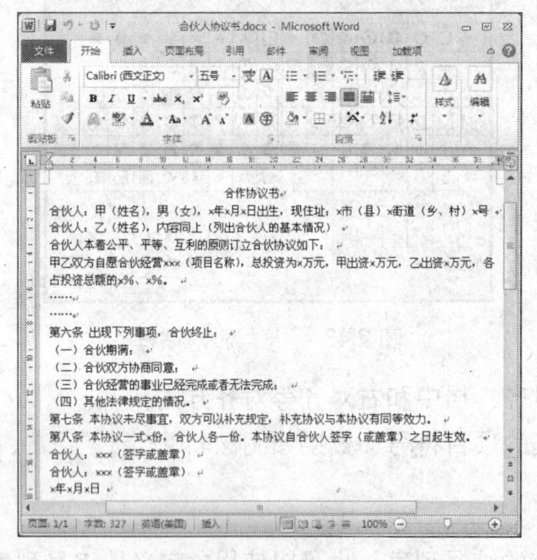

图 2.46 打开素材

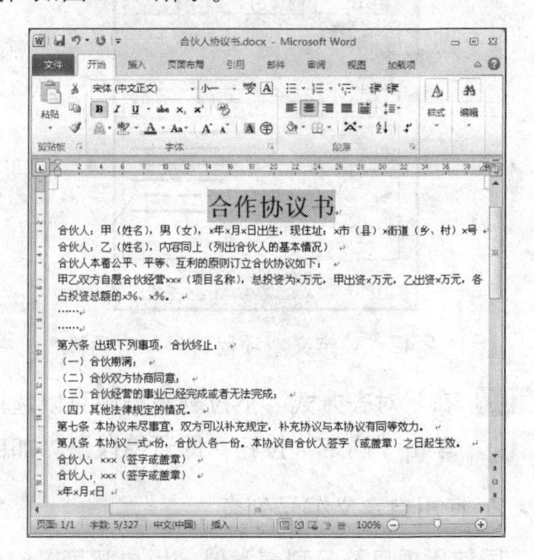

图 2.47 设置文本

Step 03 选择“合作协议书”下的其他内容，单击“段落”右下角的按钮，打开“段落”对话框，选择“缩进和间距”选项卡，在“缩进”选项组中将“左侧”与“右侧”分别设置为 4 字符和 0 字符，在“间距”选项组中将“段前”和“段后”均设置为 0.5 行，“行距”设置为“最小值”，“设置值”为“15 磅”，如图 2.48 所示。

Step 04 设置完成后，单击“确定”按钮，完成后的效果如图 2.49 所示，将场景进行保存。

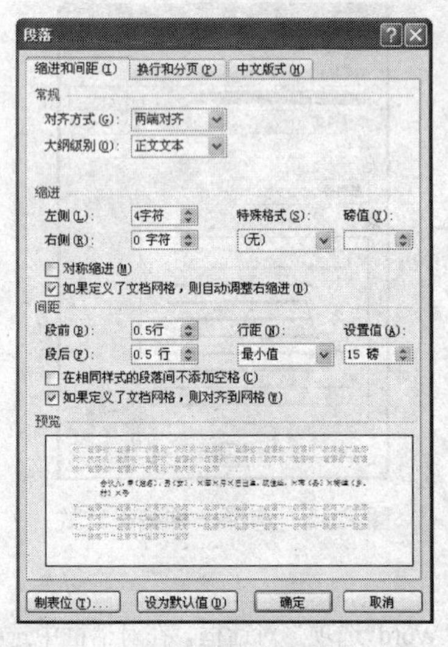

图 2.48 “段落”对话框

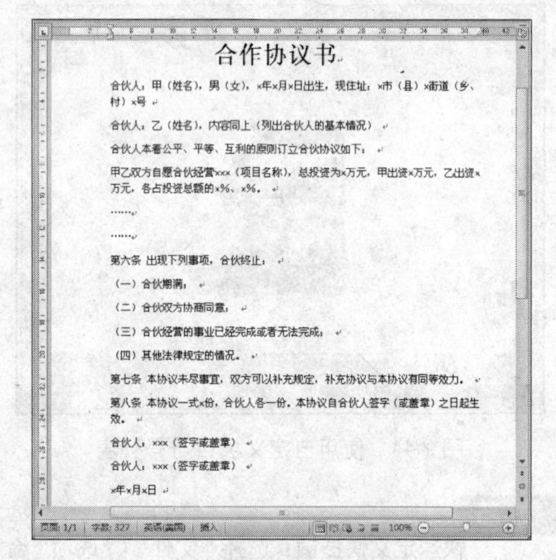

图 2.49 完成后的效果

课后练习与上机操作

一、选择题

1. 在文档中，为了使相关的内容醒目并且有序，可以插入______。

A. 回车　　B. 边框　　C. 项目符号　　D. 底纹

2．将段落中每行文本都向文档的左边对齐的方式是______。

A．文本右对齐　　B．文本左对齐　　C．居中　　D．分散对齐

二、简答题

1．段落间距和行距有何区别？

2．怎样为一段文本添加边框和底纹？

3．怎样为文档添加项目符号或编号？

三、上机实训

1．打开“素材\Cha02\山东简介.doc”文件，将第 1、2 段之间的行距设置为单倍行距。

2．给第 2、3 段添加项目符号，并设置成自己喜欢的符号样式。

项目3

设置样式和模板

本章导读

本章将讲解样式的基本知识以及模板的使用、修改和删除。通过对本章的学习，可以更简便快捷地整理文本。

知识要点

- ✪ 样式的基本知识
- ✪ 字符样式与段落样式的使用
- ✪ 模板的使用
- ✪ 样式的修改与删除
- ✪ 模板的修改

任务1 设置样式

固定的字体、段落、制表位、边框和编号等格式叫做样式。在对文档的排版操作中，只要将所需要的段落指定为预先设置好的样式，就可以快速、高效地完成对文档的排版，而不必逐个选择各种格式命令。

在 Word 2010 中，样式分为字符样式、段落样式、链接段落和字符样式、表格样式、列表样式。段落样式是运用于整个段落中，可以包含影响段落外观的格式化的各个方面，例如，对齐、缩进、上（下）间距和制表位等。字符样式可以适用于正文的任意一节，包含运用于单个字符的任何格式化，例如字体、加粗、下划线和字号等。

实训1 创建和应用字符样式

将字符格式的组合（例如字体、字号、加粗、倾斜、下划线以及字符颜色等）保存为字符样式，不但可以节省大量的时间，还能保证整个文档中字符版面的一致性。

1. 创建字符样式

创建字符样式的具体操作步骤如下。

Step 01 选择“开始”|“样式”命令，单击样式右下角按钮，或按键盘上 Ctrl+Alt+Shift+S 快捷键，出现如图 3.1 所示的“样式”任务窗格。

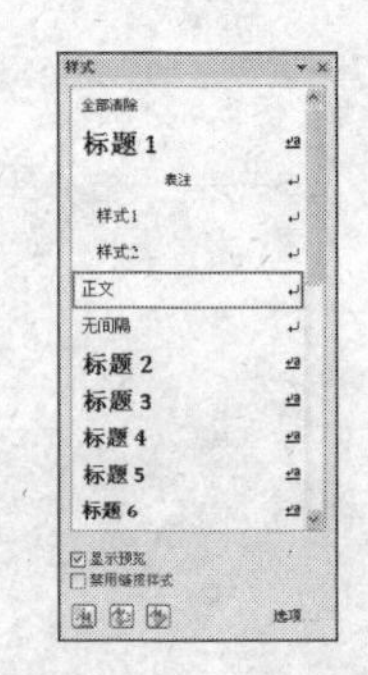

图 3.1 “样式”任务窗格

Step 02 单击“新建样式”按钮，弹出“根据格式设置创建新样式”对话框。

Step 03 在“名称”文本框中，输入新建样式的名称。例如，输入“关键字”。

Step 04 单击“样式类型”右边的下三角按钮，在打开的下拉列表框中提供了 5 个选项：“段落”、“字符”、“链接段落和字符”、“表格”和“列表”。选择“段落”选项可以定义段落样式；选择“字符”选项可以定义字符样式。这里选择“字符”选项。

Step 05 在“样式基准”下拉列表框中选择该样式的基准样式（所谓基准样式就是最基本或原始的样式，文档中的其他样式以此为基础，如果更改文档基准样式的格式元素，则所有基于基准样式的其他样式也相应发生变化）。

Step 06 单击“格式”按钮，弹出的“格式”下拉菜单中包含以下命令：“字体”、“段落”、“制表位”、“边框”、“语言”、“图文框”、“编号”、“快捷键”和“文字效果”，如图 3.2 所示。

Step 07 选择“字体”命令，打开“字体”对话框。在“中文字体”下拉列表框中选择所需的字体，这里选择“黑体”选项；在“字形”列表框中选择所需的字形，这里选择“倾斜”选项；在“字号”下拉列表框中选择所需的字号，这里选择“小四”选项。单击“确定”按钮，返回到“根据格式设置创建新样式”对话框。设置完的字体可在“预览”区中看到，且在“预览”区的下面还有该样式的说明，如图 3.3 所示。

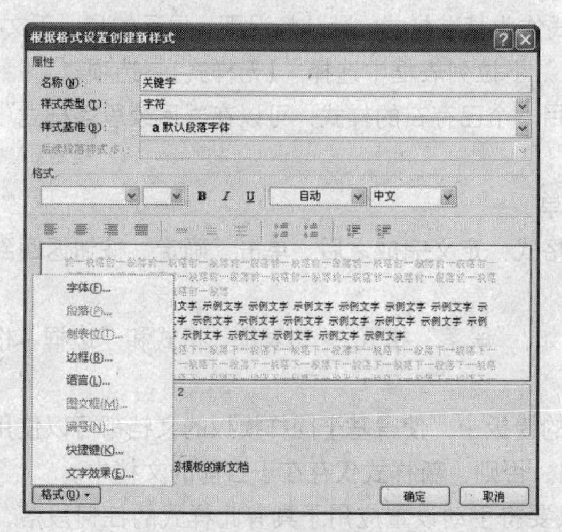

图 3.2 “根据格式设置创建新样式”对话框

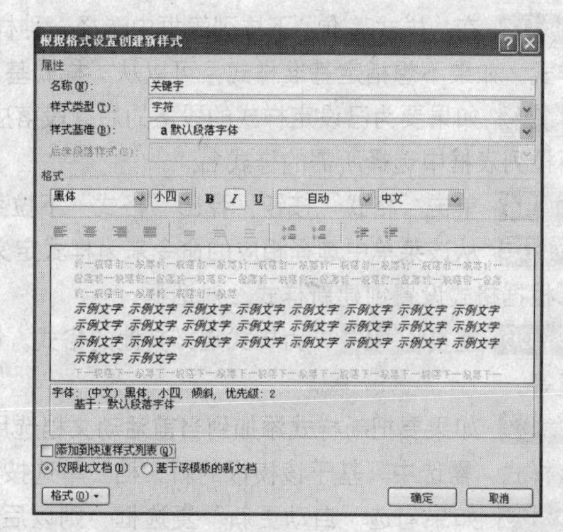

图 3.3 新建字符样式的预览

Step 08 单击“确定”按钮，即完成“关键字”字符样式的创建并返回到文档中。

单击“样式”任务窗格中的“关闭”按钮，可关闭该对话框。

2. 应用字符样式

使用“样式”对话框应用字符样式的具体操作步骤如下。

Step 01 选定要应用字符样式的文本。例如，选定“齐多甘泉，冠于天下”。

Step 02 选择“样式”对话框中刚刚创建的名为“关键字”的字符样式，如图 3.4 所示。

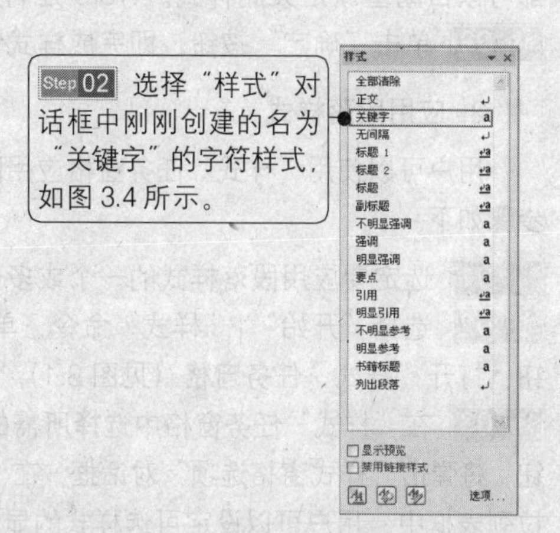

图 3.4 选择关键字的字符样式

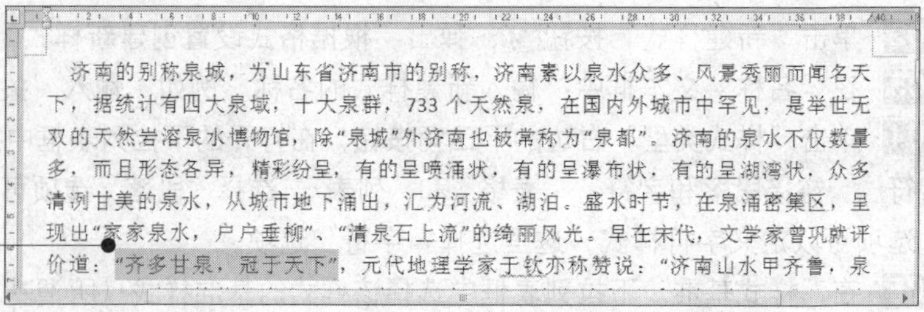

济南的别称泉城，为山东省济南市的别称，济南素以泉水众多、风景秀丽而闻名天下，据统计有四大泉域，十大泉群，733个天然泉，在国内外城市中罕见，是举世无双的天然岩溶泉水博物馆，除“泉城”外济南也被常称为“泉都”。济南的泉水不仅数量多，而且形态各异，精彩纷呈，有的呈喷涌状，有的呈瀑布状，有的呈湖湾状，众多清洌甘美的泉水，从城市地下涌出，汇为河流、湖泊。盛水时节，在泉涌密集区，呈现出“家家泉水，户户垂柳”、“清泉石上流”的绮丽风光。早在宋代，文学家曾巩就评价道：“齐多甘泉，冠于天下”，元代地理学家于钦亦称赞说：“济南山水甲齐鲁，泉

Step 03 这时即给选定的文本应用了该字符样式，结果如图3.5所示。

图3.5 为选定的文本应用“关键字”字符样式

实训2 创建和应用段落样式

同字符样式类似，将段落格式的组合（例如对齐、边框、缩进等）保存为段落样式，以后在编排段落时，可直接应用段落样式。

1. 创建段落样式

创建段落样式的具体操作步骤如下。

Step 01 在图3.2中的“样式类型”下拉列表框中选择“段落”选项可以定义段落样式。

Step 02 在“样式基准”下拉列表框中选择一种样式作为基准样式。默认情况下，显示的是“正文”样式。如果不想指定基准样式，可以从“样式基准”下拉列表框中选择“（无样式）”选项。

Step 03 如果要为已设定样式的段落的后续段落应用一个已存在的样式，可以在“后续段落样式”下拉列表框中选择所需的样式名。

Step 04 单击“格式”按钮，弹出“格式”下拉菜单。

Step 05 从该菜单中选择相应的命令来为样式定义格式，定义完成之后，单击“确定”按钮返回到“根据格式设置创建新样式”对话框。

Step 06 重复Step 05，为样式定义其他的格式。例如，“段落”格式、“制表位”格式和“边框”格式等。

Step 07 如果要把新样式添加到当前活动文档选用的模板中，使得基于同样模板的文档都可以使用该样式，需选中“基于该模板的新文档”单选按钮。否则，新样式仅存在于当前的文档中。

Step 08 如果勾选“自动更新”复选框，则以后只要将手动设置应用于具有此样式的任何段落，都可以自动重新定义此样式。Word还将自动更新活动文档中所有应用此样式的段落。

Step 09 单击“确定”按钮，即完成样式创建并返回到文档中。

2. 应用段落样式

用户可以使用“样式”任务窗格应用段落样式，使用“样式”对话框应用段落样式的具体操作步骤如下。

Step 01 选定要应用段落样式的一个或多个段落。

Step 02 选择“开始”|“样式”命令，单击“样式”右下角的按钮，打开“样式”任务窗格（见图3.1）。

Step 03 在“样式”任务窗格中选择所需的样式。单击“选项”按钮，将弹出“样式窗格选项”对话框，在“选择要显示的样式”下拉列表框中，用户可以设定可选样式的显示范围，如图3.6所示。“选择要显示的样式”下拉列表中的默认选项为“当前文档中的样式”，当显示的样式没有符合要求时，可以选择“所有样式”选项

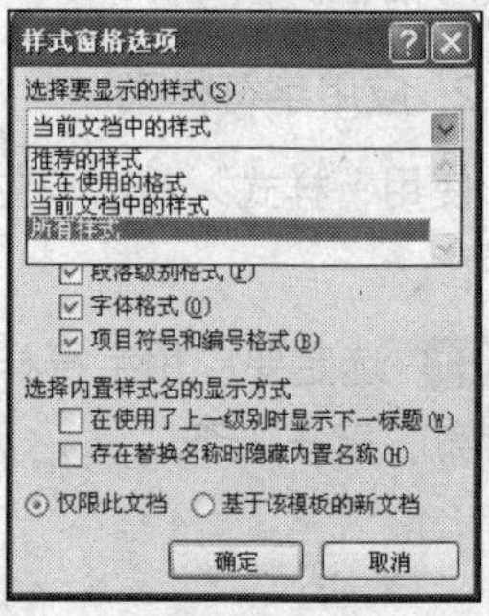

样式窗格选项
选择要显示的样式(S):
当前文档中的样式
推荐的样式
正在使用的格式
当前文档中的样式
所有样式
段落级别格式(F)
字体格式(O)
项目符号和编号格式(B)
选择内置样式名的显示方式
在使用了上一级别时显示下一标题(V)
存在替换名称时隐藏内置名称(H)
仅限此文档 基于该模板的新文档
确定 取消

图3.6 “样式窗格选项”对话框

来显示当前文档中的所有内置样式。

实训 3　修改和删除样式

1. 修改样式

使用“样式”任务窗格可以修改样式，其具体操作步骤如下。

Step 01　选择需要更改样式属性的文本，打开“样式”任务窗格（见图 3.1）。

Step 02　在要修改的样式名上右击，在弹出的快捷菜单中选择“修改”命令，弹出如图 3.7 所示的“修改样式”对话框。

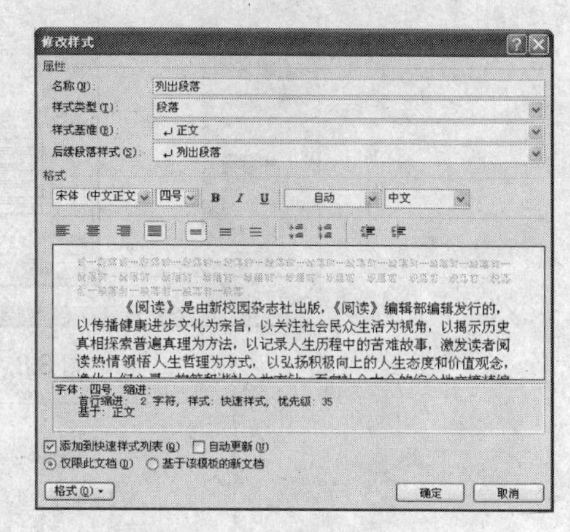

图 3.7　“修改样式”对话框

Step 03　在“名称”文本框中输入一个新的样式名。

Step 04　如果要重新指定该样式的基准样式，可以在“样式基准”下拉列表框中选择需要的基准样式。

Step 05　如果要重新指定该样式的后续段落样式，可以在“后续段落样式”下拉列表框中选择新的样式。

Step 06　如果要改变样式的格式，单击“格式”按钮，即出现一个下拉菜单。从“格式”下拉菜单中选择需要的命令。设置完成后单击“确定”按钮，返回到“修改样式”对话框中。

Step 07　重复 Step 06，对其他格式的属性进行修改。

Step 08　根据需要决定是否选中“基于该模板的新文档”单选按钮和勾选“自动更新”复选框。

Step 09　单击“确定”按钮，即完成对样式的更改并返回到文档中。

2. 删除样式

当不再需要某个样式时，用户可以在“样式”任务窗格中删除样式，文档中采用被删除的样式的段落都将变为正文样式，但无法删除模板的内置样式。删除样式的具体操作步骤如下。

Step 01　打开“样式”任务窗格（见图 3.1），在打开的对话框中选择“关键字”样式。

Step 02　在选择的“关键字”样式上右击，在弹出的快捷菜单中选择“删除”命令，将弹出确认删除提示框。如果选择的是 Word 的内置样式，则该命令变为灰色。

Step 03　单击“是”按钮，即删除了不需要的样式并返回到文档中。

随堂演练　一个文档两种页面设置

将一个文档设置两种页面，具体操作步骤如下。

Step 01　选择“页面布局”选项卡，在“页面设置”功能区中单击“页面设置”按钮，在弹出的“页面设置”对话框中选择“页边距”选项卡，将“页边距”选项组中的“上”和“下”设置为“3.2”、“左”和“右”设置为“2.1”，然后单击“确定”按钮，如图 3.8 所示。

Step 02　在文档中输入文字，如图 3.9 所示。

Step 03　将光标放在需要换页的文字或内容前，选择“页面布局”选项卡，在“页面布局”功能区中单击“分隔符”按钮，在弹出的下拉列表中选择“分节符”|“下一页”命令，如图 3.10 所示。

Step 04　选择“页面布局”选项卡，在“页面设置”功能区中单击“分隔符”按钮，在弹出的下拉列表中选择“分页符”|“分页符”命令，实现文档分页的目的，如图 3.11 所示。

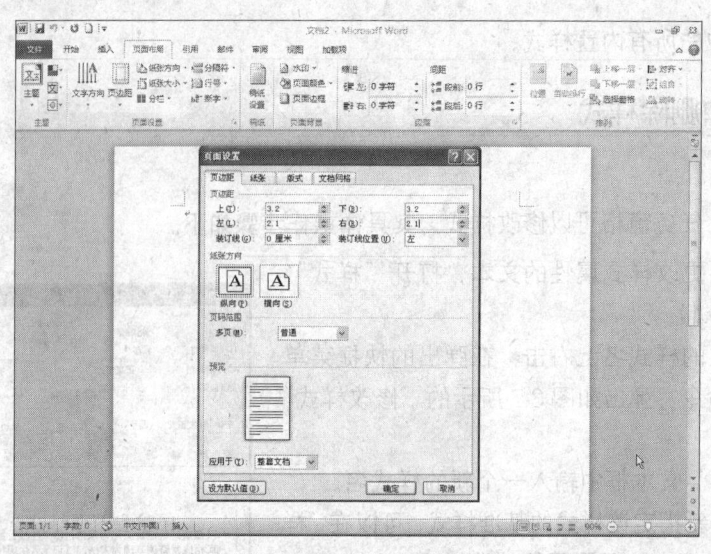

图 3.8 “页面设置”对话框

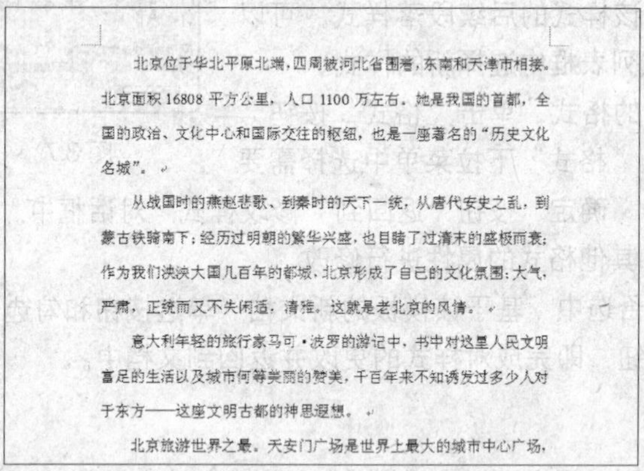

北京位于华北平原北端，四周被河北省围着，东南和天津市相接。北京面积 16808 平方公里，人口 1100 万左右。她是我国的首都，全国的政治、文化中心和国际交往的枢纽，也是一座著名的“历史文化名城”。

从战国时的燕赵悲歌、到秦时的天下一统，从唐代安史之乱，到蒙古铁骑南下；经历过明朝的繁华兴盛，也目睹了过清末的盛极而衰；作为我们泱泱大国几百年的都城，北京形成了自己的文化氛围：大气，严肃，正统而又不失闲适，清雅。这就是老北京的风情。

意大利年轻的旅行家马可·波罗的游记中，书中对这里人民文明富足的生活以及城市何等美丽的赞美，千百年来不知诱发过多少人对于东方——这座文明古都的神思遐想。

北京旅游世界之最。天安门广场是世界上最大的城市中心广场，

图 3.9 输入文字

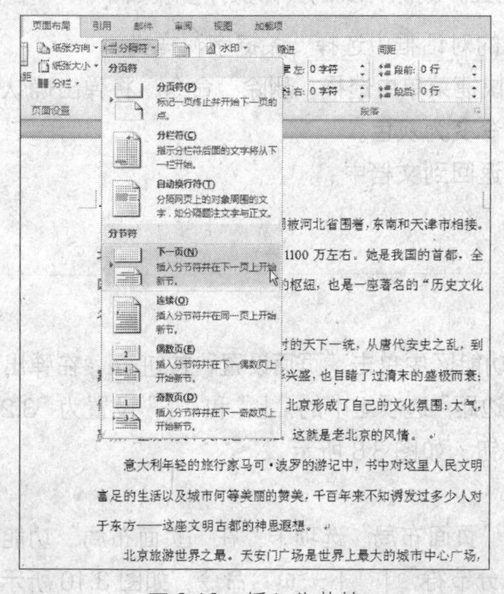

图 3.10 插入分节符

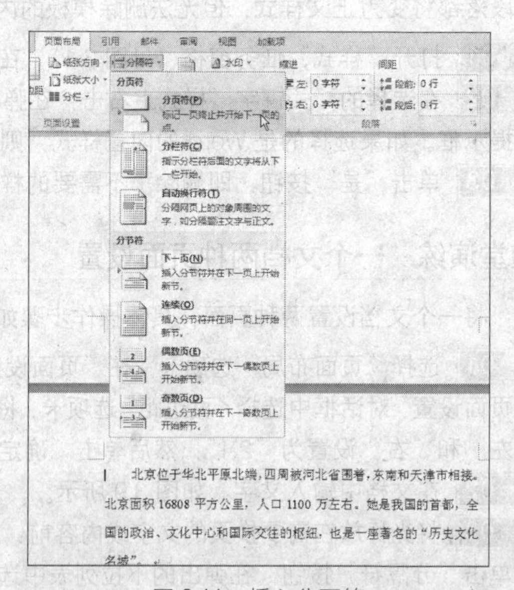

图 3.11 插入分页符

Step 05 单击“自定义快速访问工具栏”中的“保存”按钮，对文档进行保存。

任务 2 模板的应用

实训 1 模板简介

模板就是将各种类型的文档预先编排成一种“文档框架”。这里的“文档框架”包括一些固定的文字内容以及所要使用的样式等。其中，样式是模板的一个重要组成部分。用户可以将创建的样式保存在模板中，从而使所有使用该模板创建的文档都可以应用该样式。这样既可以提高工作效率，又可以统一文档的风格。

在 Word 中，每一个文档都是在模板的基础上建立的。Word 默认使用的模板是 Normal 模板。在同一类型的所有文档中，文字、图形、页面设置、样式、自动图文集词条、工具栏、自定义菜单和快捷键等元素的设置都相同。另外，Word 2010 带有一些常用的文档模板，如传真、信函、备忘录以及出版物等，用户可以使用这些模板来快速创建文档。

如果要使用模板来创建文档，其具体操作步骤可参见项目 1 中新建文档的方法，这里就不再重复了。

实训 2 修改模板

用户可以修改模板，使其包括文档所需的特殊文本、图形、格式、样式等设置。这与修改一般的 Word 文档没有什么区别。

如果要更改模板，则会影响根据该模板创建的新文档。但更改模板后，并不影响基于此模板的原有文档内容。

随堂演练 图文混排

下面我们介绍图文混排的制作，具体操作步骤如下。

Step 01 在新文档中输入文字并插入图片，文档在图文混排前是无序的状态，如图 3.12 所示。

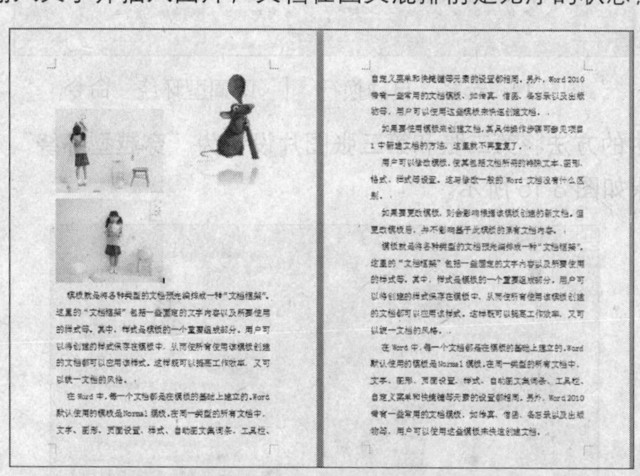

图 3.12 无序文档

Step 02 选择“页面布局”选项卡，在“页面背景”组中单击“页面颜色”按钮，在弹出的下拉菜单中选择“填充效果”命令，在打开的“填充效果”对话框中选择“图片”选项卡，然后单击“选择图片”按钮，从而选择文档背景图，如图 3.13 所示。

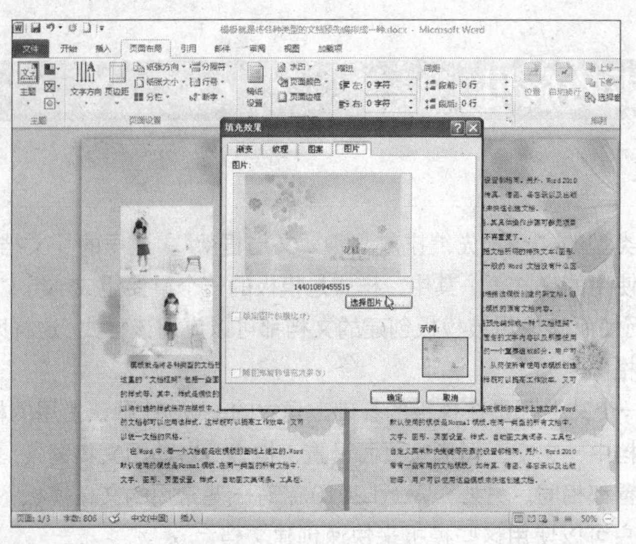

图 3.13　设置文档背景

Step 03　选择文档中的第一张图片，右击，在弹出的快捷菜单中选择“自动换行”|“四周型环绕”命令，如图 3.14 所示。

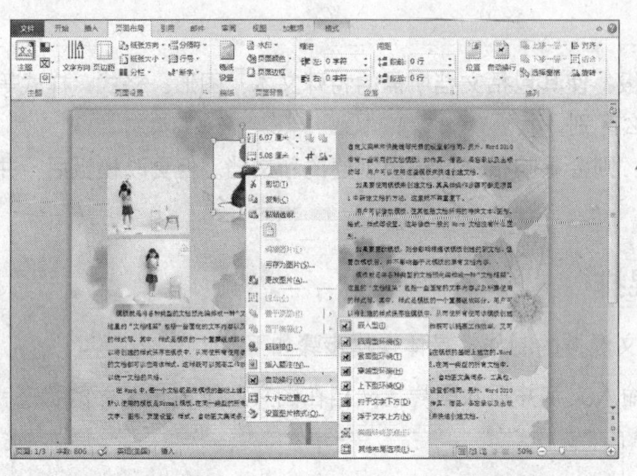

图 3.14　选择“自动换行”|“四周型环绕”命令

Step 04　使用 Step 03 中的方法将第二张和第三张图片设置为“穿越型环绕”，然后将图片拖至合适的位置，完成后的效果如图 3.15 所示。

图 3.15　完成后的效果

技 巧

格式刷工具的使用：如果想更改文档中的多个选定内容的格式，则双击“格式刷”按钮，然后选择要设置格式的文本或图形即可；要停止设置格式，则按 Esc 键。

综合案例 按版式编排合作协议书

通过上面所学的内容按版式编排合作协议书，具体操作步骤如下。

Step 01 打开“场景\Cha02\合伙人协议书.docx”文件，如图 3.16 所示。

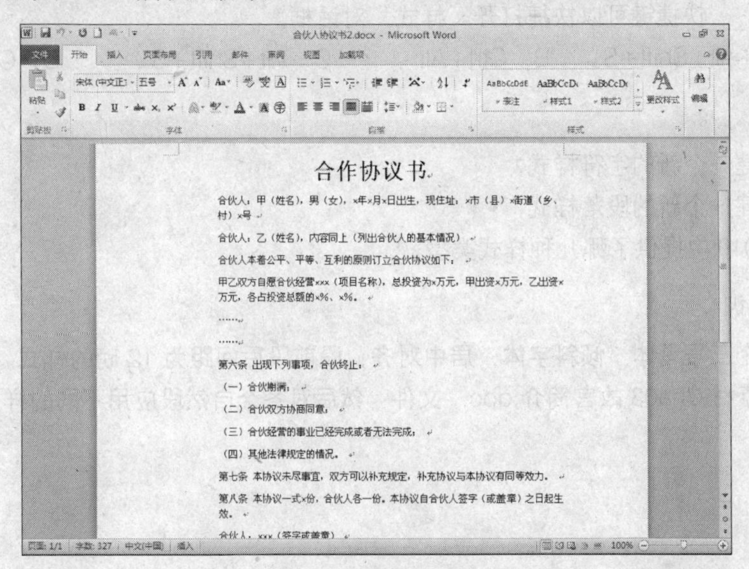

图 3.16 打开场景文件

Step 02 将文本全部选中，按键盘上 Ctrl+Alt+Shift+S 快捷键，弹出如图 3.17 所示的“样式”对话框。

Step 03 单击“样式”对话框下的“新建样式”按钮，则会打开“根据格式设置创建新样式”对话框。

Step 04 在“属性”选项组中将“名称”命名为“新样式”，在“格式”选项组中将字体设置为“(中文）汉仪雪君体简”，将“字号”设置为“小四”，单击“加粗”按钮 B，设置完成后单击“确定”按钮，如图 3.18 所示。

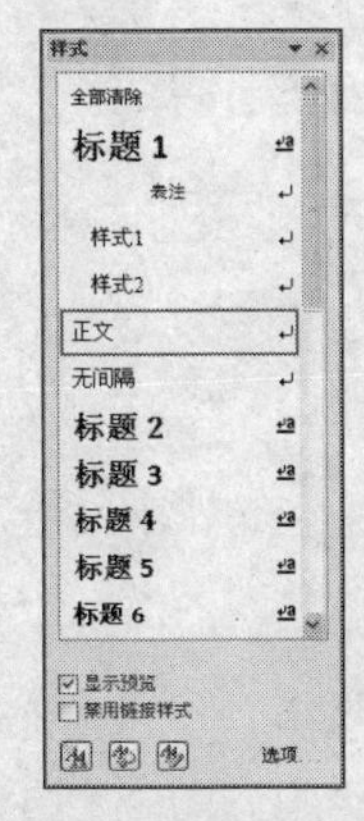

图 3.17 “样式”对话框

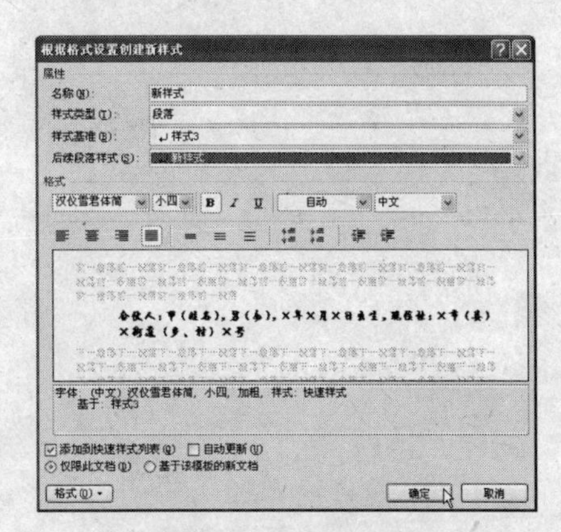

图 3.18 创建新样式

Step 05 设置完成后，将场景进行保存。

课后练习与上机操作

一、选择题

1．下列________不是 Word 原有的样式。

A．标题 1　　B．正文　　C．标题 2　　D．新标题 2

2．Word 默认使用的模板是________模板。

A．Normal　　B．传真　　C．信函　　D．Web 页

3．按________快捷键可以快捷打开“样式”对话框。

A．Ctrl+Alt+Shift+S　　B．Ctrl+Alt　　C．Alt+Shift+S　　D．Ctrl+A

二、简答题

1．如何创建一个新的字符样式？

2．如何创建一个新的段落样式？

3．Word 2010 中提供了哪几种样式类型？

三、上机实训

1．新建一个三号黑体、倾斜字体，居中对齐，段前段后间距为 12 磅的样式。

2．打开“素材\Cha03\故宫简介.doc”文件，然后对各个自然段应用不同的样式，观察结果。

项目4

表格处理

本章导读

表格是一种简明、概要的表达方式。本章将介绍如何在 Word 文档中对表格进行操作，包括创建表格、编辑表格以及对表格中的数据进行计算与排序等。

知识要点

- ✪ 表格的创建
- ✪ 编辑表格
- ✪ 表格与文字混排
- ✪ 文本与表格的转换
- ✪ 表格的计算与排序

任务 1 创建和编辑表格

Word 2010 提供了多种创建表格的方式，在菜单栏中选择“插入”选项卡，单击“表格”按钮，从弹出的下拉列表中选择所需的表格创建表格；也可以在下拉列表中选择“插入表格”命令创建表格。下面就对这两种方法分别进行介绍。

实训 1 创建表格

1. 使用“插入表格”命令创建表格

使用“插入表格”命令创建表格的具体操作步骤如下。

Step 01 将光标置于文档中需要创建表格的位置。

Step 02 在菜单栏中选择“插入”选项卡，单击“表格”按钮，在弹出的下拉列表中选择“插入表格”命令，打开“插入表格”对话框，如图 4.1 所示。

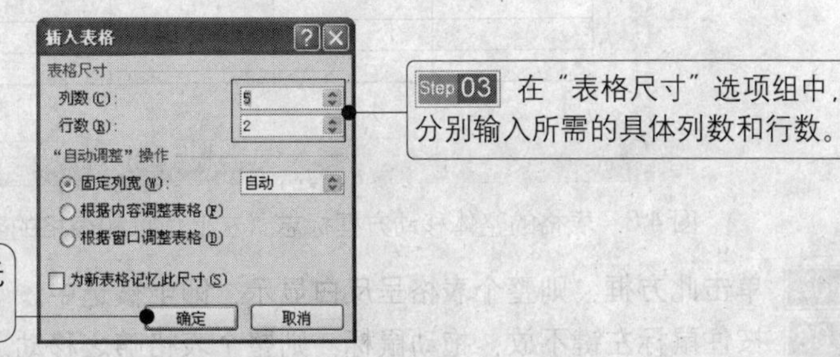

图 4.1 “插入表格”对话框

2. 使用“表格”按钮创建表格

例如，需要创建一个 5 行 5 列的表格，其具体操作步骤如下。

Step 01 将光标置于文档中需要插入表格的地方。

Step 02 选择“插入”选项卡，单击“表格”按钮，会弹出如图 4.2 所示的下拉列表，其左上角有所选中的表格列数×行数的显示情况。

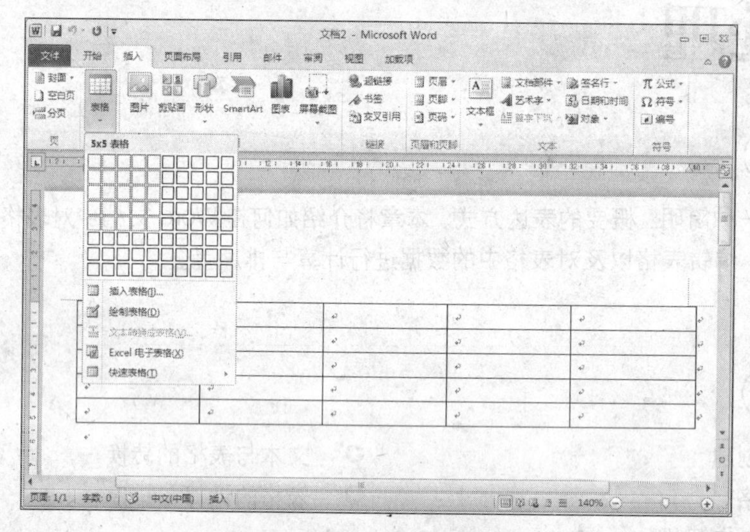

图 4.2 “插入表格”下拉列表

Step 03 在该下拉列表中移动鼠标，可以选择不同的行列组合方式，但此时最多可以创建 8 行 10 列的表格。

Step 04 将鼠标拖动至 5 行 5 列的选定位置上单击，此时，在光标的位置上就插入了一个 5 行 5 列的表格。

实训 2 移动表格

Word 2010 为用户提供了简单的整体移动和整体缩放表格的方法。整体移动表格的具体操作步骤如下。

Step 01 将鼠标置于表格之中或者置于表格的左上角，此时，表格的左上角就会出现一个小方框，如图 4.3 所示。

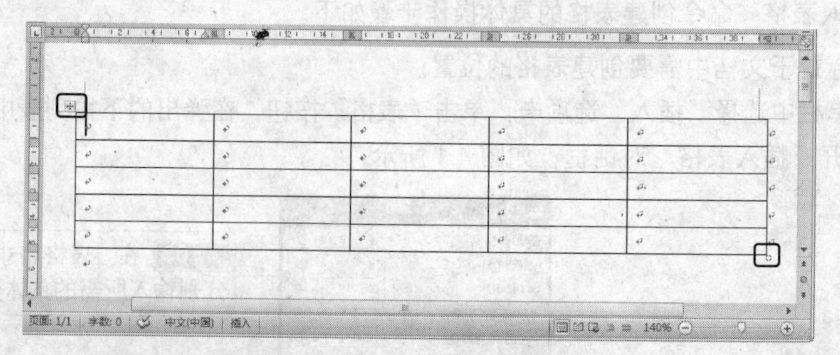

图 4.3 表格的整体移动方框标志（左上角）和表格的整体缩放标志（右下角）

Step 02 单击此方框，则整个表格呈反白显示，即全被选中。

Step 03 按住鼠标左键不放，拖动鼠标，则整个表格随之移动。

实训 3　缩放表格

对表格进行整体缩放的具体操作步骤如下。

Step 01　将光标置于表格之中或者置于表格的右下角，这时表格的右下角会出现一个小方框(见图 4.3)。

Step 02　将鼠标指针置于小方框上，则指针会变成一个倾斜的双向箭头。

Step 03　按住鼠标左键不放，拖动鼠标指针，则表格中的每一个单元格都会随之均匀地放大或缩小，如图 4.4 所示。

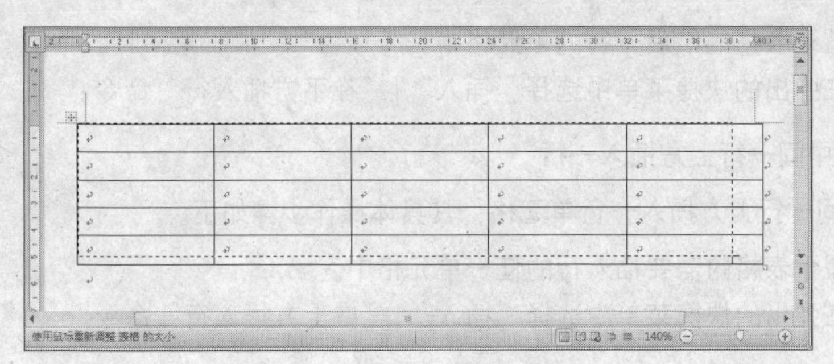

图 4.4　对表格进行整体缩放

Step 04　释放鼠标左键，表格的缩放操作完成。

实训 4　表格的插入操作

在进行表格处理时，有时需要插入的不仅仅是一个单元格，有时还需要插入一行或者一列单元格。Word 2010 对于具体的插入情况，处理的方式也不尽相同。下面分别加以介绍。

1. 在表格的任意位置插入单元格

在表格的任意位置插入单元格，其具体操作步骤如下。

Step 01　将光标置于需要插入单元格位置的右侧单元格中。例如，在如图 4.3 所示表格的第二行的第一列与第二列之间需要插入一个单元格，则将光标置于第二行第二列处。

注 意

右击，在弹出的快捷菜单中选择“插入”|“插入单元格”命令，只有在将光标置于表格中才能使用，对于“插入行”和“插入列”命令也需要注意这个问题。

Step 02　右击，在弹出的快捷菜单中选择“插入”|“插入单元格”命令，打开“插入单元格”对话框，如图 4.5 所示。

Step 03　选中该对话框中的“活动单元格右移”单选按钮，然后单击“确定”按钮。这时，原来表格的光标所在位置就会增加一个单元格，如图 4.6 所示。

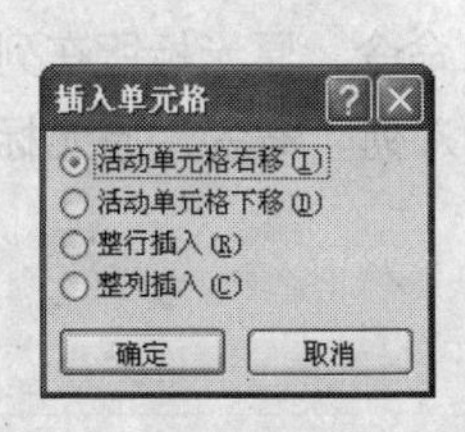

图 4.5　“插入单元格”对话框

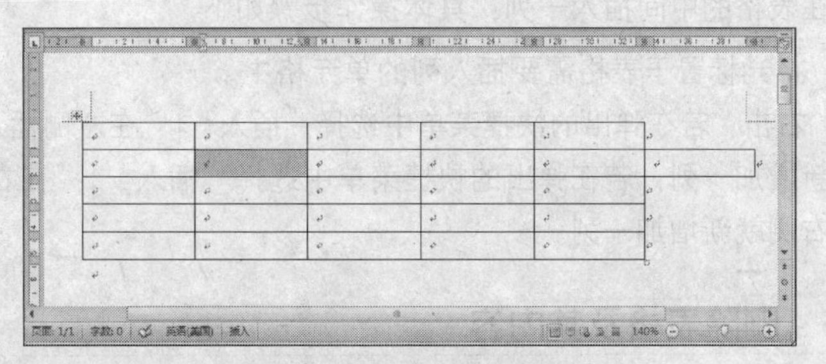

图 4.6　在表格中插入单元格

2. 在表格的开头插入一行

要在表格的开头插入一行，具体操作步骤如下。

Step 01 将光标置于表格的第一行的单元格中。

Step 02 右击，在弹出的快捷菜单中选择“插入”|“在上方插入行”命令。

3. 在表格的结尾插入一行

要在表格的结尾插入一行，具体操作步骤如下。

Step 01 将光标置于表格的最后一行的单元格中。

Step 02 右击，在弹出的快捷菜单中选择“插入”|“在下方插入行”命令。

4. 在表格的中间一行上方插入一行

要在表格中间一行上方插入一行单元格，其具体操作步骤如下。

Step 01 将光标置于表格内需要插入行的任一单元格中。

Step 02 右击，在弹出的快捷菜单中选择“插入”|“在上方插入行”命令。

5. 在表格的中间一行下方插入一行

要在表格中间一行下方插入一行单元格，其具体操作步骤如下。

Step 01 将光标置于表格内需要插入行的单元格中。

Step 02 右击，在弹出的快捷菜单中选择“插入”|“在下方插入行”命令。

注 意

在进行行插入的操作中，Word 2010 还提供了一种非常简便的方式：将光标放在需要插入的前一行末尾的结束处，按 Enter 键，表格就会插入一个空行。

6. 在表格的开头插入一列

要在表格的开头插入一列，具体操作步骤如下。

Step 01 将光标置于表格的第一列的单元格中。

Step 02 右击，在弹出的快捷菜单中选择“插入”|“在左侧插入列”命令。

7. 在表格的结尾插入一列

要在表格的结尾插入一列，具体操作步骤如下。

Step 01 将光标置于表格的最后一列的单元格中。

Step 02 右击，在弹出的快捷菜单中选择“插入”|“在右侧插入列”命令。

8. 在表格的中间插入一列

要在表格的中间插入一列，具体操作步骤如下。

Step 01 将光标置于表格需要插入列的单元格中。

Step 02 右击，若在弹出的快捷菜单中选择“插入”|“在左侧插入列”命令，原光标所在列位置左侧就会新增加一列；若在弹出的快捷菜单中选择“插入”|“在右侧插入列”命令，原光标所在列位置的右侧就新增加一列。

实训 5 删除表格及其内容

对表格的删除操作有删除单元格、删除行、删除列、删除表格和删除表格内容等。下面分别介绍这 5 种常用的操作方法。

1. 删除单元格

删除单元格的具体操作步骤如下。

Step 01 选定所要删除的一个或者多个单元格，右击，在弹出的快捷菜单中选择“删除单元格”命令，打开如图 4.7 所示的“删除单元格”对话框，从中选择所需的删除选项。

Step 02 单击“确定”按钮，即可删除不需要的单元格。

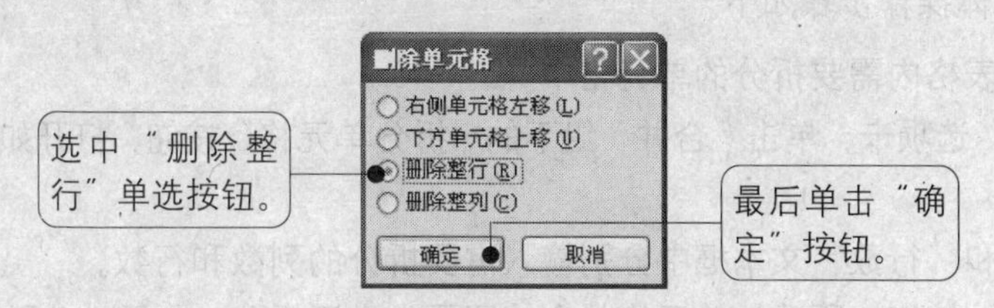

图 4.7 “删除单元格”对话框

2. 删除行

要删除表格中不需要的行，其具体操作步骤如下。

Step 01 选定需要删除的一行或者将光标置于此行的任一单元格中。

Step 02 在光标位置所在处右击，在弹出的快捷菜单中选择“删除单元格”命令，打开“删除单元格”对话框，再选中“删除整行”单选按钮，单击“确定”按钮。

3. 删除列

与“删除行”方法相同，只不过选中“删除整行”单选按钮改为“删除整列”单选按钮。

4. 删除表格

要删除表格，其具体操作步骤如下。

Step 01 将光标置于所要删除的表格左上角的小方块中，表格将出项反白现象。

Step 02 右击，在弹出的快捷菜单中选择“删除表格”命令，即可将表格删除。

5. 删除表格内容

要删除单元格中的内容，其具体操作步骤如下。

Step 01 将光标置于要删除内容的单元格中。

Step 02 连续 3 次单击鼠标左键，选定单元格中的内容，或将鼠标移到该单元格左端，当鼠标指针变为黑色加粗反向箭头↗时，单击鼠标左键，也可选中该单元格中的内容。

Step 03 按 Delete 键，即可删除单元格中的内容。

删除表格中某行或者某列中的内容，其具体操作步骤如下。

Step 01 将鼠标置于此行或列第 1 个单元格的外侧，当鼠标指针变成反向空心箭头形状↗时单击鼠标左键，即选定此行或此列的全部内容。

Step 02 按 Delete 键，即可将不需要的内容删除。

注 意

删除表格内容时，Step 01 中选定的仅仅是内容，而不是表格的行及其内容的综合。此时不能使用鼠标右键进行删除操作。鼠标右键提供的“删除行”（或者“删除列”）仅针对表格而言，不针对内容。

实训 6　拆分与合并表格

在对表格进行操作时，常常需要在不改变表格整体大小的情况下，将某个单元格拆分为几个单元格，或者将两个或多个单元格合并为一个单元格，甚至需要将一个表格拆成几个表格以适应实际的需要，这就要求掌握表格的拆分和合并的操作。

1. 拆分单元格

拆分单元格的具体操作步骤如下。

Step 01 将光标置于表格内需要拆分的单元格中。

Step 02 选择“布局”选项卡，单击“合并”组下的“拆分单元格”按钮，打开如图 4.8 所示的“拆分单元格”对话框。

Step 03 在“列数”和“行数”文本框中分别输入需要拆分的列数和行数。

Step 04 单击“确定”按钮，所选的单元格就会按照要求进行拆分，如图 4.9 所示。

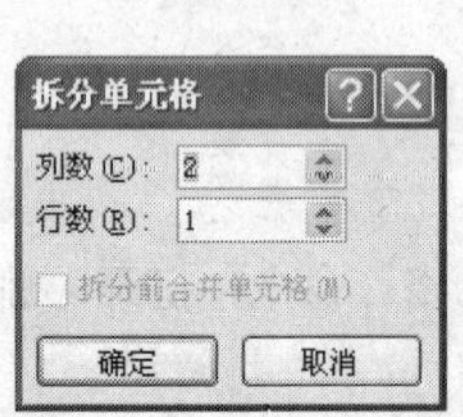

图 4.8　“拆分单元格”对话框

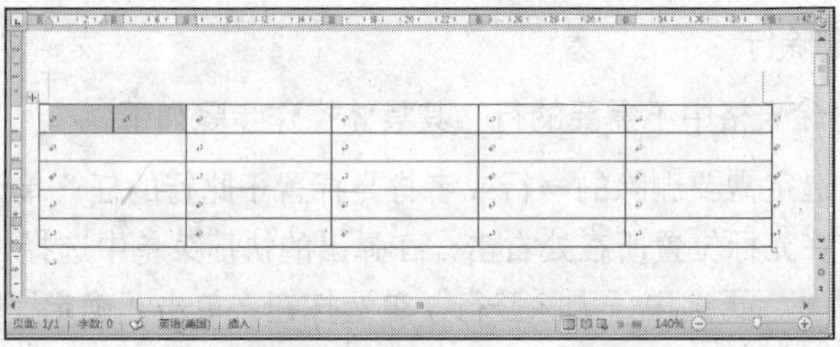

图 4.9　拆分单元格后的表格

2. 合并单元格

将拆分的单元格重新合并为一个单元格，其具体操作步骤如下。

Step 01 选中需要合并的单元格（将鼠标置于表格的相应位置，当其指针变成一个竖条“❙”时，拖动鼠标）。

Step 02 选择“布局”选项卡，单击“合并”组下的“合并单元格”按钮，即可将所选的几个单元格合并成一个单元格。也可以右击，在弹出的快捷菜单中选择“合并单元格”命令，即可将所选的几个单元格合并成一个单元格。

3. 拆分表格

当需要将一个综合数据表中的每一类数据拆分成不同的表格时，就会用到拆分表格操作。其具体操作步骤如下。

Step 01 将光标置于要拆分成第二个表格的第一行，其位置可以是此行中的任意一个单元格，如这里选择图 4.10 中第 2 行的任一单元格。

Step 02 按 Ctrl+Shift+Enter 快捷键，原来的一个表格就变成了两个，结果如图 4.11 所示。

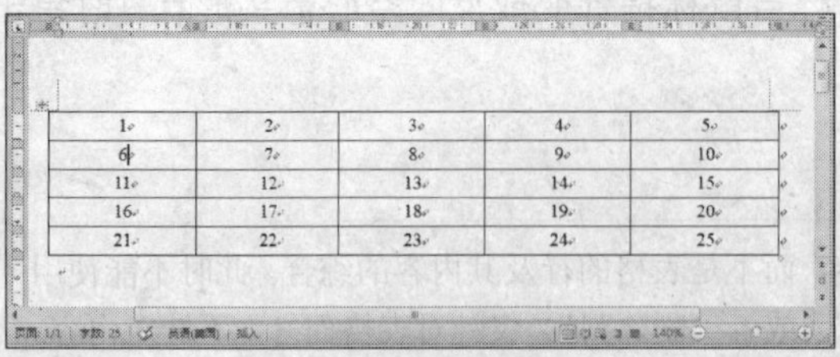

图 4.10　拆分表格前

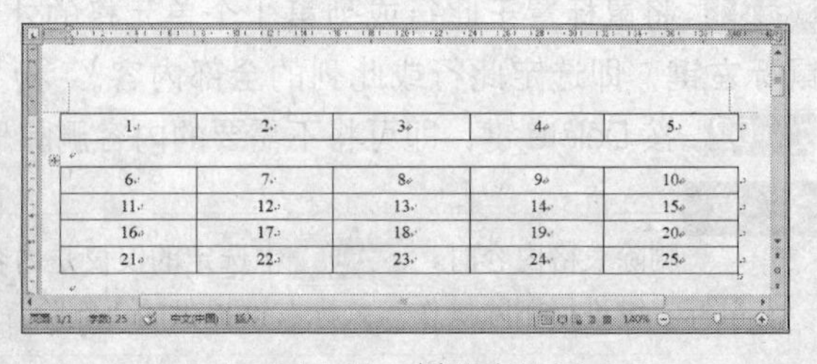

图 4.11　拆分表格后

4. 合并表格

如果两个表格的内容相互关联，那么可以将它们合并为一个表格。当表格处于相邻的位置时，将表格选中并右击，在弹出的快捷菜单中选择“合并单元格”命令，即可将两个表格合并。

实训 7　单元格中文字的对齐方式

单元格中的文字可以通过调整而采用不同的对齐方式。其具体操作步骤如下。

Step 01 将光标置于需要编辑的表格中。

Step 02 右击，在弹出的快捷菜单中选择“单元格对齐方式”命令，出现如图 4.12 所示的“单元格对齐方式”选项框。

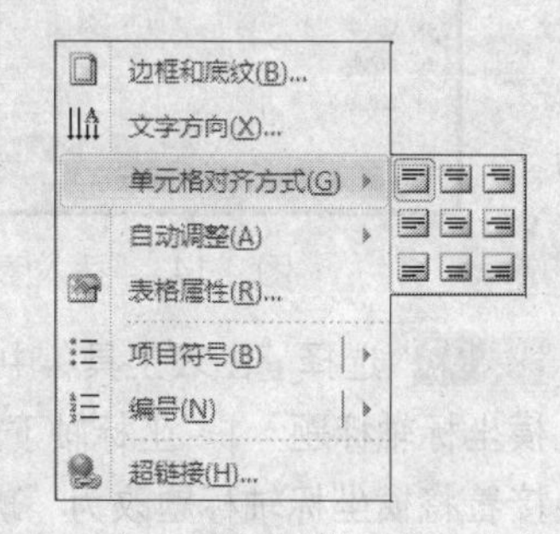

图 4.12　“单元格对齐方式”选项框

Step 03 该选项框中的各选项从左至右、从上到下依次为：“靠上两端对齐”、“靠上居中对齐”、“靠上右对齐”、“中部两端对齐”、“水平居中”、“中部右对齐”、“靠下两端对齐”、“靠下居中对齐”和“靠下右对齐”9 种对齐方式。单击合适的对齐方式，单元格中的内容就改变为需要的位置。

实训 8　表格的自动调整

如果采用手工调整表格的大小，很容易使表格显得很不整齐。Word 2010 提供了一种简便的处理方式，其具体操作步骤如下。

Step 01 在需要调整的表格中右击，弹出快捷菜单。

Step 02 在快捷菜单中选择“自动调整”命令，出现一个级联菜单，如图 4.13 所示。

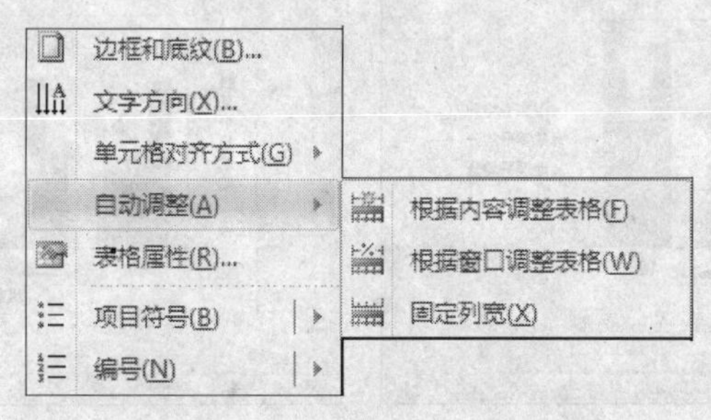

图 4.13　“自动调整”级联菜单

Step 03 按照要求选择合适的自动调整项，即可使表格调整为合适的样式。

随堂演练　绘制简单的立体图表

我们来介绍绘制简单的立体图表，具体操作步骤如下。

Step 01 选择“插入”选项卡，单击“插图”组中的“图表”按钮，打开“插入图表”对话框，选择“柱形图”|“簇状柱形图”，在文档中插入图表，如图 4.14 所示。

Step 02 选择“开始”选项卡，在“字体”组中将“字体”设置为“宋体”，“字号”设置为 11，选中表格中的数据，将“类别 1”、“类别 2”、“类别 3”和“类别 4”分别改为“一班”、“二班”、“三班”和“四班”，“系列 1”、“系列 2”、和“系列 3”分别改为“语文平均分”、“数学平均分”和“地理平均分”，如图 4.15 所示。

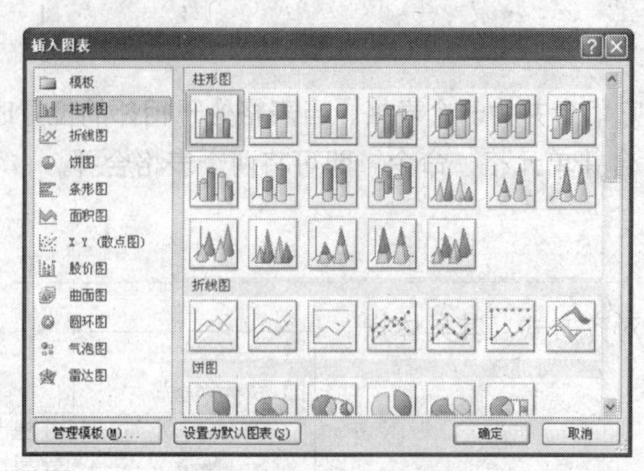

图 4.14 “插入图表”对话框

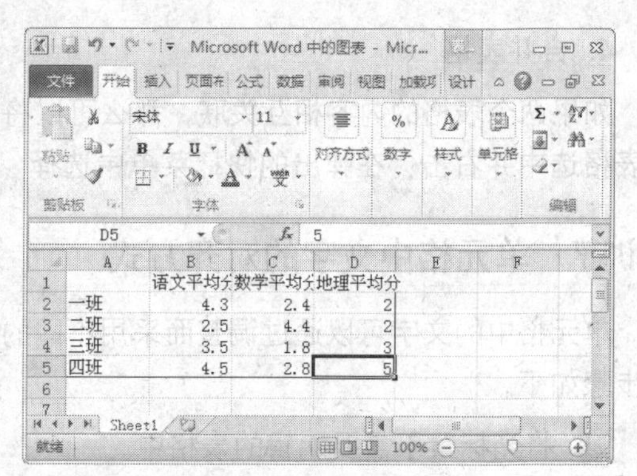

图 4.15 修改数据

Step 03 选择“图表工具”中的“布局”选项卡，在“标签”选项组中选择“坐标轴标题”|“主要横坐标轴标题”|“坐标轴下方标题”选项，然后选择“主要纵坐标轴标题”|“竖排标题”选项，接着将横坐标轴标题改为“班级”，将纵坐标轴标题改为“科目平均成绩”，如图 4.16 所示。

Step 04 选择“图表工具”中的“布局”选项卡，在“标签”选项组中单击“图表标题”按钮，将标题设置为“图表上方”，在标题上输入文字“初一各班平均分统计表”，然后如图 4.17 所示。

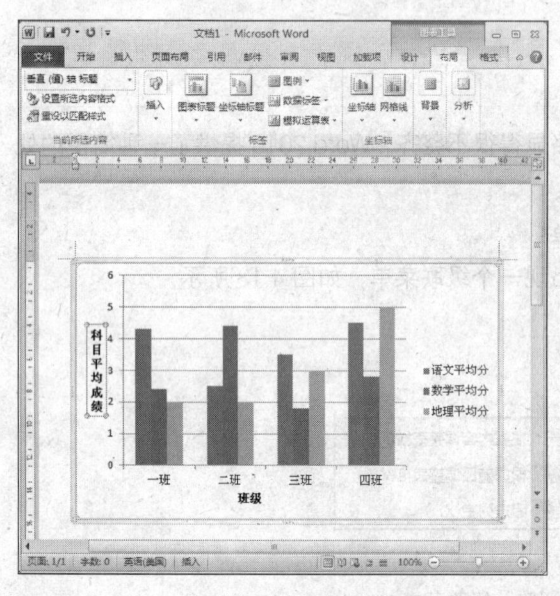

图 4.16 插入坐标轴

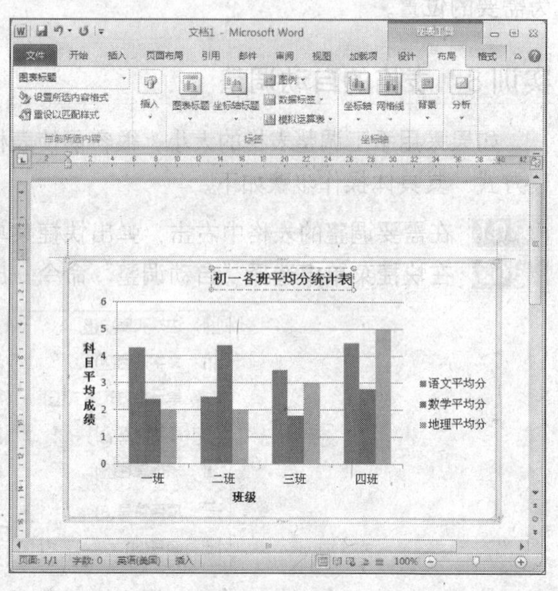

图 4.17 插入图表标题

Step 05 至此，本例效果就制作完成了，如图 4.18 所示。然后将场景进行保存。

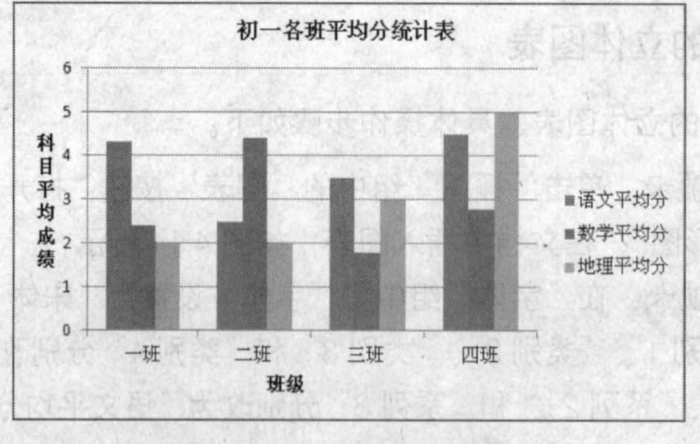

图 4.18 设置表格

任务 2　文本与表格的转换

如何把文本转换为表格或者把表格转换为文本呢？学习完本节的内容之后，就可以轻松地实现文本与表格的相互转换。

实训 1　将文本转换成表格

将文本转换成表格时，使用逗号、制表符或其他分隔符标记新列开始的位置。例如，要将 1~12 这 12 个数字转换为 3 行 4 列的表格时，其具体操作步骤如下。

Step 01 在要划分列的位置插入特定的分隔符，例如“，”。

Step 02 选定要转换的文本。

Step 03 选择“插入”选项卡，单击“表格”选项组中的“表格”按钮，在弹出的下拉列表中选择“文本转换成表格”命令，打开如图 4.19 所示的“将文字转换成表格”对话框。

Step 04 在“表格尺寸”选项组的“列数”文本框中输入 4。

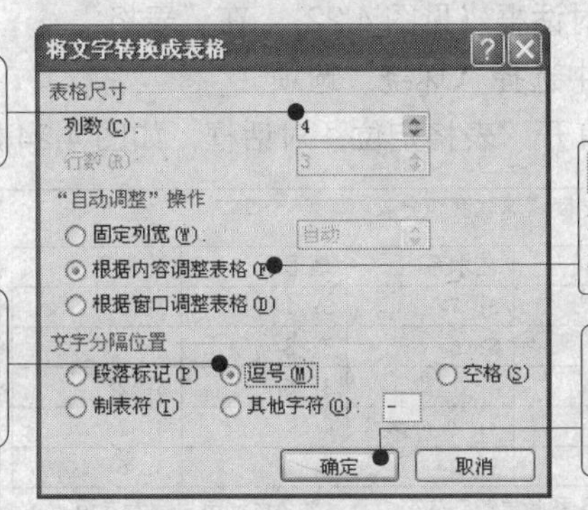

Step 05 在“‘自动调整’操作”选项组中选中“根据内容调整表格”单选按钮。

Step 06 在“文字分隔位置”选项组中选择所需的分隔符选项，在本例中选中“逗号”单选按钮。

Step 07 单击“确定”按钮，转换完成。将文本转换为表格的过程如图 4.20 所示。

图 4.19　“将文字转换成表格”对话框

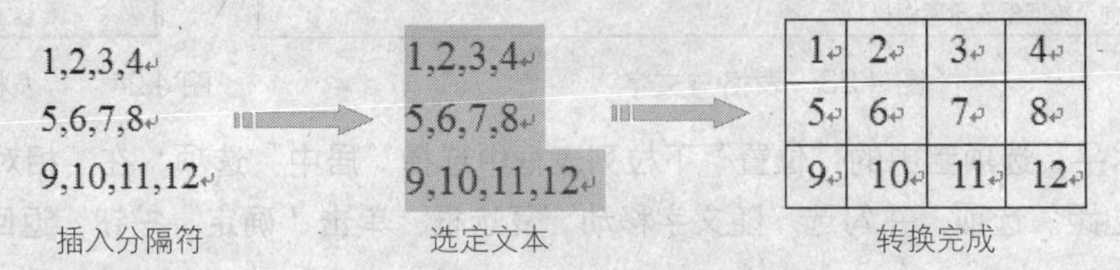

图 4.20　将文字转换为表格的过程示例

注 意

所选择的文字分隔符一定要与实际一致。例如，文档中分隔要转换为表格的文字使用的是中文逗号“，”，而对话框中输入的是英文逗号“,”，那么转换的结果很可能与希望的不同。

实训 2　将表格转换成文本

当需要将表格转换成纯文本时，其具体操作步骤如下。

Step 01 选定要转换为段落的行或表格，然后选择“布局”选项卡，在“数据”组中单击“转换为文本”按钮，打开如图 4.21 所示的“表格转换成文本”对话框。

Step 02 在“文字分隔符”选项组中，选中所需的字符作为替代列边框的分隔符，本例选中“逗号”单选按钮，单击“确定”按钮，表格就被转换成文本了。

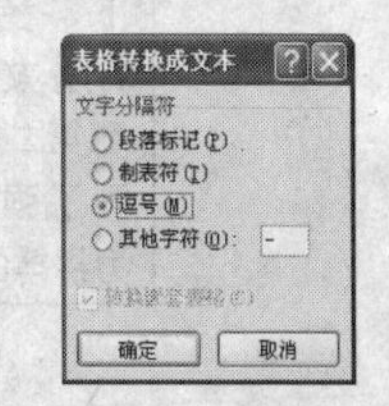

图 4.21　“表格转换成文本”对话框

随堂演练　表格与文字混排

在 Word 2010 中，不仅可以对表格中各个组成部分进行专门设置，还可以对其进行综合设置，如文字环境、缩进方式等。

选中表格，选择“布局”选项卡，在“表”组中单击“属性”按钮，会打开如图 4.22 所示的“表格属性”对话框。

在“表格属性”对话框中共有 5 个选项卡：“表格”、“行”、“列”、“单元格”和“可选文字”。在每个选项卡中都有对该项的详细设置，并添加了一些特殊功能。

以“表格”选项卡下的“文字环绕”为例来介绍相关设置，其具体操作步骤如下。

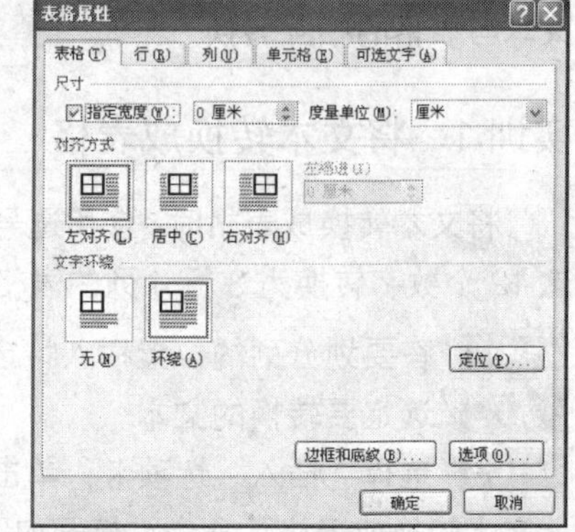

图 4.22　“表格属性”对话框

Step 01 创建一个表格和一段文字，如图 4.23 所示。

Step 02 选中表格，选择“布局”选项卡，在“表”组中单击“属性”按钮，打开“表格属性”对话框（见图 4.22），在“表格”选项卡的“文字环绕”选项组中选择“环绕”选项。

Step 03 单击“定位”按钮，打开“表格定位”对话框，如图 4.24 所示。

XXX 学校篮球联赛积分表

	物理系	数学系	艺术系	地理系	化学系
物理系			3：7	3：1	3：3
数学系	3：1	5：3	8：6	7：3	
艺术系	3：2	2：3		3：6	3：2
地理系	7：9	6：3	3：1		4：2
化学系	3：5	3：2	3：2	8：2	3：6

本次篮球联赛已经圆满结束，在各班各系同学的共同努力下，参赛运动员保持着友谊第一，比赛第二的宗旨，达到了强身健体，奋力拼搏的参赛目的圆满的完成这次的比赛。在此，承办组全体同学向全校同学表示感谢!!!

图 4.23　表格与文字

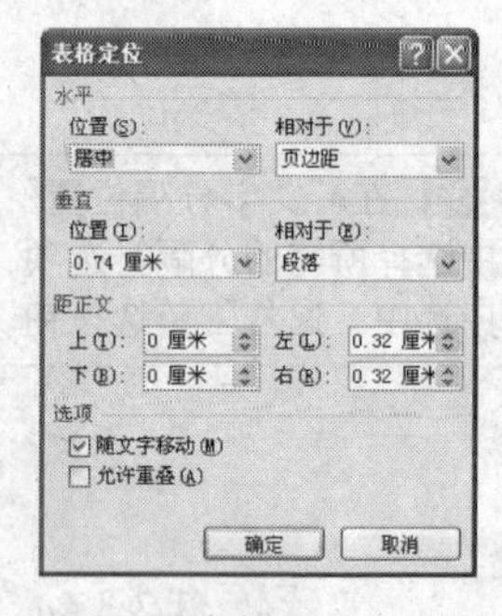

图 4.24　“表格定位”对话框

Step 04 在“水平”选项组中的“位置”下拉列表框中选择“居中”选项，在“相对于”下拉列表框中选择“页边距”选项，并勾选“随文字移动”复选框，单击“确定”按钮，返回“表格属性”对话框。

Step 05 单击“确定”按钮。此时，表格和文字的位置就会发生变化（如果设置完全正确后没有出现文字环绕效果，可以将表格均匀缩小，以达到文字环绕效果），如图 4.25 所示。

XXX 学校篮球联赛积分表

本次篮球圆满结束系同学的下，参赛持着友谊赛第二的到了强身

	物理系	数学系	艺术系	地理系	化学系
物理系			3：7	3：1	3：3
数学系	3：1	5：3	8：6	7：3	
艺术系	3：2	2：3		3：6	3：2
地理系	7：9	6：3	3：1		4：2
化学系	3：5	3：2	3：2	8：2	3：6

联赛已经在各班各共同努力运动员保第一，比宗旨，达健体，奋

力拼搏的参赛目的圆满的完成这次的比赛。在此，承办组全体同学向全校同学表示感谢!!!

图 4.25　表格与文字环绕

Step 06 至此，表格与文字混排制作完成，将场景进行保存。

注 意

如果原有的表格已经占满整行，则不会发生变化。此时，不妨将表格缩小一些，就会出现文字环绕的效果了。

任务 3　表格的计算与排序

Word 2010 提供了强大的表格计算（如表格中的加、减、乘、除等运算）与表格排序处理功能。下面分别对表格中的运算和表格排序加以介绍。

实训 1　表格中的加、减、乘、除法运算

使用 Word 2010 表格中的“公式”对话框进行求和运算，其具体操作步骤如下。

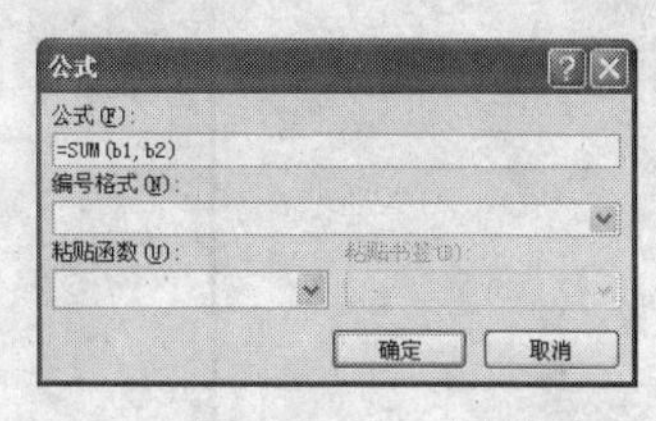

图 4.26　“公式”对话框

Step 01　将光标置于要存放求和结果的单元格中。

Step 02　选择“布局”选项卡，在“数据”组中单击“公式”按钮，会打开“公式”对话框，如图 4.26 所示。在“公式”对话框中输入等号，单击“粘贴函数”下拉按钮，从弹出的下拉列表框中选择 SUM（函数求和），然后在括号内输入要进行计算的单元格范围。也可在“公式”文本框中直接输入要求和的各项目的位置，如“=b1+b2”，其计算结果是相同的。

Step 03　单击“确定”按钮，则在光标所在处就会出现求和的结果。

依照上述方法，可以在“公式”文本框中输入减法、乘法或除法公式来计算相应的值。

实训 2　表格排序

对表格进行排序的具体操作步骤如下。

Step 01　将光标置于需要排序的表格中，如图 4.27 所示。

Step 02　选择“布局”选项卡，在“数据”组中单击“排序”按钮，会打开“排序”对话框，如图 4.28 所示。设置完成后，单击“确定”按钮，完成后的效果如图 4.29 所示。

学生	向雪	夏梅	夏苗
语文	91	83	95
政治	86	96	89
历史	78	79	71
平均	85	86	85

图 4.27　排序前的表格

Step 03　在“主要关键字”下拉列表框中列出了第一行中每个单元格的内容：学生、向雪、夏梅和夏苗。这里选择“向雪”。

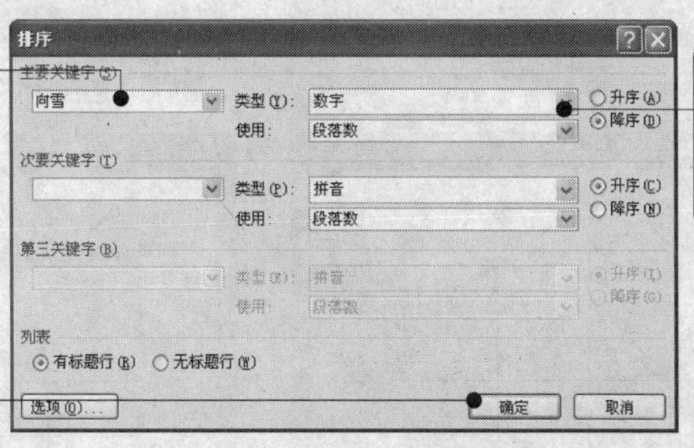

Step 04　在“类型”下拉列表框中选择“数字”选项，并选择“降序”方式。

Step 05　单击“确定”按钮，即可将表格按照向雪成绩的降序排序。排序后的表格如图 4.29 所示。这样便很容易看出向雪同学各科成绩的分布情况。

图 4.28　“排序”对话框

学生	向雪	夏梅	夏苗
语文	91	83	95
政治	86	96	89
平均	85	86	85
历史	78	79	71

图 4.29　排序后的表格

技 巧

绘制表格工具与擦除工具之间的快速转换：在绘制表格时，如果想要使用擦除工具，通过单击“擦除”按钮会浪费时间；要想快速实现擦除效果在“绘制表格”按钮选中的情况下，按键盘上 Shift 键即可。

综合案例 制作读者反馈卡

下面通过制作一份读者反馈卡以巩固本项目对表格的学习。具体操作步骤如下。

Step 01 在 Word 2010 中新建一个空白文档，然后按 Ctrl+S 快捷键将新建的文档进行存储，在弹出的“另存为”对话框中将“文件名”命名为“读者反馈卡”，单击“保存”按钮，将文档进行存储，如图 4.30 所示。

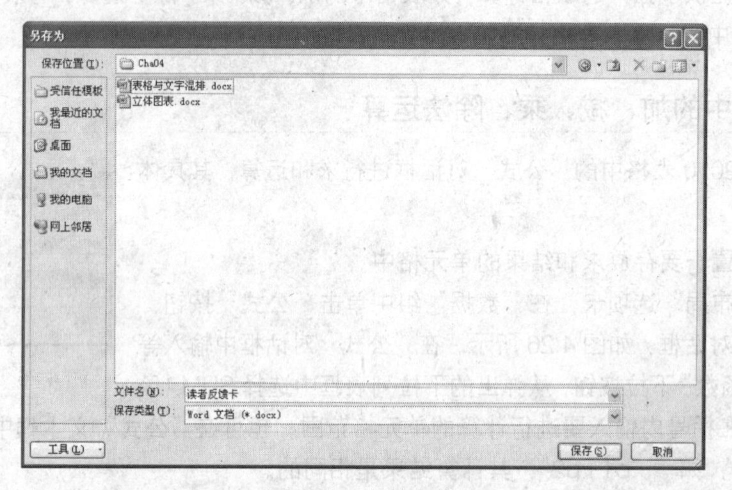

图 4.30 存储文档

Step 02 选择“插入”选项卡，在“表格”组中单击“表格”按钮，在弹出的下拉列表中选择“插入表格”选项，打开“插入表格”对话框，如图 4.31 所示。

Step 03 在“列数”文本框中输入 5，在“行数”文本框中输入 19，单击“确定”按钮之后即可插入一个 19 行 5 列的表格。

Step 04 用鼠标拖动第一、第二行之间的交界线来调整其行宽，如图 4.32 所示。

Step 05 在场景中选择第一行表格，右击，在弹出的快捷菜单中选择“合并单元格”命令，将选中的单元格合并，其效果如图 4.33 所示。

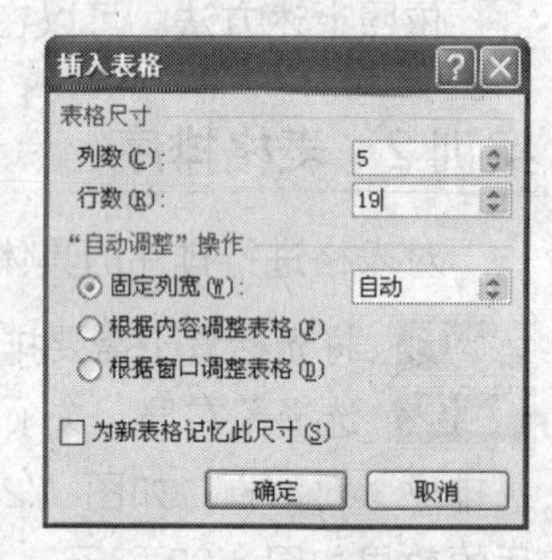

图 4.31 “插入表格”对话框

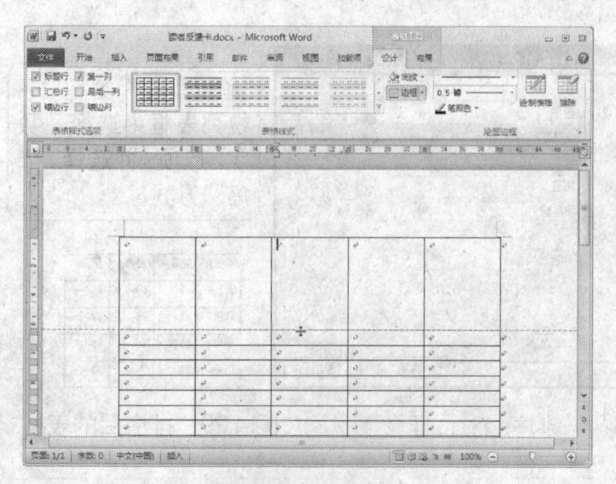

图 4.32 调整行宽

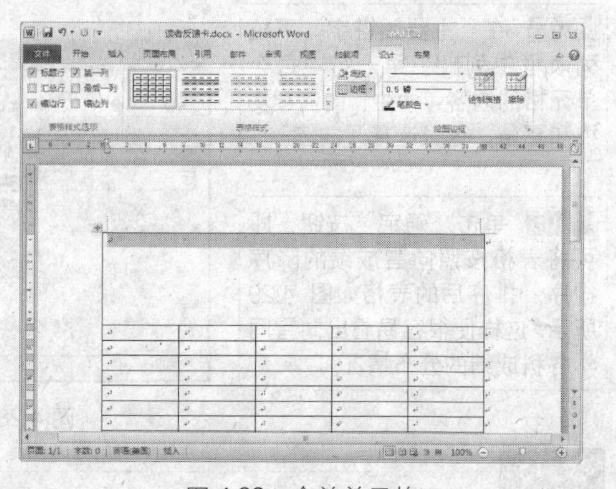

图 4.33 合并单元格

Step 06 对其他单元格进行合并和拆分，以及调整其行高，调整表格后的效果如图 4.34 所示。

Step 07 至此，表格已经制作完成了，下面我们为其添加内容，如图 4.35 所示。

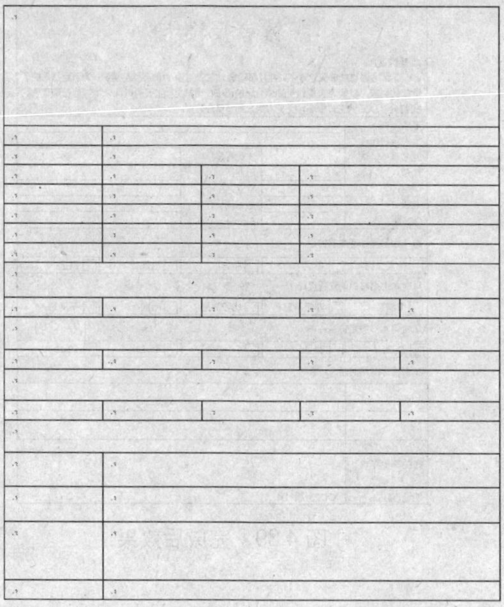

图 4.34 调整表格

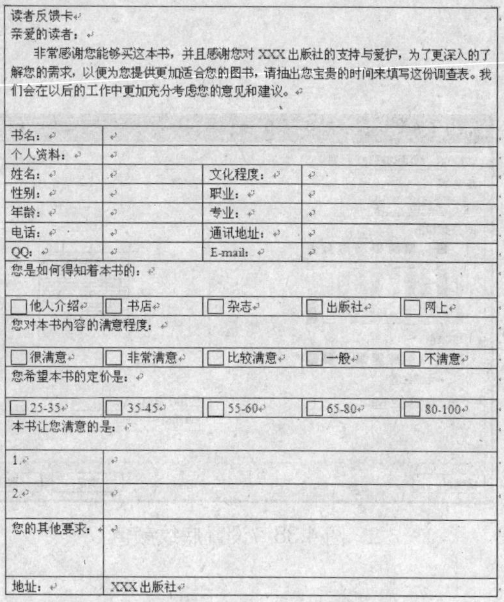

读者反馈卡

亲爱的读者：

非常感谢您能够买这本书，并且感谢您对 XXX 出版社的支持与爱护，为了更深入的了解您的需求，以便为您提供更加适合您的图书，请抽出您宝贵的时间来填写这份调查表。我们会在以后的工作中更加充分考虑您的意见和建议。

书名：				
个人资料：				
姓名：		文化程度：		
性别：		职业：		
年龄：		专业：		
电话：		通讯地址：		
QQ:		E-mail:		
您是如何得知着本书的：				
□他人介绍	□书店	□杂志	□出版社	□网上
您对本书内容的满意程度：				
□很满意	□非常满意	□比较满意	□一般	□不满意
您希望本书的定价是：				
□25-35	□35-45	□55-60	□65-80	□80-100
本书让您满意的是：				
1.				
2.				
您的其他要求：				
地址：	XXX 出版社			

图 4.35 添加内容

Step 08 选择“读者反馈卡”，将“字体”设置为“宋体”，将“字号”设置为“一号”，并按 Ctrl+B 快捷键，将其加粗，选中“读者反馈卡”，选择“开始”选项卡，在“段落”组中单击“居中”按钮。选择如图 4.36 所示的文字，按 Ctrl+B 快捷键，将其加粗。

Step 09 选择除第一行外的所有单元格，右击，在弹出的快捷菜单中选择“单元格对齐方式”命令，在弹出的级联菜单中单击“中部两端对齐”按钮。

Step 10 选中如图 4.37 所示的内容，选择“开始”|“段落”命令，单击“边框和底纹”按钮，在打开的“边框和底纹”对话框中选择“底纹”选项卡，在“填充”选项组中选择一种底纹颜色，如图 4.38 所示，单击“确定”按钮。

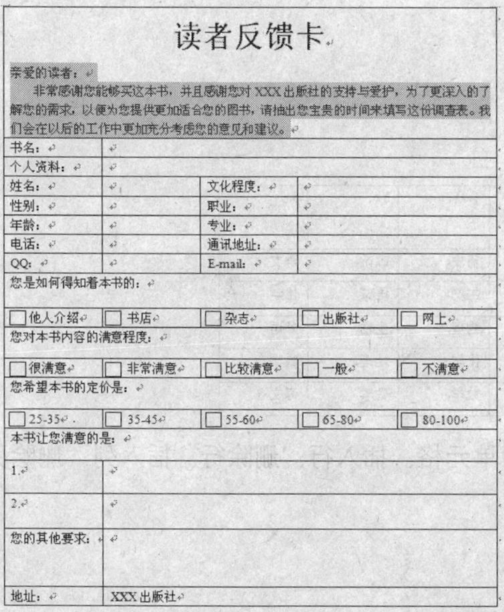

图 4.36 设置字体

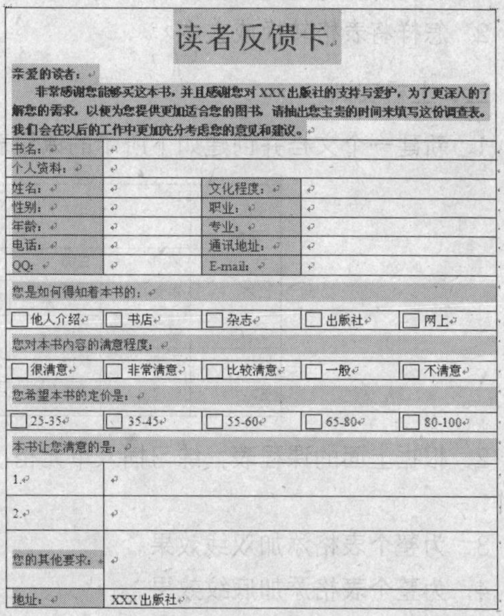

图 4.37 选择文本

Step 11 完成后的效果如图 4.39 所示，然后将场景进行保存。

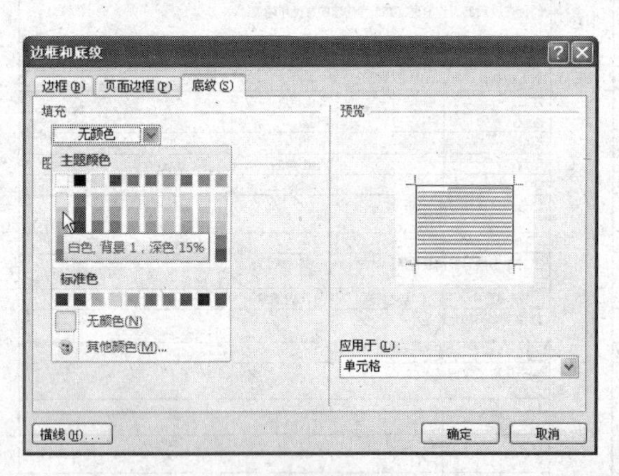

图 4.38　设置底纹颜色

读者反馈卡				
亲爱的读者： 非常感谢您能够买这本书，并且感谢您对 XXX 出版社的支持与爱护，为了更深入的了解您的需求，以便为您提供更加适合您的图书，请抽出您宝贵的时间来填写这份调查表。我们会在以后的工作中更加充分考虑您的意见和建议。				
书名：				
个人资料：				
姓名：		文化程度：		
性别：		职业：		
年龄：		专业：		
电话：		通讯地址：		
QQ:		E-mail:		
您是如何得知看本书的：				
□他人介绍	□书店	□杂志	□出版社	□网上
您对本书内容的满意程度：				
□很满意	□非常满意	□比较满意	□一般	□不满意
您希望本书的定价是：				
□25-35	□35-45	□55-60	□65-80	□80-100
本书让您满意的是：				
1.				
2.				
您的其他要求：				
地址：	XXX 出版社			

图 4.39　完成后效果

课后练习与上机操作

一、选择题

1．连续单击______次鼠标左键，可以选择整个单元格中的内容。

A．2　　B．3　　C．4　　D．以上答案均不正确

2．拆分表格的快捷键是______。

A．Ctrl+Shift+Enter　　B．Ctrl+Alt+Enter　　C．Enter　　D．以上答案均不正确

二、简答题

1．有几种方式创建表格？分别怎样创建？

2．怎样将表格转换成文本？

三、上机实训

1．新建一个文档并创建如下所示的课程表。

节 / 星期	1	2	3	4	5	6
一	政治	生物	体育	历史	政治	语文
二	语文	历史	政治	生物	语文	化学
三	数学	外语	化学	物理	生物	外语
四	历史	政治	历史	化学	地理	数学
五	地理	化学	语文	数学	数学	语文

2．根据上面的课程表，练习插入单元格、删除单元格、插入行、删除行、插入列、删除列的操作。

3．为整个表格添加双线效果。

4．为整个表格添加底纹效果。

5．使表格内容水平居中。

项目5

文本框、艺术字和图形设置

本章导读

本章将介绍如何在 Word 文档中插入文本框、艺术字和图形以及对其进行基本的设置。

知识要点

- ✪ 文本框的创建
- ✪ 编辑与插入艺术字
- ✪ 插入剪贴画和图形文件
- ✪ 使用“图片”工具栏设置文本框
- ✪ 对艺术字的操作

任务 1 设置文本框和艺术字

从本质上讲，文本框是一种包含文字的图形对象。本节主要介绍如何创建文本框、利用鼠标调整文本框、设置艺术字等内容。

实训 1 创建文本框

在文档中插入文本框有两种操作方法，下面将逐一介绍。

1. 选择“文本框”命令创建

Step 01 选择“插入”选项卡，在“文本”组中单击“文本框”按钮，弹出级联菜单，如图 5.1 所示。在级联菜单中用户可以根据需要选择文本框，如果没有所需要的文本框可以单击级联菜单下方“绘制文本框”按钮或“绘制竖排文本框”按钮来达到用户所需要的文本框。

Step 02 选择“插入”选项卡，在“文本”组中单击“文本框”按钮，在弹出的级联菜单中单击“绘制文本框”按钮，按住鼠标左键绘制文本框，绘制完成后释放鼠标左键，在文本框中输入文字，如图 5.2 所示。

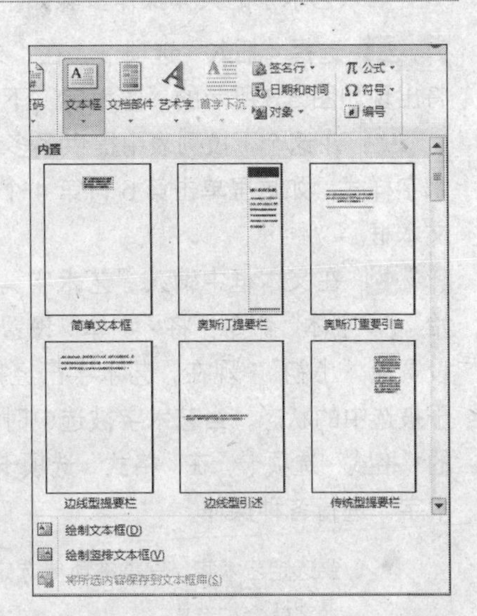

图 5.1 “文本框”级联菜单

2. 使用“标注”级联菜单

Step 01 选择“插入”选项卡单击“形状”按钮，在弹出的下拉列表的“标注”选项组中单击合适的图形按钮。

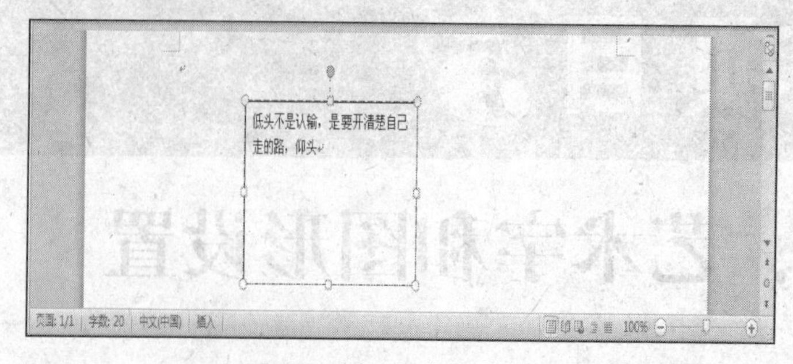

图 5.2　插入文本框的文档

Step 02 在“形状样式”中单击“形状填充”按钮，在弹出的下拉列表中选择“无填充颜色”选项，然后在“形状样式”中单击“形状轮廓”按钮，在弹出的下拉列表中选择“无轮廓”选项，设置完成后在其中输入文字即可。

实训 2　使用鼠标调整文本框

文本框上有 8 个控制点，通过它们用户可以调整文本框的大小。文本框 4 个角上的控制点用于同时调整文本框的宽度和高度，文本框左右两边中间的控制点用于调整文本框的宽度，文本框上下两边中间的控制点用于调整文本框的高度。

将鼠标指针放在文本框边框控制点以外的区域时，指针变为十字形状。此时按住鼠标左键不放并拖动鼠标指针，出现一虚线框表示文本框的新位置，拖动到所需位置后，释放鼠标左键，即可将文本框调整到新的位置。

实训 3　插入艺术字

艺术字就是有特殊效果的文字，Word 2010 提供了多种艺术字样式，使用起来十分方便。因为艺术字是图形、文字对象，所以“艺术字”位于“插入”选项卡“文本”组中。

插入艺术字的具体操作步骤如下。

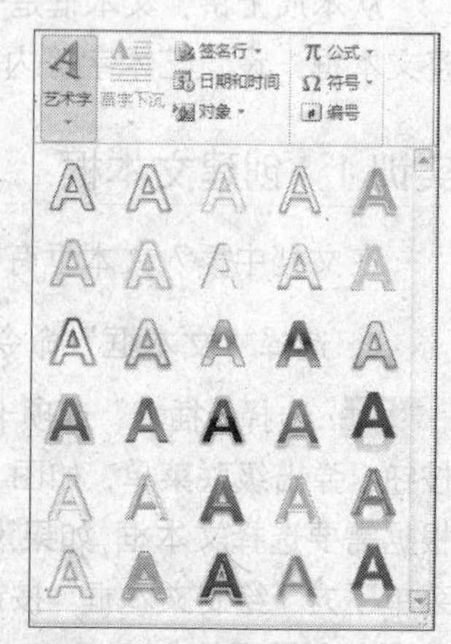

图 5.3　“艺术字”下拉列表

Step 01 选择“插入”选项卡，在“文本”组中单击“艺术字”按钮，将出现如图 5.3 所示的“艺术字”下拉列表。

Step 02 在这个下拉列表中提供了多种艺术字的样式，单击需要的艺术字样式，如这里单击第 6 行第 4 个样式按钮，出现如图 5.4 所示的文本框。

Step 03 在文本框中输入“艺术字”，将“艺术字”选中，选择“开始”|“字体”命令，将“字体”设置为“汉仪雪君体简”，将“字号”设置为“小初”。现在，艺术字已经插入到文档中了。这时艺术字处于被选中的状态。当艺术字被选中时，会出现如图 5.5 所示的“格式”选项卡，在“格式”选项卡下的功能区中可对“艺术字”进行各种操作。

请在此放置您的文字

图 5.4　“艺术字”文本框

- 要选定艺术字，只需在所要选定的艺术字上单击，这些艺术字就会被选中。

图 5.5 “格式”选项卡和插入的艺术字

- 如果要取消对艺术字的选定，只需将鼠标指针移到艺术字之外，当鼠标指针变成 I 形状时单击即可。
- 若要更改艺术字中的文字，可双击要更改的艺术字，在文本框中对文字进行更改，包括字体和字号，最后单击“确定”按钮。

实训 4 编辑艺术字

在插入艺术字后，还可以为其选择各种风格，包括形状、格式、旋转、字符间距、对齐和排列方式等。Word 2010 中文版提供了多种选择，用户可以根据需要进行选择。

1. 设置艺术字

在工作区中单击“艺术字”，在功能区中会自动显示“绘图工具”中的“格式”选项卡，在“格式”选项卡中设置样式、填充颜色、形状、大小等，还可以重新输入艺术字，如图 5.6 所示是“艺术字”功能区。

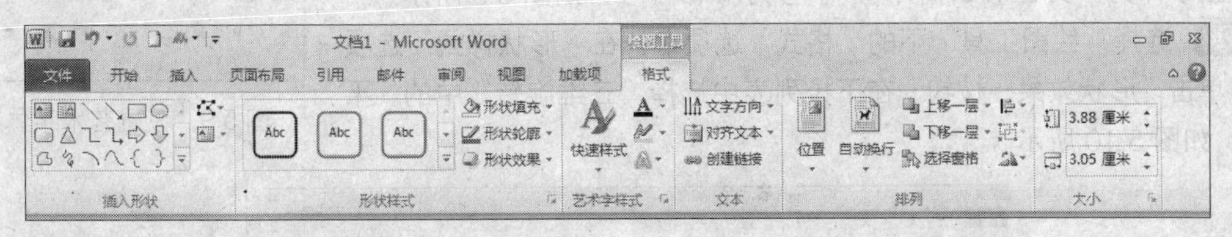

图 5.6 “艺术字”功能区

2. 改变艺术字的形状

设置艺术字形状可以在“艺术字库”中重新使用样式，也可以使用其他艺术字形状。

如果要重新设置艺术字的样式，可以直接在“艺术字库”中重新选择新的艺术字样式。

如果要对艺术字进行进一步变形，可以单击“艺术字样式”中的“文字效果”按钮，在弹出的下拉列表中选择“转换”|“弯曲”命令，单击“倒三角”按钮来设置艺术字的形状，效果如图 5.7 所示。

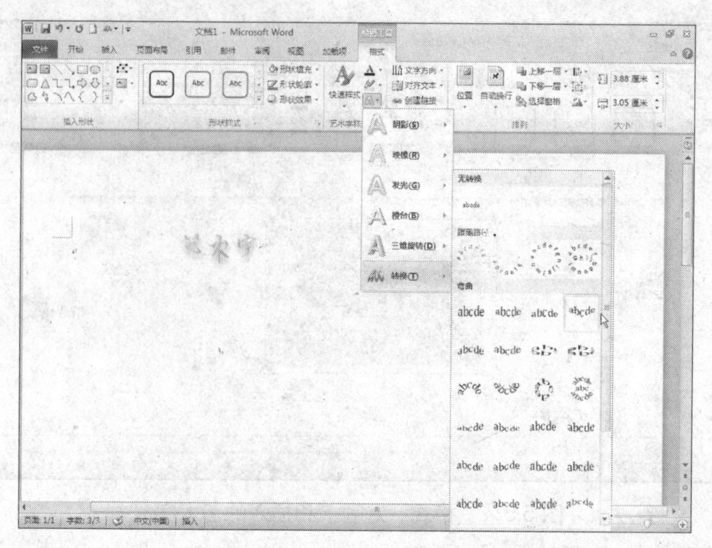

图 5.7 设置艺术字形状

随堂演练 制作空心字

下面介绍空心字的制作，首先打开 Word 2010，在“文件”选项框中选择“新建”命令新建空白文档。

图 5.8 编辑艺术文字

Step 01 选择“插入”选项卡，在“插图”选项组中单击“图片”按钮，在打开的对话框中打开“素材\Cha05\059.jpg”文件，为文档插入图片。

Step 02 插入完成后，在“文本”选项组中单击“艺术字”按钮，在弹出的下拉列表中任选一款艺术字，并在打开的“编辑艺术字文字”对话框中输入“春天”，如图 5.8 所示。

Step 03 选中要编辑的文字，选择“开始”选项卡，在“字体”选项组中设置字体为“方正彩云简体”，字号为“48”号，如图 5.9 所示。

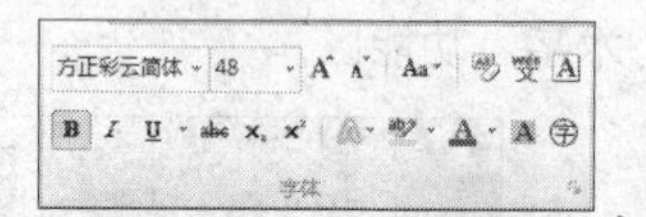

图 5.9 设置艺术字体

Step 04 选择“绘图工具”下的“格式”选项卡，在“形状样式”选项组中单击“形状效果”按钮，在下拉列表中选择“三维旋转”中的“平行”，如图 5.10 所示。

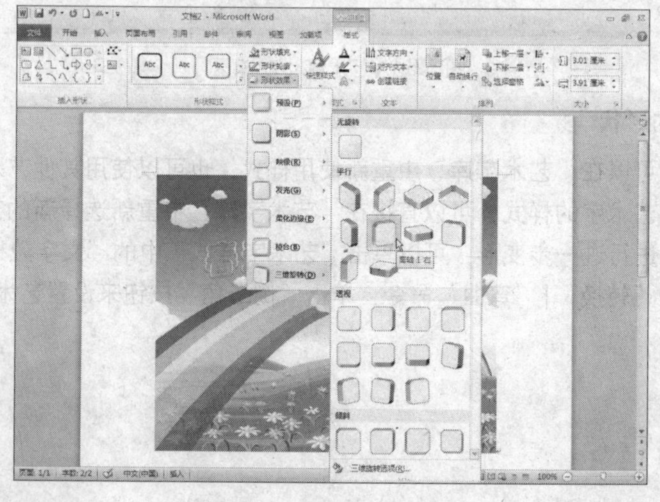

图 5.10 设置三维平行效果

Step 05 至此空心字的制作已经完成，将制作完成后的场景文件进行保存。

任务 2 插入图片

实训 1 插入剪贴画

Word 2010 的剪辑库中包含了大量的剪贴画，从人物到动物，从办公室到运动，其内容和形式可谓丰富多彩，用户可以根据需要直接将它们插入到文档中。

在文档中插入剪贴画的具体操作步骤如下。

Step 01 将插入点置于需要插入剪贴画的位置。

Step 02 选择“插入”选项卡，在“插图”组中单击“剪贴画”按钮，文档窗口右侧将弹出“剪贴画”任务窗格，如图 5.11 所示。

Step 03 在“剪贴画”任务窗格的“搜索文字”文本框中输入描述要搜索剪贴画类型的单词或短语，或输入剪贴画的完整/部分文件名。例如，要搜索与人物有关的图片可输入“卡通”，如图 5.12 所示。

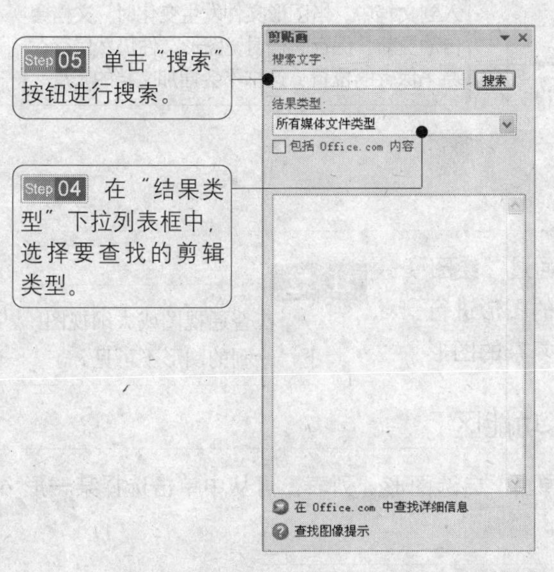

图 5.11 “剪贴画”任务窗格

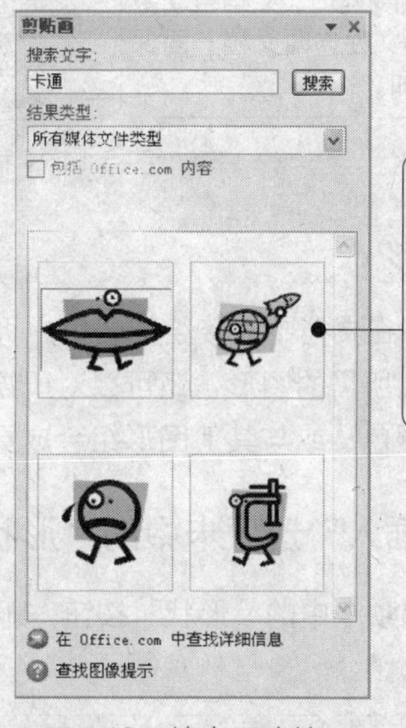

Step 06 在“剪贴画”任务窗格的“结果”列表框中将显示出搜索到的与搜索关键字“卡通”有关的图片。

图 5.12 搜索图片结果

Step 07 单击要插入的图片，就可以将剪贴画插入到光标所在的位置。

实训 2 插入图形文件

在 Word 文档中插入图片的步骤类似于插入剪贴画的操作，其具体操作步骤如下。

Step 01 将插入点置于需要插入图片的位置。

Step 02 选择“插入”|“图片”命令，打开如图 5.13 所示的对话框。

注 意

如果要预览插入的图形文件，可以单击“视图”图标右边的下三角按钮，从其下拉列表中选择“缩略图”命令。

Step 03 在“查找范围”下拉列表框中选择图形文件所在的位置，或者在“文件名”文本框中输入文件的名称。

Step 04 单击“插入”按钮旁边的下三角按钮，会弹出一个下拉列表，如图 5.14 所示。

图 5.13 “插入图片”对话框

Step 05 单击“插入”按钮，即可插入所需的图形文件。

插入：可将选定的图形文件直接插入到文档中，成为文档的一部分。当图形文件发生变化时，文档不会自动更新。

插入和链接：将图形以链接的方式插入到文档中。当图形文件发生变化时，文档自动更新；保存文档时，图形文件连同文档一同保存，文档长度明显增加。

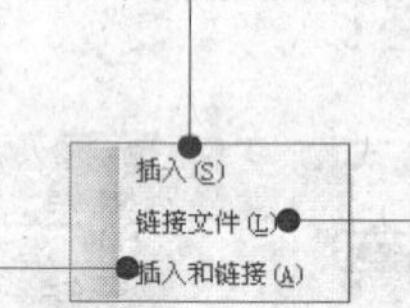

链接文件：可以将图形文件以链接的方式插入到文档中。当图形文件发生变化时，文档会自动更新；保存文档时，图形文件仍然保存在原来保存的位置，这样不会增加文档的长度。

图 5.14 “插入”下拉列表

实训 3 绘制图形

Word 2010 允许在文档中直接绘图。用户可以通过“绘图”工具栏轻松地绘制出所需的图形，还可以对所绘制的图形进行填充、旋转、设置颜色，或与其他图形组合成更为复杂的图形。

注 意

在普通视图或大纲视图下，绘制的图形不可见。

实训 4 使用“插入”选项卡中的“形状”功能区

单击“插入”选项卡中的“形状”按钮，即可弹出“自选图形”列表，可从中单击选择某一形状，如图 5.15 所示。

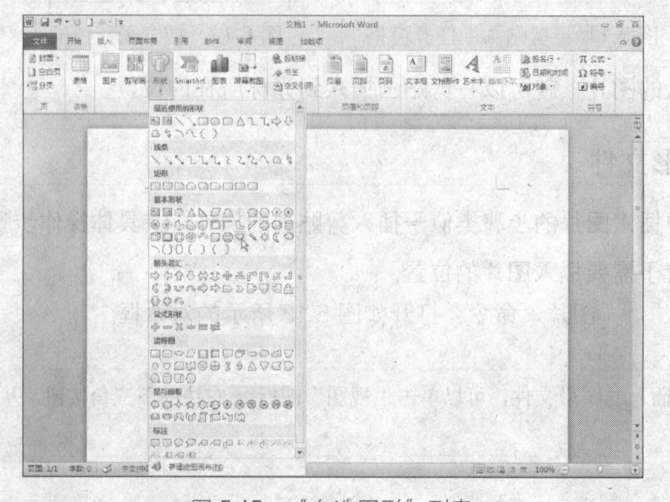

图 5.15 “自选图形”列表

使用“形状”功能区，用户可以完成对图片的大多数操作，例如绘制线条、圆形及方形等简单的基本图形，插入剪贴画、自选图片或文本框，管理分层图片，对齐图形以及设置图片的格式等。

实训 5　绘制自选图形

利用“形状”功能区中的“直线”按钮、“矩形”按钮或“椭圆”按钮，用户可以在文档中绘制出直线、矩形和圆形等一系列简单图形，其具体操作步骤如下。

Step 01 选择“插入”选项卡，单击“形状” 按钮，在弹出的“自选图形”列表中选择“心形”按钮或其他基本图形按钮，此时文档切换到页面视图，鼠标指针变为“十”字形光标。

Step 02 将鼠标指针移到文档中要绘制线条或图形的起始位置。

Step 03 按住鼠标左键，然后沿对角线方向拖动，直至所绘制的图形达到要求的大小为止。释放鼠标左键，即可完成图形的创建，并且所绘图形处在被选定状态。

注 意

绘制形状时，无论是方形还是圆形，总是要从图形的一角开始。

注 意

绘制图形时，按住 Shift 键可限定所绘制的图形为特殊形状或角度，例如在绘制直线时，直线角度将被限定按 15°增加，此时可以完成完全水平或垂直直线的绘制；绘制矩形时，矩形被限定为正方形；绘制椭圆时，椭圆被限定为圆形；自选图形被限定为“自选图形”菜单的级联菜单中的原始形状。

Word 会在选定的图形周围显示控制点，如图 5.16 所示。通过拖动这些控制点，用户可以调整图形的大小；拖动上方的绿色控制点，可以旋转图形。

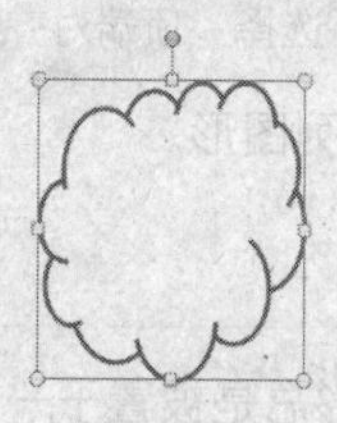

图 5.16　被选定图形周围有控制点

实训 6　在自选图形中添加文字

在任何一个自选图形中，用户都可以添加文字。具体操作步骤如下：右击选择要添加文字的图形，从弹出的快捷菜单中选择“添加文字”命令，可向自选图形中添加文字。效果如图 5.17 所示。

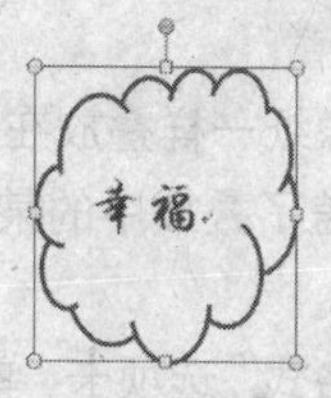

图 5.17　在自选图形中添加文字

实训 7　对齐图形

如果使用鼠标来移动图像对象，很难使多个图形对象排列整齐，在“绘图工具”下的“格式”选项卡中提供了快速对齐图形对象的命令。对齐图形的操作步骤如下。

Step 01 选中准备设置对齐方式的多个图形（可以在按下 Ctrl 键的同时分别选中每个图形）。

Step 02 在“绘图工具|格式”选项卡中的“排列”组中单击“对齐”按钮，并在弹出的下拉菜单中选择“对齐所选对象”命令，然后再次选择“顶端对齐”命令，如图 5.18 所示。

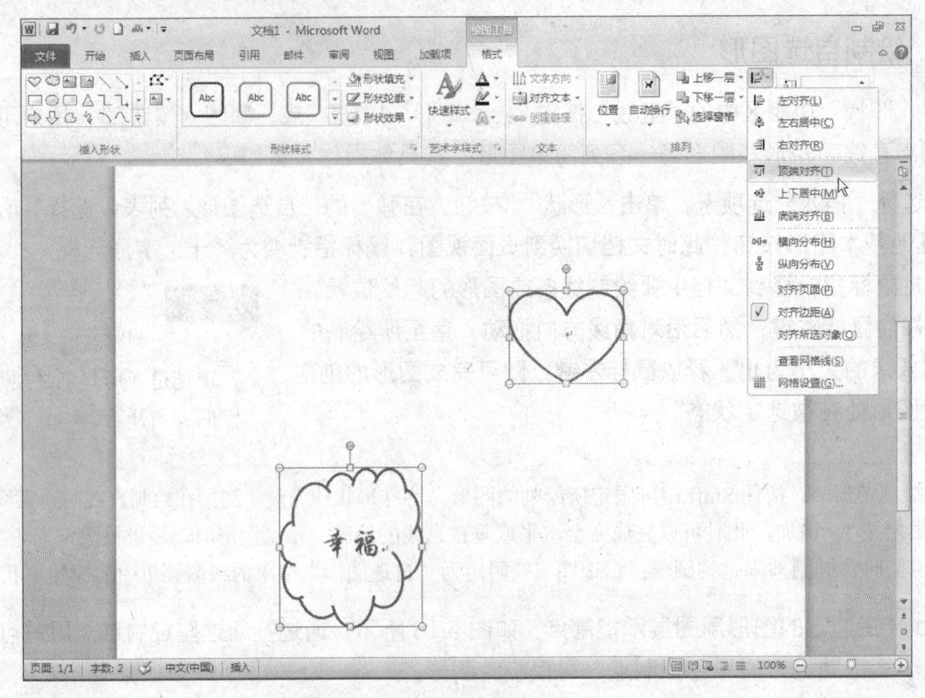

图 5.18 选择“顶端对齐”命令

Step 03 选择对齐方式后，Word 将重新排列图形。

实训 8 层管理

每次在文档中创建或插入图形时，图形总是被置于一个位于文字上方的、单独且透明的层中，因此一篇含有图片的文档也就相当于含有多个层的堆栈。有了这样一个概念以后，用户就可以通过改变堆栈中层的叠放次序来指定某个图形的叠放优先级，从而可以改变图形与文字的相对位置。

注 意

使用“来自文件”命令在文档中插入图片，可以将图片直接插到文字层中，使图片成为嵌入式图形，用户可以像处理文字一样对该图片进行处理。

改变图形的叠放层次

插入到文档中的图形对象可以把它们像纸一样叠放在一起。叠放对象时，可以看到叠放的顺序，即上面的对象遮盖了下面的对象。如果遮盖了叠放中的某个对象，可以按 Tab 键向前循环或者按 Shift+Tab 快捷键向后循环直至选定该对象。

在 Word 中，选择“绘图工具”下的“格式”选项卡，单击“排列”组中的“上移一层”或“下移一层”按钮，可以安排图形对象的层叠次序。具体操作步骤如下。

Step 01 选定要重新安排层叠次序的图形，如果该图形对象被完全遮盖在其他图形的下方，可按 Tab 键循环选定。

Step 02 选择“绘图工具”下的“格式”选项卡，单击“排列”组中的“置于顶层(R)”或“置于底层(K)”按钮。

Step 03 其下拉菜单中分别有“浮于文字上方”、“衬于文字下方”、“置于顶层”、“置于底层”等，例如选择“衬于文字下方”命令，其效果如图 5.19 所示。

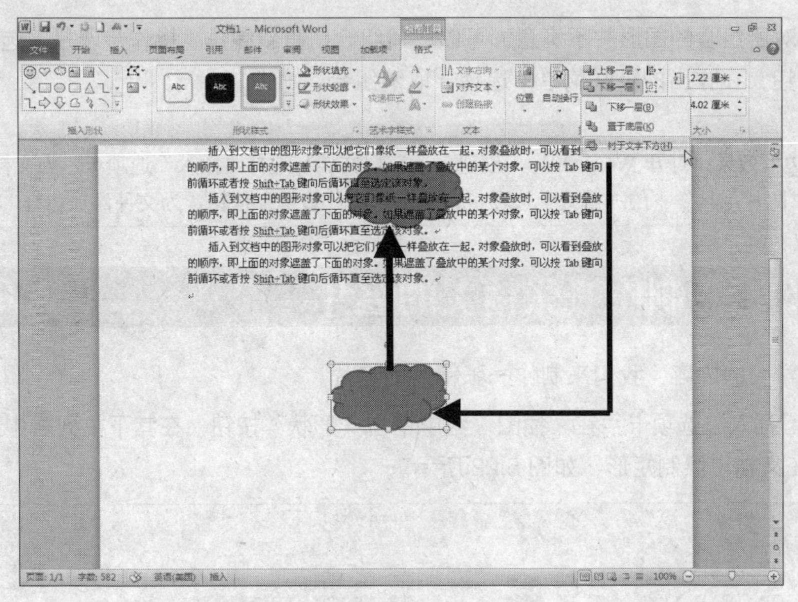

图 5.19　叠放图形后的效果

提 示

利用改变层的叠放次序的命令，用户只需将不需要选定的图形暂时移到堆栈底层，便可轻松地选择紧靠在一起的多个图形中的任一个。

实训 9　组合图形

组合图形对象就是指将绘制的多个图形对象组合在一起，以便把它们作为一个新的整体对象来移动或更改。组合图形对象的操作步骤如下。

Step 01 要将图形全部选中（按 Ctrl 键分别选中每个图形），此时，被选定的每个图形对象周围都出现控制点，表明它们是独立的。

Step 02 选择“绘图工具”下的“格式”选项卡，单击“排列”组中的“组合”按钮，在弹出的级联菜单中选择“组合”命令或对选定的图形对象右击，在弹出的快捷菜单中选择“组合”命令，再从其级联菜单中选择“组合”命令，如图 5.20 所示。

图 5.20　选择“组合”命令

组合前每个图形都有各自的控制点，组合后多个图形组合成一个复杂图形，这时，仅在这些图形的外围出现 8 个控制点。组合前后控制点的比较如图 5.21 所示。

图 5.21　组合前后控制点的比较

如果用户对所组合的图形并不满意，可以取消组合，重新编排。操作步骤是：选定图形后，单击“组合”按钮，在弹出的级联菜单中选择“取消组合”命令。

技 巧

添加边框效果：打开 Word 2010，创建一个空白文档，选择“插入”选项卡，为文档插入图片，然后选择“图片工具”下的“格式”选项卡，单击“图片边框”按钮，为文件添加边框。

综合案例 1 制作一张精美的名片

根据上面学习的内容，我们来制作一张精美的名片。

Step 01 选择“插入”选项卡，在“插图”组中单击“形状”按钮，在其下拉列表中选择基本形状为“矩形”，在文档中绘制矩形，如图 5.22 所示。

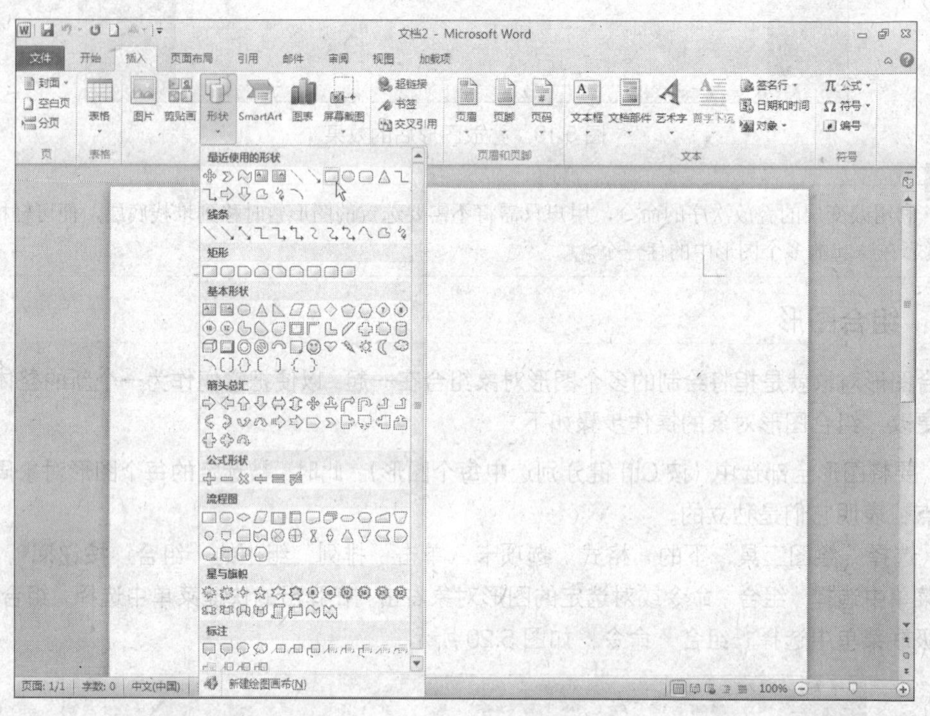

图 5.22 插入矩形

Step 02 选择“绘图工具”下的“格式”选项卡，在“形状样式”组中单击“形状填充”按钮，在弹出的下拉列表中选择“图片”选项，在弹出的对话框中打开“素材\Cha05\图框.jpg”文件，为文档填充图片。

Step 03 右击“矩形”，在弹出的快捷菜单中选择“添加文字”命令，为文档添加文字，并设置字体的大小，将“经理”的字体设置为“宋体”，将“字号”设置为“五号”，将“相信我们会做得更好！”和人名的字体设置为“汉仪雪君体简”、字号为“四号”，其他的设置为“宋体”、“五号”，效果如图 5.23 所示。

Step 04 选择“插入”选项卡，在“文本”组中单击“艺术字”按钮，在弹出的下拉列表中选择“渐变填充-蓝色、强调文字颜色 1”艺术字，为文档插入艺术字，将艺术字的字体设置为“方正舒体”，“字号”设置为“一号”，单击“字体”组中的“文本效果”按钮，在弹出的下拉列表中选择“映像”，在弹出的级联菜单中选择任意一种映像变体，并调整艺术字的位置，效果如图 5.24 所示。

图 5.23 添加文字

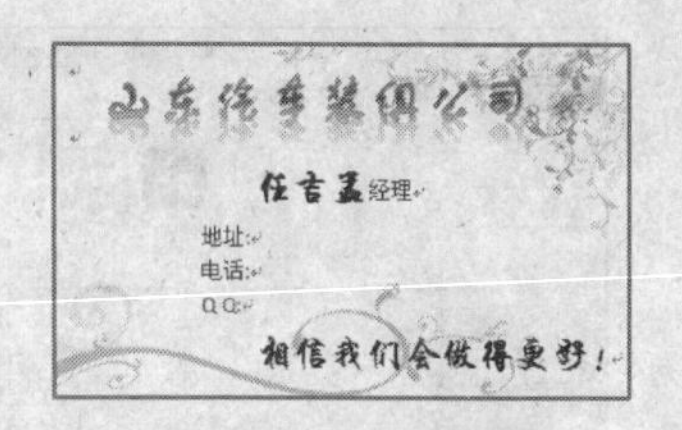

图 5.24 插入艺术字

这样名片的正面就制作完成了，可用同样的方法制作名片的背面，操作完成后对文档进行保存。

综合案例 2 制作光盘的封面

根据上面所学的内容，我们来制作光盘的封面。

Step 01 打开 Word 2010，创建新的文档，选择“插入”选项卡，单击“插图”组中的“形状”按钮，在弹出下拉列表中选择“同心圆”选项，按 Shift 键在文档中创建同心圆，如图 5.25 所示。

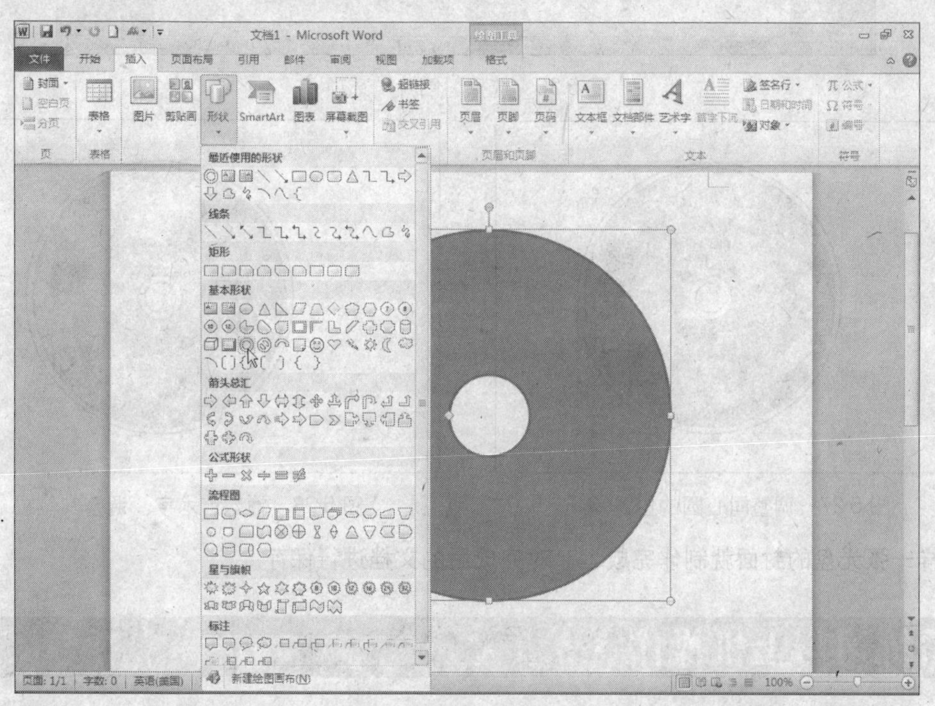

图 5.25 创建同心圆

Step 02 创建完成后，选择“绘图工具”中的“格式”选项卡，在“形状样式”组中单击“形状填充”按钮，在弹出的下拉列表中选择“图片”选项，如图 5.26 所示。在打开的对话框中打开“素材\Cha05\光盘封面.jpg”文件，为同心圆填充图片。

Step 03 填充完成后，在文档中以同样的方法再创建一个同心圆，选择“绘图工具”中的“格式”选项卡，在“形状样式”组中单击“形状填充”按钮，在弹出的下拉列表中选择“无填充颜色”选项，并调整其位置，如图 5.27 所示。

Step 04 选择“插入”选项卡，在“文本”组中单击“艺术字”按钮，在弹出的下拉列表中选择“填充-白色，投影”样式，然后在“艺术字”文本框中输入文字，将艺术字的字体设置为“汉仪瘦金书简”，“字号”设置为“小初”，并将其调整到合适位置，如图 5.28 所示。

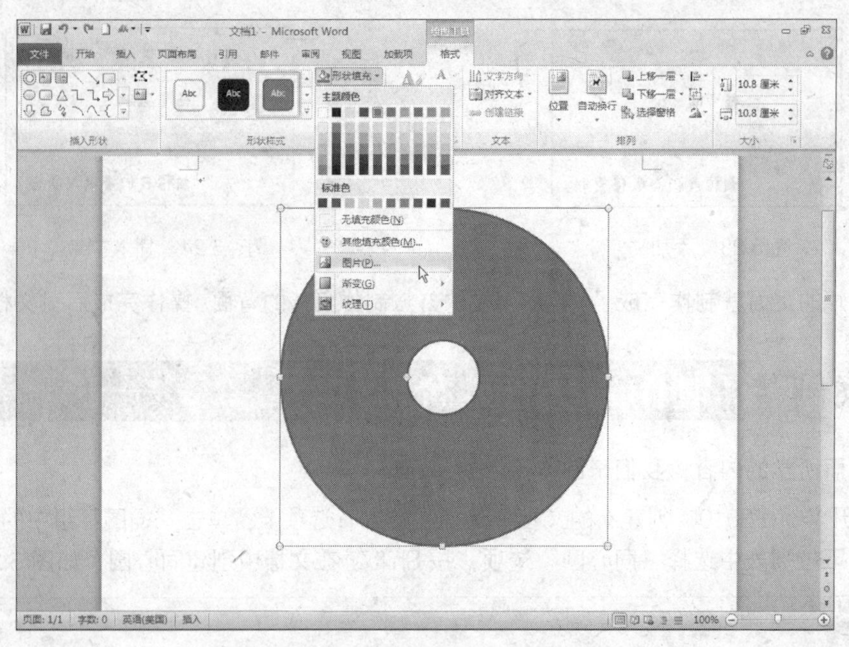

图 5.26　选择“图片”选项

图 5.27　调整同心圆的位置　　　　图 5.28　输入艺术字、调整其位置

这样一张光盘的封面就制作完成了，对完成后的文档进行保存。

课后练习与上机操作

一、选择题

1．选择“插入”选项卡，在“______”组中单击“剪贴画”按钮，用户可以插入剪贴画。

A．符号　　B．图片　　C．引用　　D．文本框

2．使用“______”工具栏，用户可以完成对图片的大多数操作，例如绘制线条、圆形及方形等简单的基本图形。

A．形状　　B．常用　　C．格式　　D．图片

3．按住______键，在绘制矩形时，矩形被限定为正方形；绘制椭圆时，椭圆被限定为圆形。

A．Ctrl　　B．Alt　　C．Shift　　D．Caps Lock

4．“插入艺术字”按钮 位于“______”组中。

A．常用　　B．文本　　C．绘图　　D．窗体

二、简答题

1. 简述插入剪贴画的操作步骤。
2. 简述插入图形文件的操作步骤。
3. 如何绘制自选图形？
4. 如何改变层的叠放次序？

三、上机实训

1. 新建一个 Word 2010 文档，在其中插入一个有关人物的剪贴画。
2. 接上题，绘制出如图 5.29 左图中所示的图形，并组合为右图中所示的一个图形。

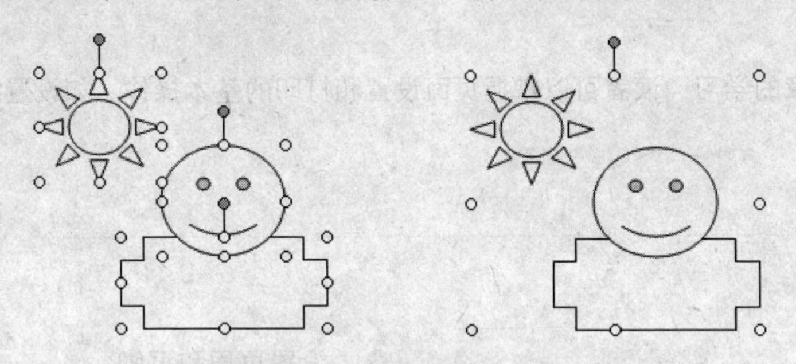

图 5.29　组合前后控制点的比较

3. 对 1、2 题中插入的剪贴画、图片及图形进行对齐调整。

项目6

页面设置和打印输出

本章导读

通过对本章的学习，读者可以掌握页面设置和打印的基本操作，如设置纸型等。

知识要点

- ✪ 页面设置
- ✪ 设置打印机
- ✪ 文档的打印预览和打印
- ✪ 添加页码
- ✪ 设置页眉和页脚
- ✪ 设置分节
- ✪ 设置分栏排版

任务1 页面的基本设置

文档的页面设置是文档最基本的排版操作，主要包括设置页面的纸型、方向、页边距、版式等内容。另外，也可以根据需要对文档的各个部分设置不同的版面效果。

实训1 设置纸型

创建文档时，Word 2010 预设纸型是标准的 A4 纸，其宽度是 21cm，高度是 29.7cm，页面方向为纵向。通过"页面设置"对话框中的"纸张"选项卡可以改变纸型，其具体操作步骤如下。

Step 01 选择"页面布局"选项卡，在"页面设置"组中单击"纸张大小"按钮，在弹出的下拉列表中选择"其他页面大小"选项，或单击"页面设置"组右下角的按钮，打开"页面设置"对话框，切换到"纸张"选项卡，如图 6.1 所示。

Step 02 在"纸张大小"下拉列表框中选择"16 开（18.4×26 厘米）"纸型，选择纸型的同时，可以在"宽度"和"高度"文本框中看到纸张的尺寸大小，如图 6.2 所示。

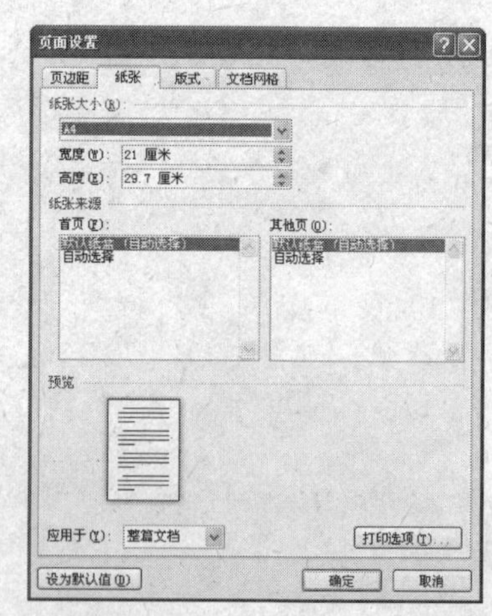

图 6.1 "纸张"选项卡（一）

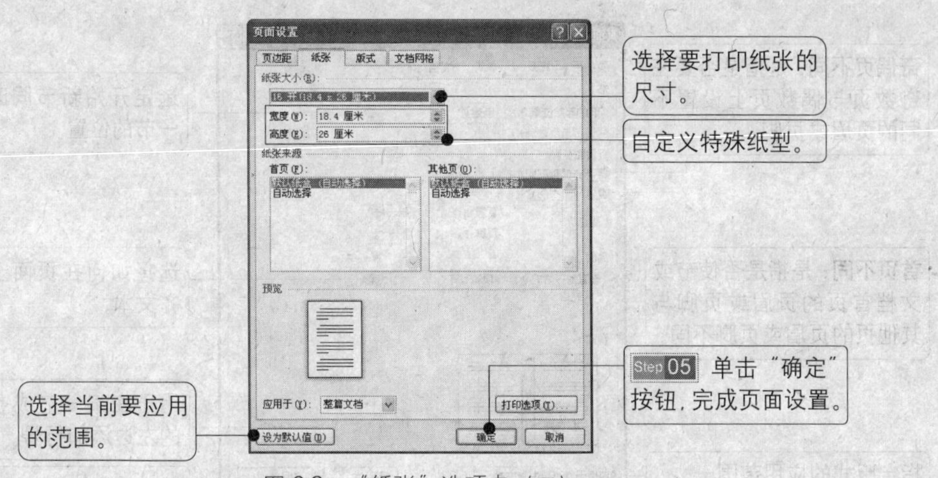

选择要打印纸张的尺寸。
自定义特殊纸型。
Step 05 单击"确定"按钮，完成页面设置。
选择当前要应用的范围。

图 6.2 "纸张"选项卡（二）

实训 2 设置页边距和方向

页边距是文本与页边之间的距离。打开一个新文档时，Word 2010 默认的设置为：左右页边距为 3.17 cm，上下页边距为 2.54 cm，无装订线。

1. 精确设置页边距

要精确设置页边距，其具体操作步骤如下。

Step 01 要调整某一节的页边距，可以把插入点放在该节中，如果整篇文档没有分节，页边距的设置将影响整篇文档。

Step 02 选择"文件"|"页面设置"命令，打开"页面设置"对话框。

Step 03 选择"页边距"选项卡，如图 6.3 所示。

Step 04 在"上"、"下"、"左"、"右"文本框中输入或者选定一个数值来设置页面四周页边距的宽度。

Step 05 在"应用于"下拉列表框中指定页边距的应用范围。

Step 06 单击"确定"按钮。

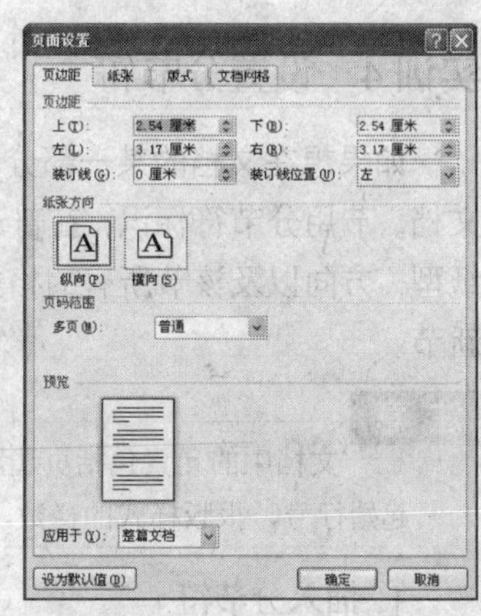

图 6.3 "页边距"选项卡

2. 设置装订区

在图 6.3 中的"装订线位置"下拉列表框中有"左"、"上"两个选项。如果要设置装订区，选择"上"选项，则装订线设在页的顶端；选择"左"选项，则装订线设在页的左侧。最后在"装订线"文本框中输入装订线边距的值。

3. 设置方向

在"纸张方向"选项组中，用户可以根据自己的需要选择"纵向"或"横向"两个选项。

实训 3 设置版式

Word 2010 提供了设置版式的功能，用来设置页眉与页脚、垂直对齐方式以及行号等特殊的版式选项。设置版式的具体操作步骤如下。

Step 01 选定要按特定版式打印的文本，或者在要按某一特定版式开始打印的位置上设置插入点。

Step 02 选择"文件"|"页面设置"命令，打开"页面设置"对话框。

Step 03 选择"版式"选项卡，如图 6.4 所示。

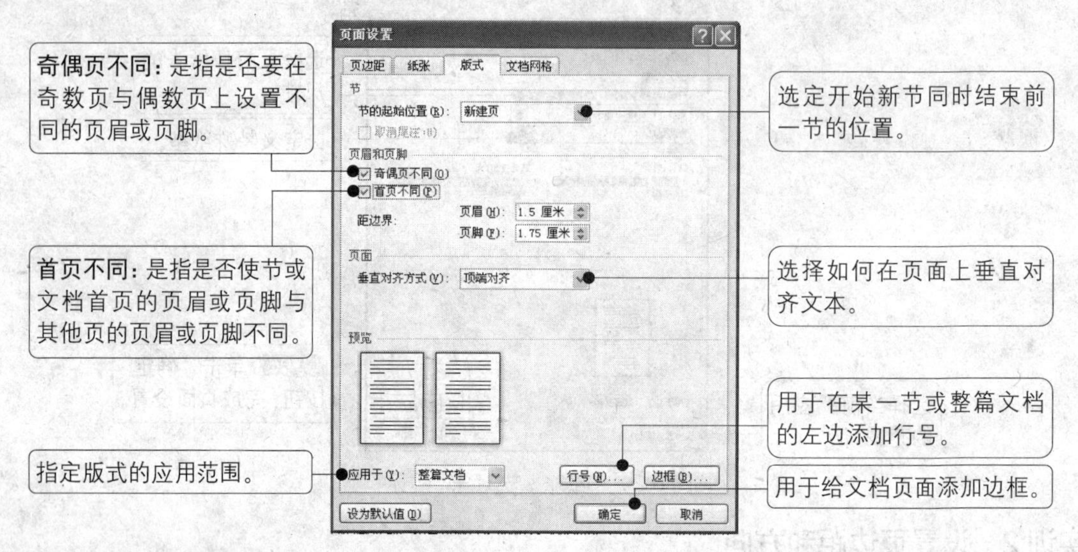

图 6.4 “版式”选项卡

Step 04 在该选项卡中设置各选项，然后单击“确定”按钮。

实训 4 设置分节符

如果想在文档的某一部分中采用不同的格式设置，就必须分节。节可小至一个段落，大至整篇文档。节用分节符标识，在普通视图中分节符是两条横向平行的虚线。Word 将当前节的文本边距、纸型、方向以及该节所有的格式化信息存储于分节符中。当要改变部分文档中的元素时，可以创建新节。

注 意

文档中的元素包括页边距，纸型或页面方向，垂直对齐文本的方式，行号及其显示行号的间隔，起始行号，报版样式的栏数，页眉与页脚的文本、位置和格式，页码的格式和位置等。

1. 插入分节符

如果要在文档中插入分节符，其具体操作步骤如下。

Step 01 将插入点置于新节开始处。

Step 02 选择“页面布局”|“分隔符”命令，出现如图 6.5 所示的下拉列表。

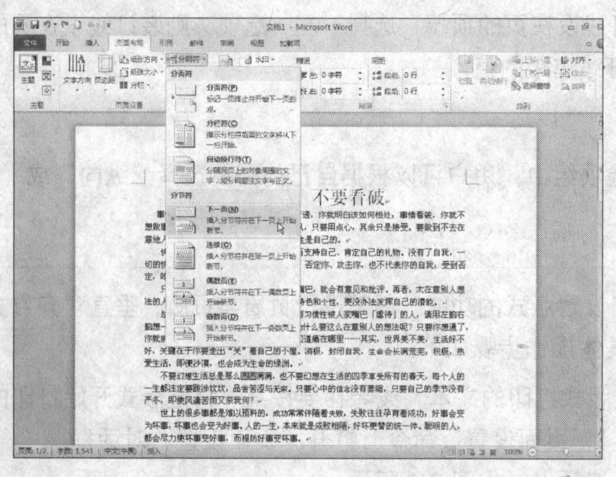

图 6.5 “分隔符”下拉列表

Step 03 在“分节符”选项组中选择一种分节符类型。

Step 04 单击“确定”按钮。在普通视图下，Word 在插入点位置处显示分节符，如图 6.6 所示。

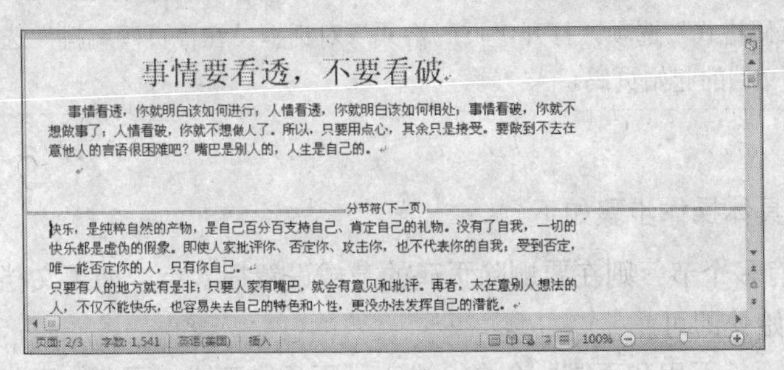

图 6.6 在插入点位置处显示分节符

2. 删除分节符

要删除分节符，其具体操作步骤如下。

Step 01 选择“视图”|“草稿”命令，切换到草稿视图中。

Step 02 把插入点置于分节符上。

Step 03 按 Delete 键，该分节符即被删除。

实训 5 设置页码

有时为了阅读方便，需要给文档添加页码。下面就介绍如何添加页码和删除页码。

1. 添加页码

如果想在文档中添加页码，其具体操作步骤如下。

Step 01 在当前文档中选择“插入”选项卡，单击“页眉和页脚”组中的“页码”按钮，在弹出的下拉列表中可以设置页码的位置，有“页面顶端（页眉）”、“页面底端（页脚）”、“页边距”和当前位置多种设置，如图 6.7 所示。

Step 02 在下拉列表中选择“设置页码格式”选项，打开“页码格式”对话框，在“编号格式”下拉菜单中选择插入的页码形式。

Step 03 勾选“包含章节号”复选框，下面的下拉列表框变为可用状态，从中可以设置“章节起始样式”和“使用分隔符”，表示与页码一起显示及打印文章的章节号，如图 6.8 所示。

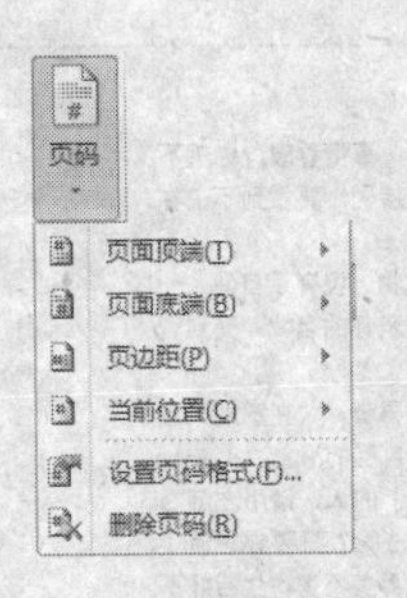

图 6.7 “页码”下拉列表

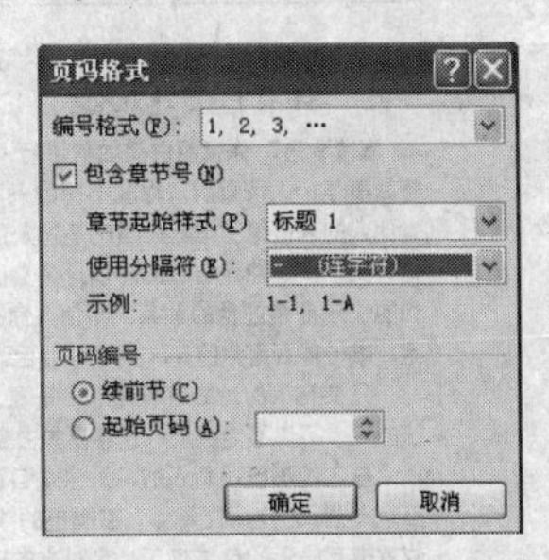

图 6.8 “页码格式”对话框

Step 04 “页码编号”选项组中有两个单选项，其中“续前节”表示遵循前一节的页码顺序继续编排页码，如果当前文档使用分节符分成两个以上的章节，可以使用“续前节”选项；如果这篇文档没有分节，或者分节时不按前面的章节续页码的话，就可以在“起始页码”文本框中输入要出现在所选章节起始的页码。

Step 05 单击“确定”按钮即可为文档添加页码。

提 示

选择“设置页码格式”选项，打开“页码格式”对话框。在“页码编排”选项组的“起始页码”文本框中可以设置文档的起始页码。

2. 删除页码

要删除页码，其具体操作步骤如下。

Step 01 如果文档中有多个节，则在要删除页码的节中设置插入点。如果文档没有分节，只需要把插入点放在文档的开始处即可。

Step 02 选择“视图”|“页眉和页脚”命令，进入“页眉”区或“页脚”区，并且显示“页眉和页脚”工具栏（关于页眉和页脚将在实训 4 中介绍）。

Step 03 拖动垂直滚动条找到并选定所要删除的页码。

Step 04 按 Delete 键将页码删除。

Step 05 单击“页眉和页脚”工具栏中的“关闭”按钮。

实训 6　设置页眉和页脚

在文档中可以将每一页都出现的相同内容置于页眉、页脚中。例如，公司信笺上的公司名称、公司的标志图形、页号和文档作者名等都可以放在页眉或页脚中。一般情况下，页眉出现在每页的顶部，页脚出现在每页的底部。无论当前处于哪种显示视图，只要选择了“页眉”、“页脚”命令，Word 2010 就会自动将视图切换到页面视图中。

1. 创建页眉或页脚

要创建页眉或页脚，其具体操作步骤如下。

Step 01 在页面视图下，选择“视图”选项卡，单击“页眉和页脚”组中的“页眉”或“页脚”按钮，在弹出的下拉列表中选择“编辑页眉”或“编辑页脚”选项，进入编辑“页眉”和“页脚”编辑区后，正文呈灰色，则表示不能对正文进行编辑，如图 6.9 所示。

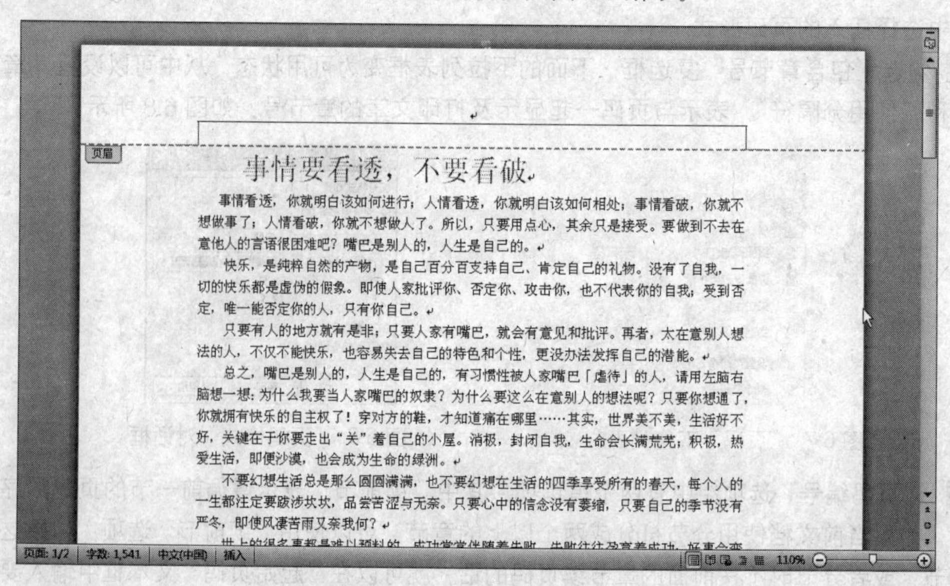

图 6.9　页眉编辑状态

Step 02 选择“页眉和页脚工具”下的“设计”选项卡，选择“导航”组中的“转至页脚”选项，则页脚处在被编辑状态，如图 6.10 所示。

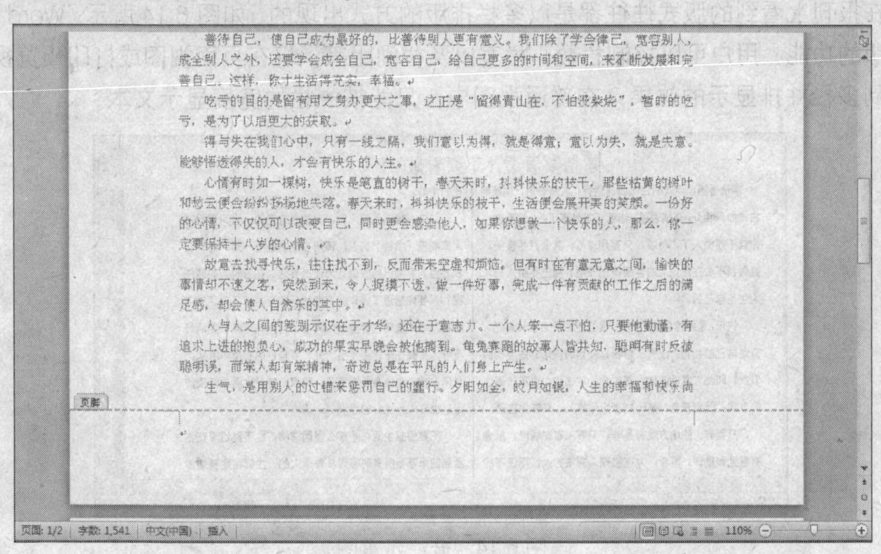

图 6.10 页脚编辑状态

Step 03 “页眉和页脚工具”下的功能区中各个按钮选项的说明如图 6.11 所示。

Step 04 在页眉或页脚中输入文字或插入图片，也可以选择“页眉和页脚工具”下的“设计”选项卡，在其中选择插入图片或插入日期等选项，为其插入相应的内容。

Step 05 设置完后，单击“设计”选项卡中的“关闭页眉和页脚”按钮返回文档，如图 6.12 所示。

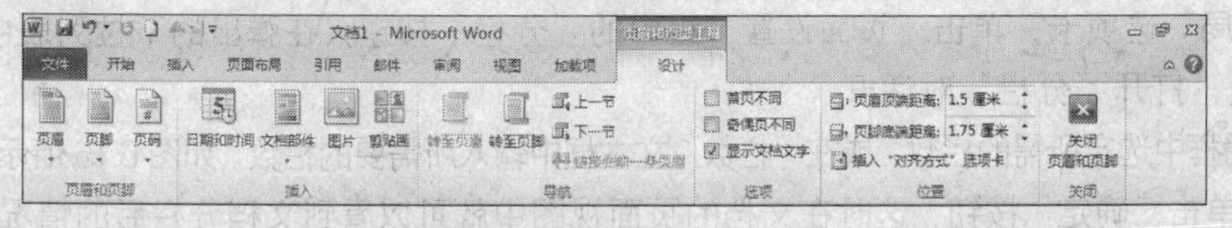

图 6.11 “设计”选项卡下的功能区

图 6.12 “关闭页眉和页脚”按钮

2. 设置页眉和页脚的不同效果

如果在同一文档中创建不同的页眉或页脚，其具体操作步骤如下。

Step 01 进入“页眉和页脚”编辑状态，选择“页面布局”选项卡，单击“页面设置”组右下角的按钮，打开“页面设置”对话框，切换到“版式”选项卡。

Step 02 在“页面和页脚”选项组中勾选“奇偶页不同”复选框，如图 6.13 所示，这样就为奇数页和偶数页设置不同的页眉和页脚。

Step 03 勾选“首页不同”复选框，为文档或节的首页创建与奇偶页都不同的页眉和页脚。

Step 04 设置完成后，单击“确定”按钮，在编辑页眉和页脚时，就会出现为首页、奇数、偶数不同的页眉和页脚。

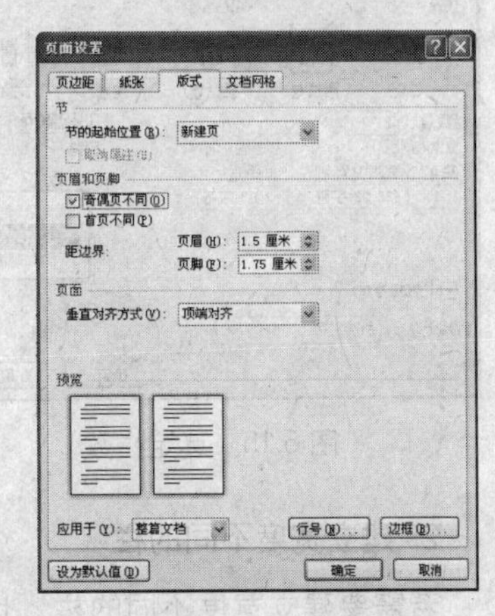

图 6.13 设置页眉和页脚奇偶页不同

实训 7 设置分栏排版

我们在报刊上看到的版式往往都是以多栏排版的方式出现的，如图 6.14 所示。Word 2010 提供了分栏排版的功能，用户可以控制栏数、栏宽以及栏间距等。仅在页面视图或打印预览视图下，才能真正看到多栏并排显示的效果；在普通视图中，只能按一栏的宽度显示文本。

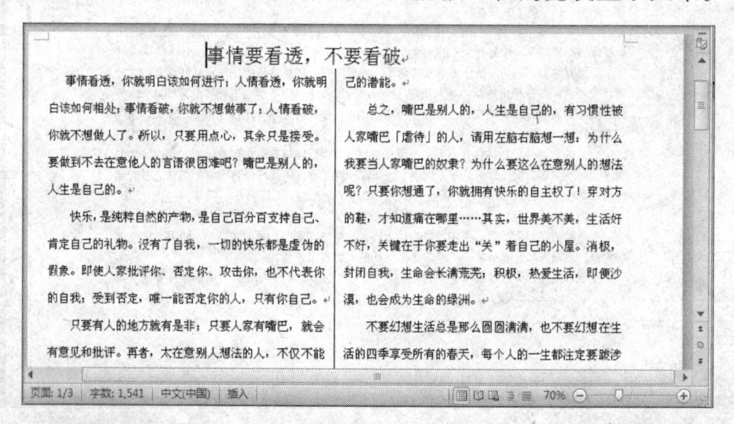

图 6.14　分栏示意图

用户既可以建立宽度相同的栏，也可以建立宽度不同的栏。下面分别加以介绍。

1．建立宽度相同的栏

创建宽度相同的栏，其具体操作步骤如下。

Step 01 将插入点定位在需要进行分栏的节中，或者选定需要进行分栏的正文或节。

Step 02 选择“页面布局”选项卡，单击“页面设置”组中的“分栏”按钮，在弹出的下拉列表中选择“更多分栏”选项，打开“分栏”对话框。

Step 03 在“分栏”对话框中选定所需的栏数，或在“栏数”文本框中输入所需要的栏数，如图 6.15 所示。

Step 04 选择完成后，单击“确定”按钮，这时在文档的页面视图中就可以看到文档分栏后的情况，分栏后的效果如图 6.16 所示。

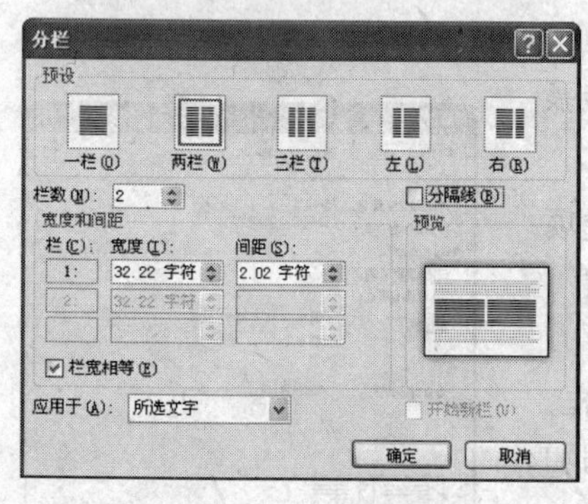

图 6.15　选定栏数

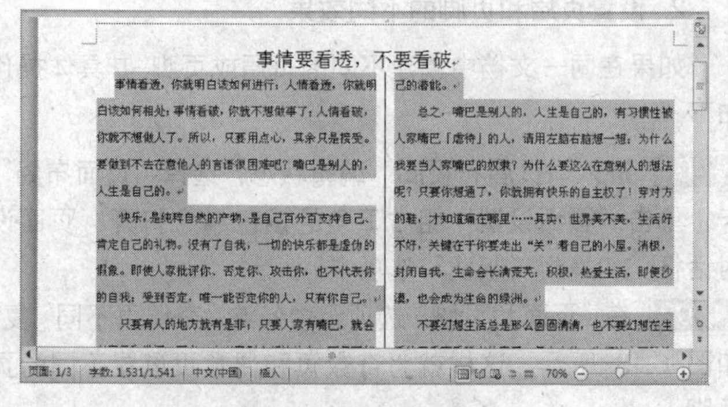

图 6.16　分栏后的效果

2. 建立宽度不同的栏

若需要建立宽度不同的栏，也可以利用“分栏”对话框，其具体操作步骤如下。

Step 01 把插入点定位在需要进行分栏的节中，或者选定需要进行分栏的正文或节。

Step 02 选择“页面布局”选项卡，单击“页面设置”组中的“分栏”按钮，在弹出的下拉列表中选择“更多分栏”选项，打开“分栏”对话框。

Step 03 如果要分为左宽右窄的两栏，选择“预设”选项组中的“偏右”选项；如果要在栏之间添加分隔线，勾选“分隔线”复选框即可。分隔线的长度与节中最长的栏的长度相等。

Step 04 单击“确定”按钮，设置完成后的效果如图 6.17 所示。

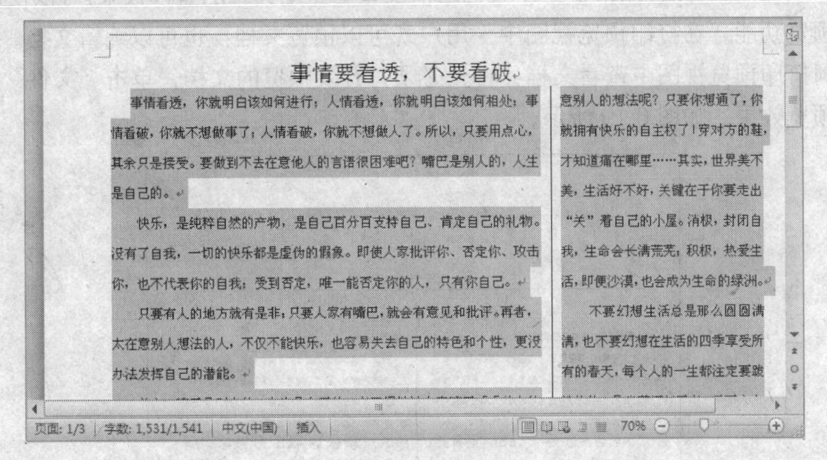

图 6.17　宽度不同的栏

3. 取消分栏排版

如果要将多栏版式恢复为单栏版式，其具体操作步骤如下。

Step 01 将插入点置于要恢复为单栏版式的文档中，或者选定需要进行分栏的正文或节。

Step 02 选择“页面布局”选项卡，单击“页面设置”组中的“分栏”按钮，在弹出的下拉列表中选择“更多分栏”选项，打开“分栏”对话框。

Step 03 在“预设”选项组中选择“一栏”选项。

Step 04 单击“确定”按钮，即可将多栏版式恢复为单栏版式。

任务 2　设置打印机

在打印文档之前，应安装和选择需要使用的打印机。用户可以直接在 Word 中选定打印机。选择“文件”|“打印”命令，即出现如图 6.18 所示的“打印”列表。

有时，仅想打印文档的某一部分，或者需要设置其他的选项，可以在“设置”选项组中设置打印的范围，打印的范围有“打印所有页”、“打印当前页”、“所选内容”和“打印自定义范围”选项（连续的页码之间用连字符进行链接，不连续的页码之间用逗号进行分隔。例如，想打印 2，6，7，8，12，13，14 页，可以在文本框中输入“2，6-8，12-14”）。

若打印的文件不只一份，可以单击“每版打印 1 页”下拉按钮，在弹出的下拉列表中选择每版要打印的页数。

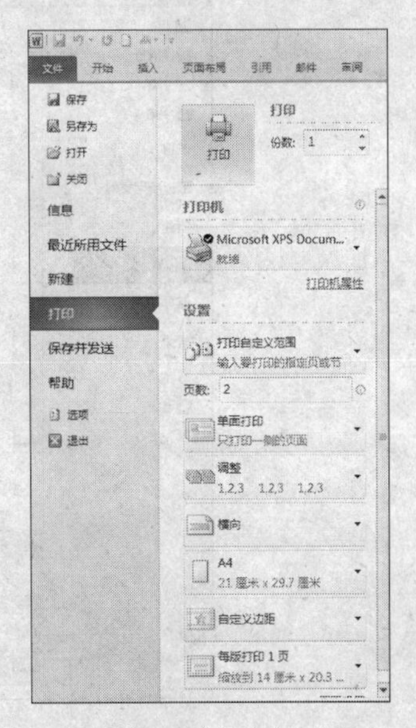

图 6.18　“打印”列表

任务 3 文档的打印预览和打印

当制作完成一篇文档后，如果在打印文档之前要查看整篇文章的整体效果，可以使用Word 2010提供的打印预览功能。在打印预览视图中，用户既可以预览文档，也可以编辑文档。

要切换到打印预览视图中查看文档，首先必须打开要预览的文档，单击"文件"|"打印"命令就会看到预览效果，如图 6.19 所示。

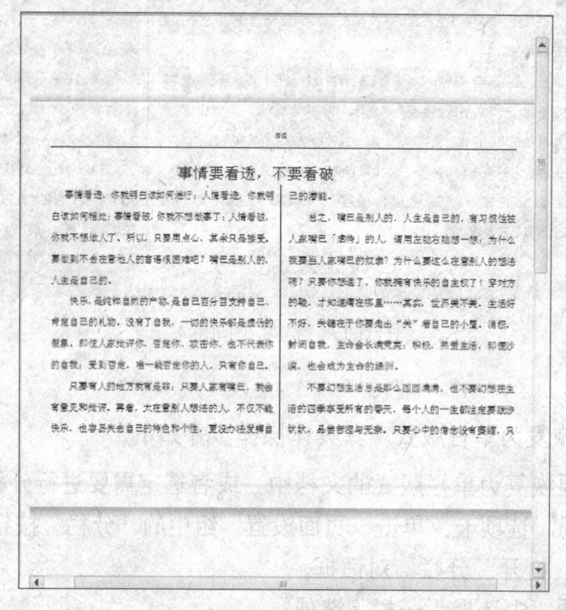

图 6.19　打印预览窗口

在打印预览窗口中，可以通过"打印"列表上的按钮来调整页面的大小，例如选择"打印"列表中的"A4"，在弹出的级联菜单中选择页面的大小，如图 6.20 所示。

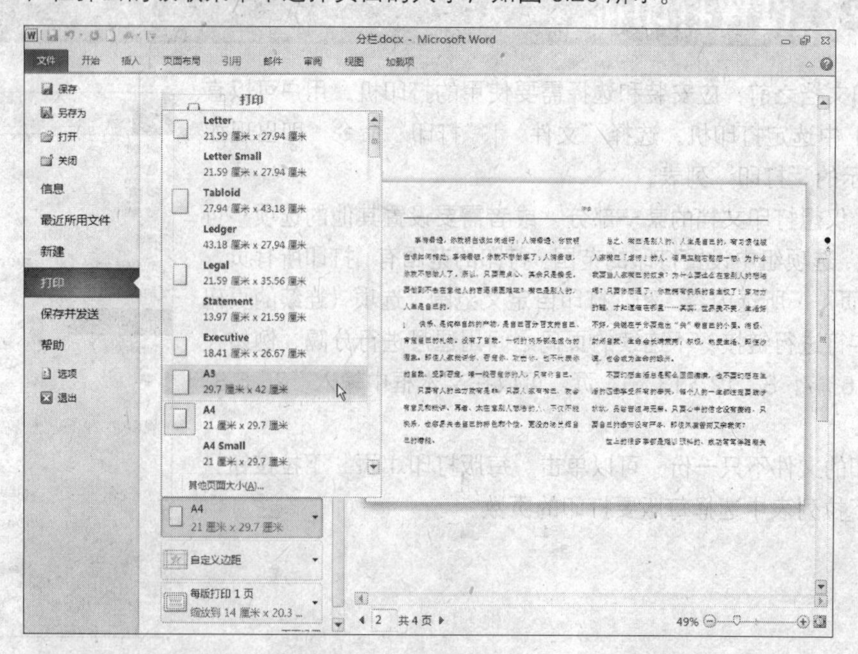

图 6.20　调整页面大小

技巧

使用快捷键打印： 按 Ctrl+P 快捷键直接使用默认设置打印。

综合案例 打印公司信头纸

下面主要练习对文档的页面设置和打印操作，具体操作步骤如下。

Step 01 打开“素材\Cha06\公司信头纸.docx”文件。

Step 02 选择“文件”|“打印”命令，在“打印”列表中选择“页面设置”选项，打开“页面设置”对话框，如图 6.21 所示。

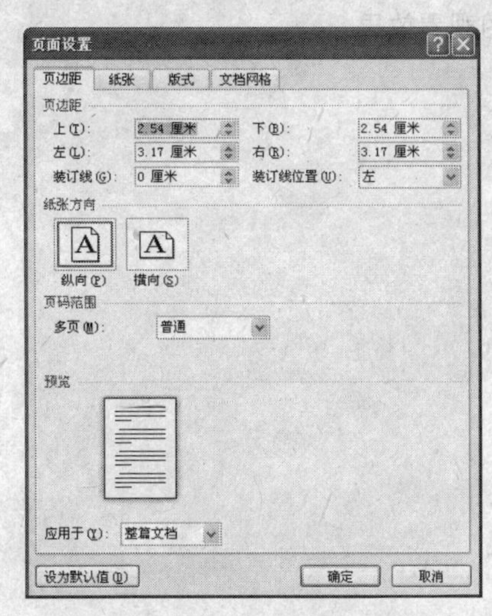

图 6.21 “页面设置”对话框

Step 03 在打开的“页面设置”对话框中选择“页边距”选项卡。将“上”、“下”、“左”、“右”页边距都设为“1.3 厘米”；将“纸张方向”设置为“纵向”，单击“确定”按钮。若对以上的设置不满意，可以重复前面的步骤更改设置。

Step 04 若要开始打印，可单击“打印”按钮。

课后练习与上机操作

一、选择题

1．Word 中的分隔符分为______等几种。

A．分页符 B．分栏符 C．换行符 D．分片符

2．如果文档中的内容在一页没满的情况下需要强制换页，应该______。

A．插入分页符 B．不可以这样做 C．多按几次 Enter 键直到出现下一页

3．在页眉和页脚区域可以插入______内容。

A．文字 B．图形 C．文字及图形

4．将打印页码设置为 3-9，表示打印的是______。

A．第 3 页和第 9 页 B．第 3 页至第 9 页 C．共 9 页，只打印第 3 页

5．在“页面设置”对话框中不能设置______。

A．纸张大小 B．页边距 C．打印范围 D．正文横排或竖排

二、简答题

1．如何设置文档的纸张大小和页边距？

2．简述手动插入分节符的操作步骤。

3．怎样将文档分为宽度不同的两栏？

4．打印文档时，如何指定要打印的页码范围？

三、上机实训

1．任意输入几段文字或几首诗，进入“打印预览”视图观看效果。

2．在以上文字或诗的中部插入一个分节符，然后为前后两节的内容设置不同的页边距和页面方向，再进入“打印预览”视图观看效果。

项目7

Excel 2010 的基本操作

本章导读

本章将主要介绍 Excel 2010 的基本操作，使读者能够利用 Excel 2010 完成基本的常用操作。

知识要点

- Excel 2010 的启动与退出
- Excel 2010 工作界面
- 输入信息
- 保存工作簿

任务 1 Excel 2010 的日常操作

实训 1 Excel 2010 工作界面

启动 Excel 2010 之后，屏幕上首先会出现 Excel 标题，然后自动建立一个名为“工作簿 1”的空白工作簿，并会出现如图 7.1 所示的 Excel 工作界面。

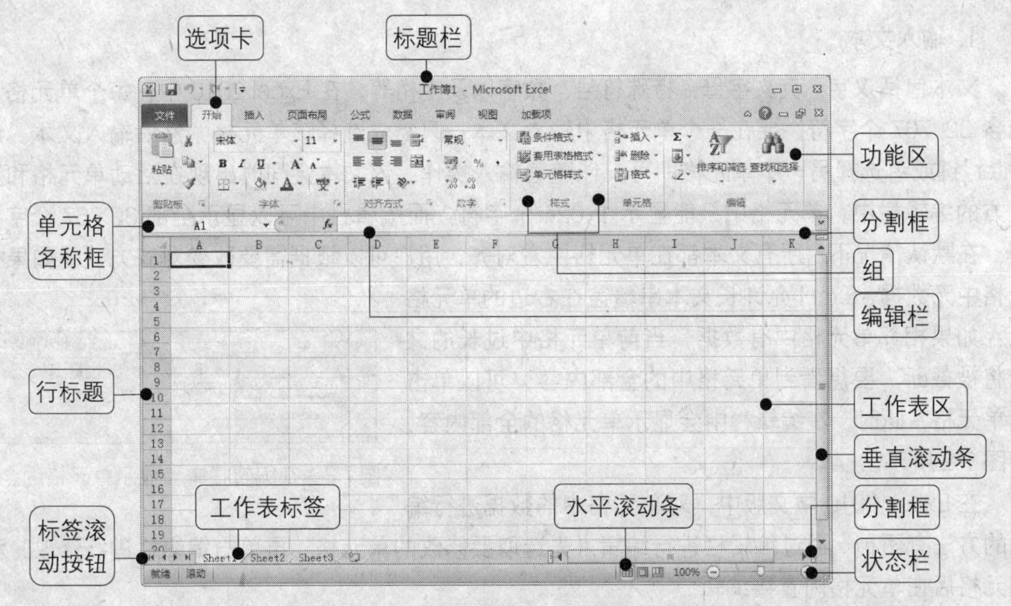

图 7.1 Excel 2010 工作界面

Excel 2010 工作界面中主要部分说明如下。

1. 标题栏

工作界面最顶端的是标题栏，它显示了应用程序名和当前工作簿的名字等。在图 7.1 中，由于是新打开的工作簿，标题栏显示的是"工作簿 1"，这是系统启动时默认的新工作簿名。在保存工作簿时，可以为它取一个更直观的名字。

2. 选项卡

选项卡中包括"插入"、"页面布局"、"公式"等 9 个选项卡名，单击任意一个选项卡，都会弹出一组命令，用户可以根据需要选择相应命令以完成操作。

3. 功能区

Excel 2010不但将所有功能以命令方式放在各个下拉菜单中，还将一些常用的命令用图标代替，并且将功能相近的图标集中在一起形成功能区，以方便用户操作。

4. 工作表区

工作表区是由一个个单元格组成的，用户可以在工作表区中输入信息。事实上，Excel 2010 强大功能的实现，主要依靠对工作表区中的数据进行编辑及处理。

5. 编辑栏

编辑栏用来显示活动单元格中的常数、公式或文本内容。

6. 工作表标签

工作表标签显示了当前工作簿中包含的工作表。当前工作表以白底显示，其他工作表以灰底显示。

实训 2　输入信息

Excel 2010 允许在工作表区的单元格中输入文本、数值、日期和时间、批注、公式等多种类型的信息，下面分别加以介绍。

1. 输入文本

文本包括汉字、英文字母、特殊符号、数字以及空格等。在 Excel 2010 中，每个单元格最多可包含 32 767 个字符。要在一个单元格中输入文本，只需先选择该单元格，然后输入文本，最后按 Enter 键或者选择另一个单元格即可。伴随着输入操作，该文本会同时出现在活动单元格和工作表上方的编辑栏中。单元格中只能显示 1 024 个字符；而编辑栏中可以显示全部 32 767 个字符。

在默认情况下，所有文本都在单元格中左对齐，用户可以根据需要改变对齐方式。如果相邻单元格中无数据，Excel 允许长文本串覆盖在右边的单元格上；如果相邻单元格中有数据，当前单元格中过长的文本将被截断；要想看到单元格中的全部内容，可以单击该单元格，此时，在编辑栏中会显示单元格的全部内容，如图 7.2 所示。

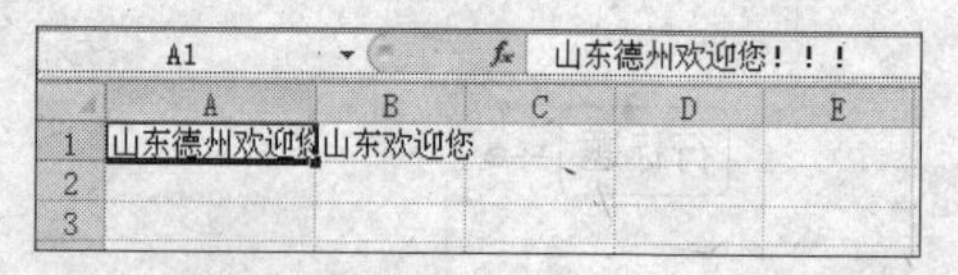

图7.2　在编辑栏中会显示单元格的全部内容

在 Excel 2010 中文版中，对单元格中的数据进行编辑的方法有两种：通过编辑栏进行编辑（先选取要修改的单元格，再单击编辑栏进行修改）和双击单元格后在单元格内直接编辑。

2. 输入数字

上文已经提到，数字也是一种文本，但由于数字在数据处理中扮演着极其重要的角色，用户需要对其有一个全面的了解。在 Excel 2010 中，有效的数字输入可以是：表示数字的 0~9，表示负号的“-”或括号“()”，小数点“.”，表示千位的“,”，表示分数线的“/”，货币符号“$”、“¥”和百分号“%”等。

- 输入数字时，Excel 2010 自动将它沿单元格右边对齐。
- 如果要输入分数，如 6/13，应先输入 0 和一个空格，然后输入 6/13。否则，Excel 2010 会把该数据作为日期处理，认为输入的是“6 月 13 日”。
- 负数有两种输入法，分别应用“-”或“()”。例如，-1 可以用-1 或（1）来表示。

3. 输入日期和时间

要在工作表中输入日期和时间，需采用 Excel 事先定义的格式来输入数据。这样，它们才能用“单元格”命令进行格式化。在后面的章节中我们将学习如何改变单元格格式。

用户可以使用多种格式来输入一个日期，可以用斜杠“/”或“-”来分隔日期的年、月、日。传统的日期表示方法是以两位数来表示年份的，如 2008 年 8 月 8 日，可表示为 08/8/8 或 08-8-8。当在单元格中输入 08/8/8 或 08-8-8 并按 Enter 键后，Excel 2010 会自动将其转换为默认的日期格式，并将 2 位数表示的年份更改为 4 位数的年份。

在单元格中输入时间的方式有两种：即按 12 小时制和按 24 小时制输入。两者的输入方法不同。如果按 12 小时制输入时间，要在时间数字后加一空格，然后输入 a（AM）或 p（PM），字母 a 表示上午，p 表示下午。例如，下午 4 时 30 分 20 秒的输入格式为：4:30:20p。如果按 24 小时制输入时间，则只需输入 16:30:20 即可。如果用户只输入时间数字，而不输入 a 或 p，则 Excel 将默认是上午的时间。

提 示

在同一单元格中输入日期和时间时，必须用空格隔开，否则 Excel 2010 将把输入的日期和时间当做文本。在默认状态下，日期和时间在单元格中右对齐。如果 Excel 2010 无法识别输入的日期和时间，也会把它们当做文本，并在单元格中左对齐。此外，要输入当前日期，可使用 Ctrl+；快捷键；要输入当前时间，可使用 Ctrl+Shift+；快捷键。

4. 输入公式

Excel 2010 最强大的功能是计算。用户可以在单元格中输入公式，用于对工作表中的数据进行计算。所谓公式，是指一个等式，利用它可以从已有的值计算出一个新值。公式中可以包含数值、算术运算符、单元格引用（即地址）和内置等式（即函数）。只要我们输入正确的计算公式，经过简单的操作步骤后，计算的结果就将显示在对应的单元格中。如果工作表内的数据有变动，系统会自动将变动后的答案算出，这样，我们就可以随时查看正确的结果。另外，在 Excel 中，可以在公式内使用函数来进行计算，具体的操作方法将在后面的章节中介绍。

在 Excel 中，所有公式都以等号开始。等号标志着数学计算的开始，并告诉 Excel 将其后的等式作为一个公式存储。输入公式的操作步骤如下。

Step 01 选定要输入公式的单元格。

Step 02 在单元格中输入一个等号“=”。

Step 03 输入公式的内容。

Step 04 输入完毕后，按 Enter 键或者单击编辑栏中的“输入”按钮✓。

实训 3　保存工作簿

建立工作簿文件后，在编辑的过程中或者编辑完成后都需要保存工作簿文件。在工作中经常保存当前文件是一个好习惯，这样可以减少发生意外时的不必要损失。保存工作簿文件有两种方法：一是在操作过程中随时单击工具栏上的“保存”按钮；二是选择“文件”|“保存”命令。

如果是第一次保存工作簿，则单击“自定义快速工具”栏中的“保存”按钮后，会打开“另存为”对话框，如图 7.3 所示。这时选择保存位置后输入一个文件名，然后单击“保存”按钮即可。

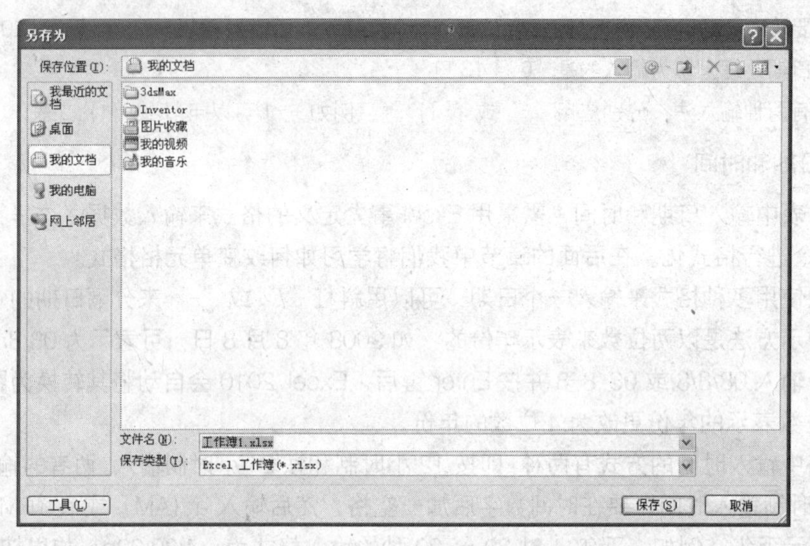

图 7.3　“另存为”对话框

实训 4　退出 Excel 2010

退出 Excel 2010 常用的方法有以下 3 种。

方法 1：选择“文件”|“退出”命令。

方法 2：按 Alt+F4 快捷键。

方法 3：单击 Excel 标题栏最右侧的“关闭”按钮。

如果要关闭的工作簿在最后一次保存后又作了修改，则在关闭该工作簿时会弹出如图 7.4 所示的提示框，询问用户是否保存所作的修改。此时要根据实际情况选择相应的按钮。

图 7.4　询问是否保存文件

实训 5　新建并保存工作簿

下面介绍基于现有工作簿创建新的工作簿，其操作步骤如下。

Step 01 选择“文件”|“新建”命令，打开“新建”列表，从中选择“可用模板”列表框中的“根据现有内容新建”选项，打开“根据现有工作簿新建”对话框，如图 7.5 所示。

Step 02 选择需要打开的工作簿，然后单击“新建”按钮。

Step 03 单击“自定义快速访问工具栏”中的“保存”按钮，打开“另存为”对话框。

Step 04 选择所需保存的位置。

Step 05 在“文件名”文本框中输入文件名，再单击“保存”按钮。

Step 06 选择“文件”|“关闭”命令，将此工作簿关闭。

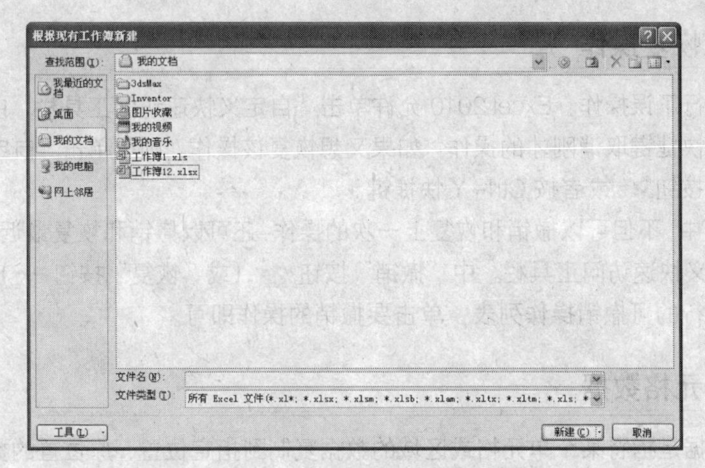

图 7.5 “根据现有工作簿新建”对话框

实训 6 打开工作簿并退出 Excel

下面以打开“素材\Cha07\素材 1.xls”为例介绍打开并退出 Excel 的方法，其操作步骤如下。

Step 01 单击“自定义快速访问工具栏”中的“打开”按钮，打开“打开”对话框。

Step 02 将本书的光盘放至光驱中。

Step 03 在“查找范围”下拉列表框中选择光驱的盘符。

Step 04 双击“练习”文件夹图标，将其打开。

Step 05 找到要打开的工作簿文件，单击选中它。

Step 06 单击“打开”按钮，即可将工作簿文件打开。

Step 07 选择“文件”|“退出”命令，退出 Excel。

任务 2 编辑单元格

实训 1 选定编辑范围

在进行编辑操作之前，首先应选定要编辑的范围（或内容）。可以通过单击某个需要编辑的单元格，使之成为活动单元格。

- **选择连续单元格的方法：** 单击第一个单元格，然后拖动鼠标到结束单元格位置。
- **选择不连续单元格的方法：** 单击第一个单元格后，按住 Ctrl 键不放，单击需选择的单元格即可。

注 意

本章中所提到的“单元格（区域）”包括单元格、单元格区域和多重选定的区域（即不连续的单元格）。

单击行号（工作表左侧的数字）或列标（工作表上方的字母），可以选定一行单元格或是一列单元格，如图 7.6 所示。按住 Ctrl 键，然后用鼠标单击行号或列号，可以选取不连续的多行或多列单元格。

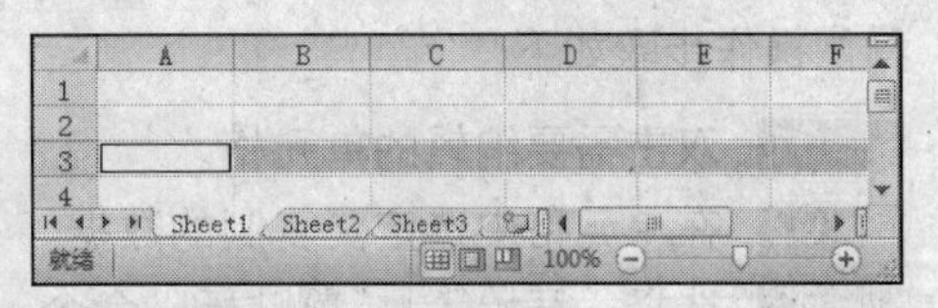

图 7.6 单击行号选中第 3 行

单击第 A 列（A 字符）左侧的空框，就可以选定整张工作表。

实训 2　撤销与恢复操作

如果不小心进行了误操作，Excel 2010 允许单击"自定义快速访问工具栏"中的"撤销"按钮或者按 Ctrl+Z 快捷键取消刚才的操作；如果又想恢复该操作，则可单击"自定义快速访问工具栏"中的"恢复"按钮或者按 Ctrl+Y 快捷键。

在 Excel 2010 中，不但可以撤销和恢复上一次的操作，还可以撤销和恢复最近进行的多次操作。方法是单击"自定义快速访问工具栏"中"撤销"按钮（或"恢复"按钮）旁边的下三角按钮，将弹出最近执行的可撤销操作列表，单击要撤销的操作即可。

实训 3　复制单元格数据

复制单元格数据是指将某个单元格或区域的数据复制到指定位置，原位置的数据仍然存在（也可以删除原位置的数据，即"剪切"操作）。

1. 复制单元格区域

可以用以下两种方法复制整个单元格。

方法 1：使用剪贴板复制单元格

当需要对工作表中的单元格进行多次复制，或者需要将它复制到其他工作簿中的时候，可以使用剪贴板来完成复制工作，其具体操作步骤如下。

Step 01 选定需要复制的单元格区域。

Step 02 选择"开始"|"剪贴板"命令，单击"复制"按钮，或按 Ctrl+C 快捷键。

Step 03 选定粘贴目标区域左上角的单元格。

Step 04 选择"开始"|"剪贴板"命令，单击"粘贴"按钮，或按 Ctrl+V 快捷键，就完成了复制操作。

提 示

选定粘贴区域时，除了选择粘贴区域的左上角单元格外，还可以选定与原区域大小完全一致的区域。

方法 2：使用鼠标复制单元格

当复制一个单元格时，使用这种方法比较简便，其具体操作步骤如下。

Step 01 选定需要复制的单元格区域。

Step 02 将鼠标指针放在选定数据的边框上，鼠标指针变成＋字形状的斜向箭头。

Step 03 按住 Ctrl 键不放，然后按住鼠标左键，将选定区域拖动到新的位置。为帮助用户正确定位，当移动鼠标指针的时候，Excel 会显示出一个虚线轮廓和位置提示。

Step 04 释放鼠标左键，然后释放 Ctrl 键，在新的位置上将出现复制的数据。

2. 复制单元格中的数据到其他单元格

使用"开始"|"剪贴板"中的按钮，可复制单元格中的部分数据（内容）到其他单元格，其具体操作步骤如下。

Step 01 双击需要编辑的单元格。

Step 02 在单元格中选定要复制的数据。

Step 03 选择"开始"|"剪贴板"命令，单击"复制"按钮。

Step 04 在工作表中单击需要粘贴数据的位置，然后选择"开始"|"剪贴板"命令，单击"粘贴"按钮。

3. 复制单元格中的特定内容

我们还可以有选择地复制单元格中的内容，其具体操作步骤如下。

Step 01 选定需要复制的单元格区域。

Step 02 选择“开始”|“剪贴板”命令，单击“复制”按钮，或按 Ctrl+C 快捷键。

Step 03 选定粘贴区域的左上角单元格。

Step 04 单击“粘贴”按钮下面的三角形按钮，在弹出的下拉列表中选择“选择性粘贴”选项，打开如图 7.7 所示的“选择性粘贴”对话框，选择所需的选项后单击“确定”按钮，即可复制单元格中的特定内容。

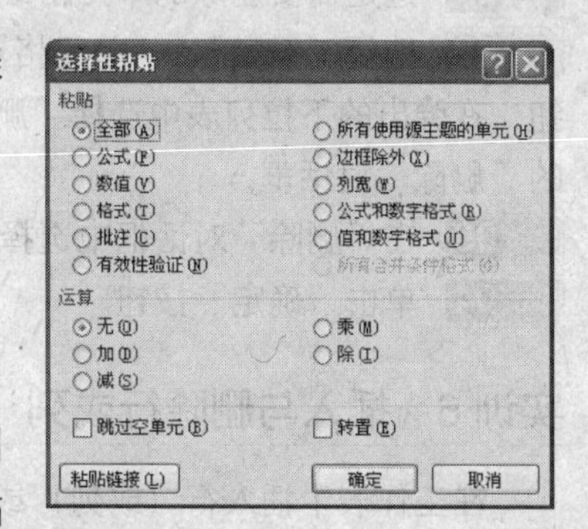

图 7.7 “选择性粘贴”对话框

实训 4 清除单元格

清除操作是指清除单元格中的内容、公式、数据、样式，以及数字边界对齐和条件格式等，留下空白的单元格，而保留其他单元格中的格式及批注等。

清除操作的使用方法很简单：只需选中需要清除的单元格或单元格区域，直接按 Delete 键即可；也可以选择“开始”|“单元格”命令，然后单击“删除”按钮。

实训 5 插入与删除单元格

在对工作表进行编辑时，经常需要插入或删除单元格。下面分别介绍。

1. 插入单元格

在工作表内插入单元格的具体操作步骤如下。

Step 01 打开“素材\Cha07\销售.xls”文件。选定需要插入单元格的位置（Excel 将根据被选单元格数目决定插入单元格的个数）。

Step 02 选择“开始”|“单元格”命令，单击“插入”按钮，在弹出的下拉列表中选择“插入单元格”选项，打开“插入”对话框，如图 7.8 所示。

Step 03 在“插入”对话框中选择所需选项，这里选中“活动单元格下移”单选按钮。

Step 04 单击“确定”按钮，即可得到如图 7.9 所示的结果。

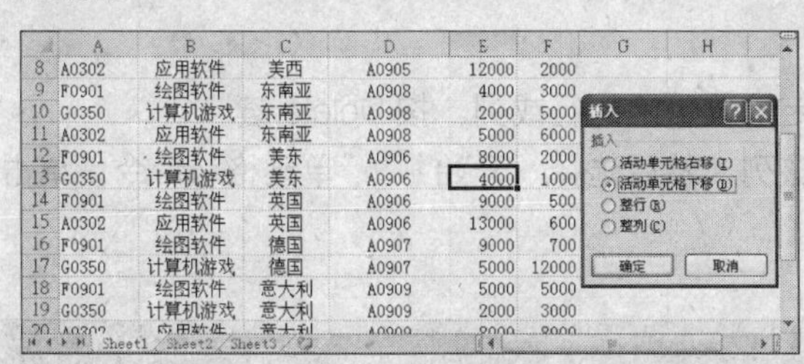

图 7.8 “插入”对话框

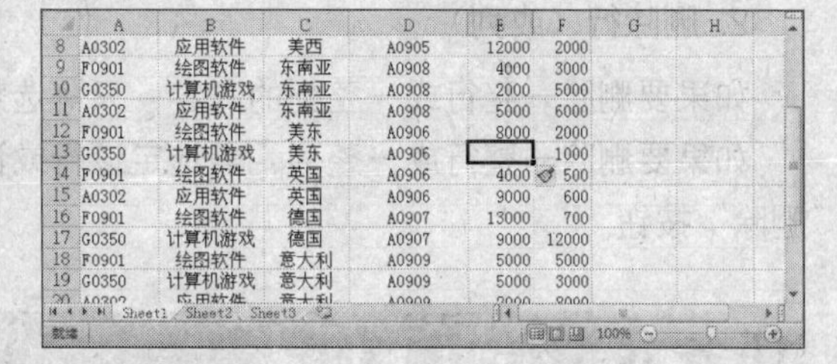

图 7.9 在工作表中插入单元格

2. 删除单元格

与清除操作不同，删除操作是指将选定的单元格从工作表中删除，并用周围的其他单元格来填补留下的空白。删除单元格的具体操作步骤如下。

Step 01 选定需要删除的单元格或单元格区域。

Step 02 选择“开始”|“单元格”命令，单击“删除”右侧的下三角按钮，在弹出的下拉列表中选择“删除单元格”选项，打开如图 7.10 所示的“删除”对话框。

Step 03 在“删除”对话框中选择一种方式。

Step 04 单击“确定”按钮。

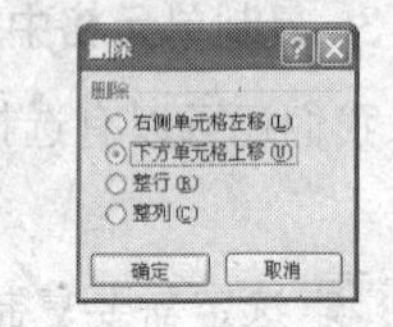

图 7.10 “删除”对话框

实训 6 插入与删除行或列

在工作表中插入行（或列）或删除行（或列）的操作是经常用到的。下面分别加以介绍。

1. 插入行（或列）

插入行（或列）的操作步骤如下。

Step 01 在要插入行的行标题（或列的列标题）上拖动鼠标，以选定所需的行（或列），所选定的行数（或列数）与要插入的行数（或列数）相同，例如这里打开“素材\Cha07\销售.xls”的第 5~7 行，如图 7.11 所示。

Step 02 选择“开始”|“单元格”命令，单击“插入”按钮右侧的下三角按钮，在弹出的下拉列表中选择“插入工作表行”（或“插入工作表列”）选项，即可在工作表中插入空白行（或列），结果如图 7.12 所示。

	A	B	C	D	E	F	G
1	产品代号	产品种类	销售地区	业务人员编号	单价	数量	总金额
2	G0350	计算机游戏	日本	A0901	5000	1000	
3	F0901	绘图软件	马来西亚	A0901	10000	2000	
4	G0350	计算机游戏	韩国	A0902	3000	2000	
5	A0302	应用软件	韩国	A0903	8000	A0302	
6	G0350	计算机游戏	美西	A0905	4000	G0350	
7	F0901	绘图软件	美西	A0905	8000	F0901	
8	A0302	应用软件	美西	A0905	12000	2000	
9	F0901	绘图软件	东南亚	A0908	4000	3000	
10	G0350	计算机游戏	东南亚	A0908	2000	5000	
11	A0302	应用软件	东南亚	A0908	5000	6000	

图 7.11 选定要插入的行数

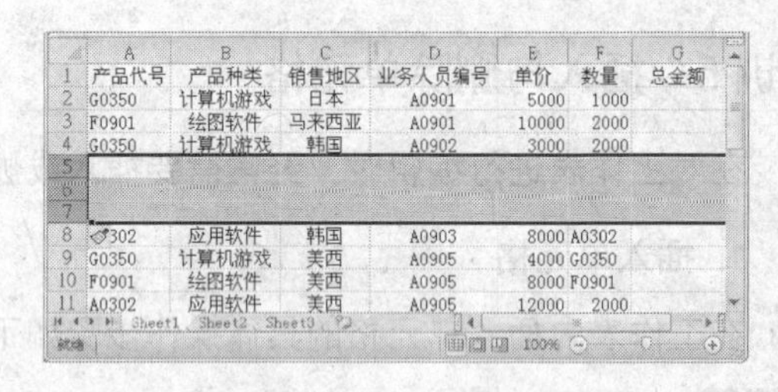

	A	B	C	D	E	F	G
1	产品代号	产品种类	销售地区	业务人员编号	单价	数量	总金额
2	G0350	计算机游戏	日本	A0901	5000	1000	
3	F0901	绘图软件	马来西亚	A0901	10000	2000	
4	G0350	计算机游戏	韩国	A0902	3000	2000	
5							
6							
7							
8	302	应用软件	韩国	A0903	8000	A0302	
9	G0350	计算机游戏	美西	A0905	4000	G0350	
10	F0901	绘图软件	美西	A0905	8000	F0901	
11	A0302	应用软件	美西	A0905	12000	2000	

图 7.12 插入空白行

提 示

上面 Step 02 可以换成为在选定的任一行（或列）内右击并在弹出的快捷菜单中选择“插入”命令。

或者在如图 7.8 所示的“插入”对话框中选中“整行”（或“整列”）单选按钮，再单击“确定”按钮，也可在所选行（或列）的上方（或左侧）插入行（或列）。

2. 删除行（或列）

如果要删除一整行或一整列的内容，只需选定需要删除的行或列，按 Delete 键。

如果要删除一整行或一整列，需选定该行或该列，然后选择“开始”|“单元格”命令，单击“删除”按钮。

任务 3 编辑工作表

实训 1 创建简单工作表

下面以创建一个学生成绩表为例，来练习创建工作表的基本操作，例如手工输入文本、数字、公式、自动填充数据等。本例的效果如图 7.13 所示。

	A	B	C	D	E	F	G
1	高一三班学生成绩表						
2	学号	姓名	语文	数学	外语	总分	
3	KCH001	秋雨	85	90	95	270	
4	KCH002	花苗	82	96	73	251	
5	KCH003	秋苗	83	92	89	264	
6	KCH004	小萱	99	86	83	268	
7	KCH005	红言	96	85	95	276	
8	KCH006	冬雪	91	86	95	272	
9	KCH007	萧萧	96	89	95	280	
10							
11							
12							

图 7.13　学生成绩表示例

实现本例效果的操作步骤如下。

Step 01　新建一个工作簿，并在 Sheet1 工作表中输入如图 7.14 所示的文本。

Step 02　在 A3 单元格中输入第一个学号，并将鼠标指针指向 A3 单元格的右下角，此时指针由✥形状变为+形状，如图 7.15 所示。

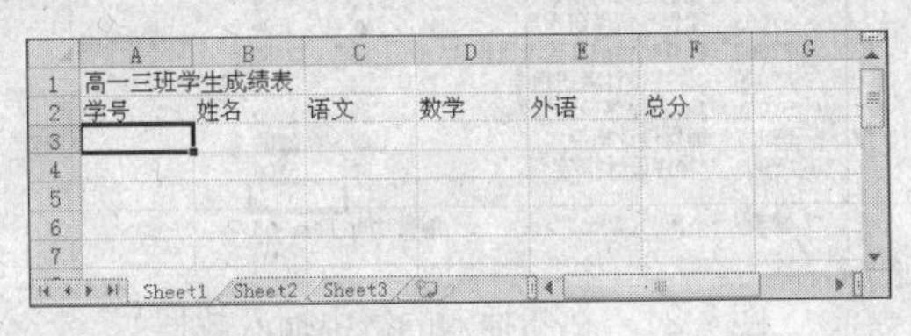

	A	B	C	D	E	F	G
1	高一三班学生成绩表						
2	学号	姓名	语文	数学	外语	总分	

图 7.14　输入文本

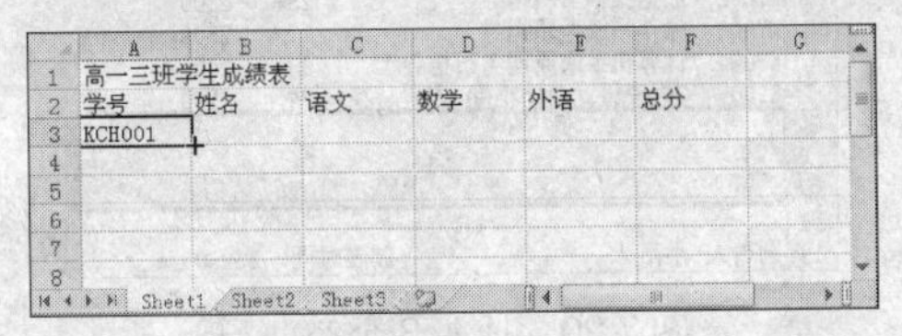

	A	B	C	D	E	F	G
1	高一三班学生成绩表						
2	学号	姓名	语文	数学	外语	总分	
3	KCH001						

图 7.15　输入第一个学号

Step 03　按住鼠标左键不放并向下拖动到 A9 单元格，如图 7.16 所示。

Step 04　释放鼠标左键后，即在 A4~A9 单元格中填充了相应的学号。

Step 05　在“姓名”、“语文”、“数学”、“外语”各列中输入每位学生的基本数据。

Step 06　在 F3 单元格中输入公式“=C3+D3+E3”，这表示 F3 单元格中的数值等于 C3、D3、E3 这 3 个单元格数值之和。按 Enter 键后即可求出一个总分，如图 7.17 所示。

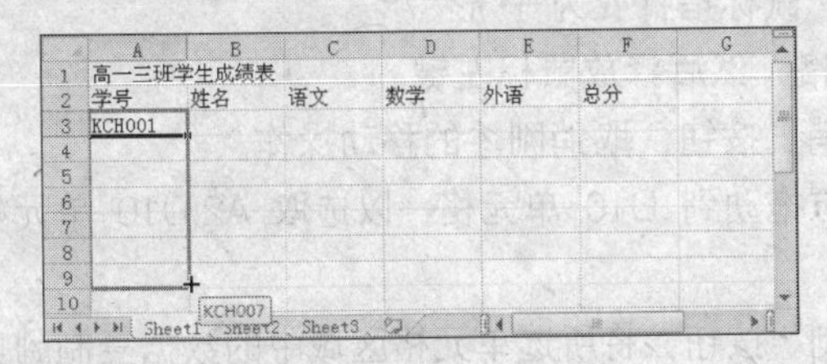

	A	B	C	D	E	F	G
1	高一三班学生成绩表						
2	学号	姓名	语文	数学	外语	总分	
3	KCH001						

图 7.16　拖动填充柄

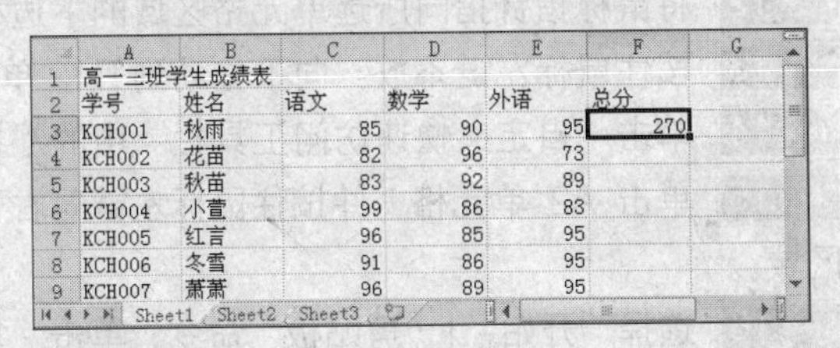

	A	B	C	D	E	F	G
1	高一三班学生成绩表						
2	学号	姓名	语文	数学	外语	总分	
3	KCH001	秋雨	85	90	95	270	
4	KCH002	花苗	82	96	73		
5	KCH003	秋苗	83	92	89		
6	KCH004	小萱	99	86	83		
7	KCH005	红言	96	85	95		
8	KCH006	冬雪	91	86	95		
9	KCH007	萧萧	96	89	95		

图 7.17　填入基本数据并求出一个总分

Step 07　将鼠标指针指向 F3 单元格的右下角，此时指针由✥形状变为+形状。

Step 08　按住鼠标左键不放并向下拖到 F9 单元格，释放鼠标左键后即可得到如图 7.13 所示的结果。

实训 2　对工作表进行编辑

下面主要介绍对工作表的编辑操作，包括插入数据，复制、删除单元格，替换文本等，其操作步骤如下。

Step 01　打开“素材\Cha07\素材 2.xls”文件，该工作表的内容如图 7.18 所示。

Step 02　单击 B9 单元格，并输入“小雨”，然后按 Enter 键。

Step 03　双击 D3 单元格，将销售量的数字增加 1 000，然后按 Enter 键。

Step 04　重复 Step 03，将其他销售量的数字都增加 1 200，结果如图 7.19 所示。

Step 05　单击第 8 行的行标题并按住鼠标左键向下拖到第 10 行，以选取这 3 行。

	A	B	C	D	E
1	图书销售统计表				
2	编号	书名	单价(元)	销售量	销售额
3	KY001	离散数学考研指导	25	1000	25000
4	KY002	数据结构考研指导	28	1100	
5	KY003	操作系统考研指导	27	1300	
6	KY004	计算机组成原理考研指导	30	1250	
7	KY005	C程序设计考研指导	24	1500	
8					
9	制表人:		制表时间	Mar-03	

图 7.18　供练习的工作表内容

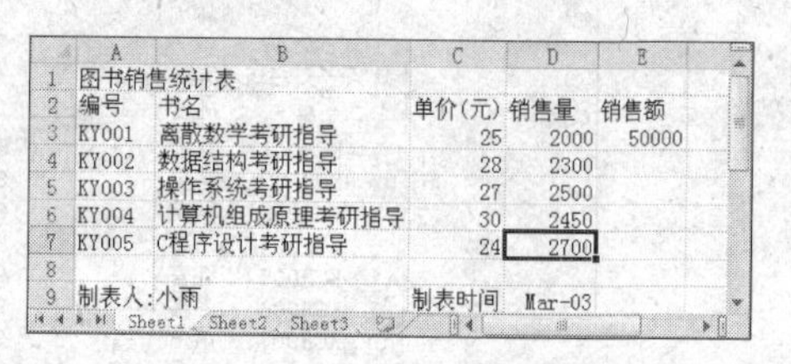

图 7.19　修改销售量后的工作表

Step 06 在第 8 行的行标题上右击，在弹出的快捷菜单中选择“插入”命令，即可插入 3 个空白行，如图 7.20 所示。

Step 07 单击 A8 单元格，并输入相应的编号、书名、单价和销售量数据。

Step 08 重复 Step 07，在第 9、10 行中输入所需的数据，结果如图 7.21 所示。

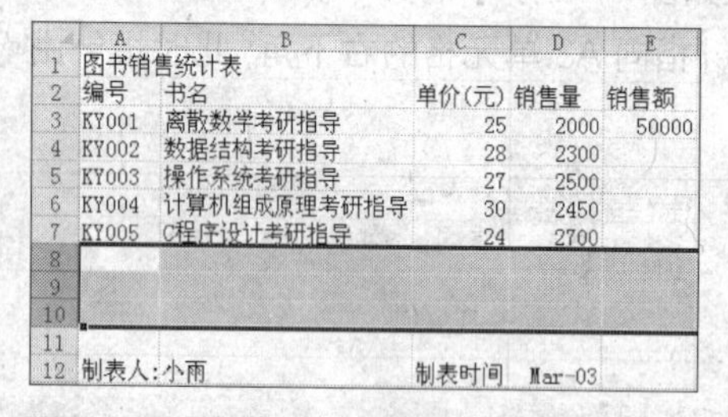

图 7.20　插入 3 个空白行

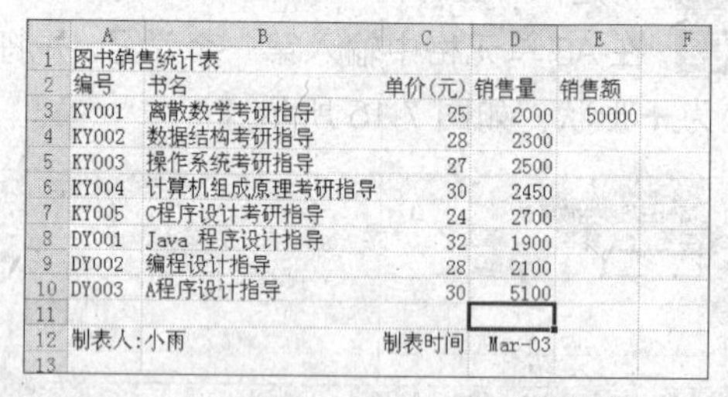

图 7.21　在新插入的行中输入数据

Step 09 单击“自定义快速访问工具栏”中的“保存”按钮，将所做的工作进行保存。

Step 10 单击 D12 单元格，选择“开始”|“单元格”命令，单击“删除”按钮，将其中的日期删除。

Step 11 单击 A12 单元格，并按住鼠标左键向右拖动到 C12 单元格，以选取 A12:C12（A12:C12 表示 A12 单元格到 C12 单元格区域中的所有单元格）单元格区域。

Step 12 将鼠标指针指向所选单元格区域的下边框，鼠标指针变为✥形。

Step 13 按住鼠标左键不放，向下拖动到 D12 单元格，然后释放鼠标左键。

Step 14 单击“自定义快速访问工具栏”中的“撤销”按钮，取消刚才的移动操作。

Step 15 单击 A2 单元格，并按住鼠标左键向右下方拖动到 D10 单元格，以选取 A2:D10 单元格区域。

Step 16 选择“开始”|“剪贴板”命令，单击“复制”按钮，将所选单元格区域中的数据复制到剪贴板中。

Step 17 单击窗口底部的 Sheet2 工作表标签，切换到 Sheet2 工作表。

Step 18 单击 A3 单元格，以选定放置数据的目标位置。

Step 19 选择“开始”|“剪贴板”命令，单击“粘贴”按钮，将剪贴板中的数据粘贴过来，即可完成数据的复制操作。

Step 20 按 Ctrl+F 快捷键，打开“查找和替换”对话框。

Step 21 在“查找内容”文本框中输入 KY，在“替换为”文本框中输入 KYZD。

Step 22 单击“全部替换”按钮，把工作表中的所有 KY 都替换为 KYZD。

实训 3　查找与替换

“查找”与“替换”是一组类似的命令，前者负责实现在指定范围内快速查找用户所指定的单个字符或一组字符串；后者将找到的单个字符或一组字符串替换成为另一个字符或一组字符串，从而简化用户对工作表的编辑。

1. 查找

在进行“查找”操作之前，需要先选定一个搜索区域。这个搜索区域可以是一个选定的单元格区域，也可以是整张工作表，甚至是多张工作表。在选定了搜索区域后，就可以进行查找操作了，其具体操作步骤如下。

Step 01 选择“开始”|“编辑”命令，单击“查找和选择”按钮，在弹出的下拉列表中选择“查找”选项，将打开“查找和替换”对话框，如图 7.22 所示。

图 7.22 “查找和替换”对话框

Step 02 在“查找内容”文本框中输入所要查找的数据或信息。

Step 03 如果要详细设置查找选项，则单击“选项”按钮，扩展“查找”选项卡，如图 7.23 所示。

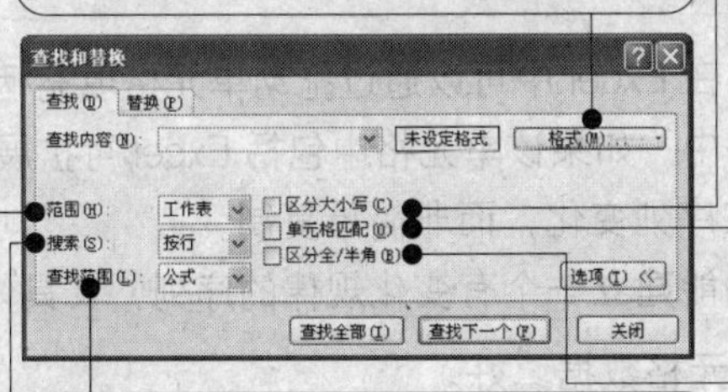

“范围”下拉列表框：单击该下拉列表框右边的下三角按钮，在打开的下拉列表框中有“工作表”和“工作簿”两个选项。选择“工作表”选项，则使搜索限制在活动工作表范围内；选择“工作簿”选项，则搜索活动工作簿中的所有工作表。
“格式”按钮：单击该按钮，打开“查找格式”对话框，可以在其中进行与搜索相关的设置。
“区分大小写”复选框：勾选该复选框，搜索时即区分大写字母和小写字母。
“单元格匹配”复选框：勾选该复选框，搜索与“查找内容”文本框中指定的字符完全匹配的单元格。
“区分全/半角”复选框：勾选该复选框，搜索时即区分半角字符和全角字符。
“搜索”下拉列表框：单击该下拉列表框右边的下三角按钮，在打开的下拉列表框中有“按行”和“按列”两个选项。此项用于选择所需的搜索方向。
“查找范围”下拉列表框：单击该下拉列表框右边的下三角按钮，在打开的下拉列表框中有“公式”、“值”和“批注”3 个选项。用户可以指定需要搜索单元格的值或其基础公式的值，也可选择搜索附加于单元格的批注。
查找和替换
查找(D)
替换(P)
查找内容(N):
未设定格式
格式(M)...
范围(H):
工作表
搜索(S):
按行
查找范围(L):
公式
区分大小写(C)
单元格匹配(O)
区分全/半角(B)
选项(T) <<
查找全部(I)
查找下一个(F)
关闭

图 7.23 扩展“查找”选项卡

Step 04 在扩展后的选项卡中，可以进行相关设置。

Step 05 设置完后，单击“查找下一个”按钮，开始搜索。当 Excel 2010 找到要查找的内容后，该单元格将变为活动单元格。如果还要继续查找，可以单击“查找下一个”按钮。单击“查找全部”按钮，将查找文档中所有符合搜索条件的内容。

Step 06 单击“关闭”按钮，关闭“查找和替换”对话框，光标会移到工作表中最后一个符合查找条件的位置。

注 意

用户可以在“查找内容”下拉列表框中输入带通配符的查找内容。通配符“？”代表单个任意字符，而“*”则代表一个或多个任意字符。此外，如果用户要查找前一个符合条件的内容，按住 Shift 键，然后单击“查找下一个”按钮。

2. 替换

替换功能与查找功能的使用方法类似，但它可以将查找到的某个数据用新的数据进行替换。其具体操作步骤如下。

Step 01 选定要查找数据的区域。如果要查找整张工作表，可以单击该工作表内的任意一个单元格。

Step 02 选择“开始”|“编辑”命令，单击“查找和选择”按钮，在弹出的下拉列表中选择“替换”选项，将打开“查找和替换”对话框，并自动切换到如图 7.24 所示的“替换”选项卡。

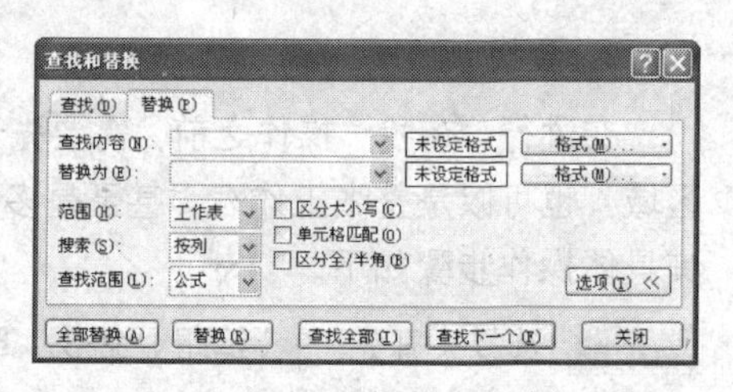

图 7.24 “替换”选项卡

Step 03 在“查找内容”文本框中输入要查找的数据或信息。

Step 04 在“替换为”文本框中输入要替换成的数据或信息。

Step 05 单击“查找下一个”按钮开始搜索。当找到相应的内容时，单击“替换”按钮即可进行替换，也可以单击“查找下一个”按钮跳过此次查找的内容并继续进行搜索。

Step 06 如果单击“全部替换”按钮，则把所有和“查找内容”相符的单元格内容都替换成“替换为”文本框中输入的内容。替换完成后，会出现消息提示框。

Step 07 单击“确定”按钮关闭消息提示框，然后单击“关闭”按钮关闭“查找和替换”对话框。

随堂演练　使用自动填充功能

为了简化数据输入工作，在 Excel 中可以通过拖动单元格填充柄，将选定单元格中的内容复制到同行或同列中的其他单元格中。如果该单元格中包括 Excel 可扩展序列中的数字、日期或时间，在该操作过程中这些数值将按序列变化，而非简单复制。

下面我们使用自动填充功能建立一个有变化规律的序列，其具体操作步骤如下。

Step 01 将行或列的前两个单元格数据填好。

Step 02 选定这两个单元格。

Step 03 将鼠标移到选定单元格区域右下角的填充柄位置，这时光标变成小的黑十字形状，如图 7.25 所示。

Step 05 释放鼠标，数据就会自动根据序列和步长值填充到其他单元格中，如图 7.26 所示。

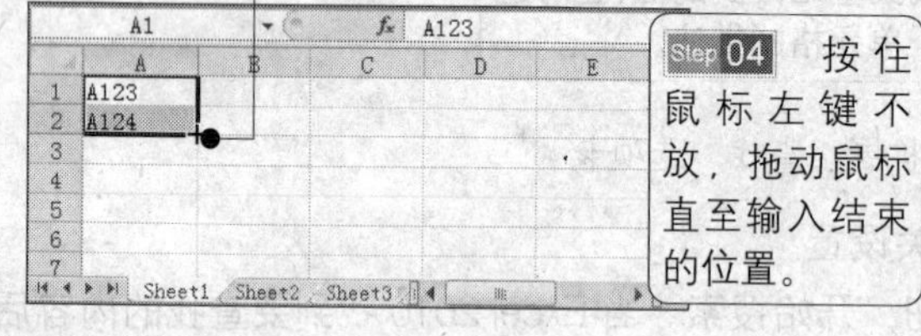

图 7.25 选定单元格

Step 04 按住鼠标左键不放，拖动鼠标直至输入结束的位置。

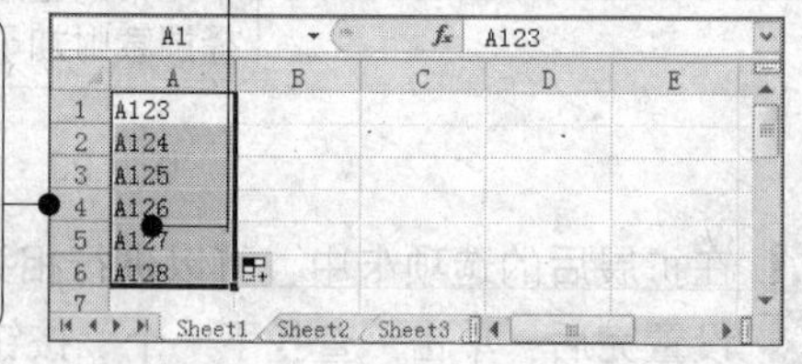

图 7.26 填充序列

提 示

如果要指定序列类型，则在执行完 Step 03 后按住鼠标右键不放并拖动填充柄，当到达目标单元格区域中的最后一个单元格时，释放鼠标右键，此时会出现如图 7.27 所示的快捷菜单，在该快捷菜单中选择所需的填充方式即可。

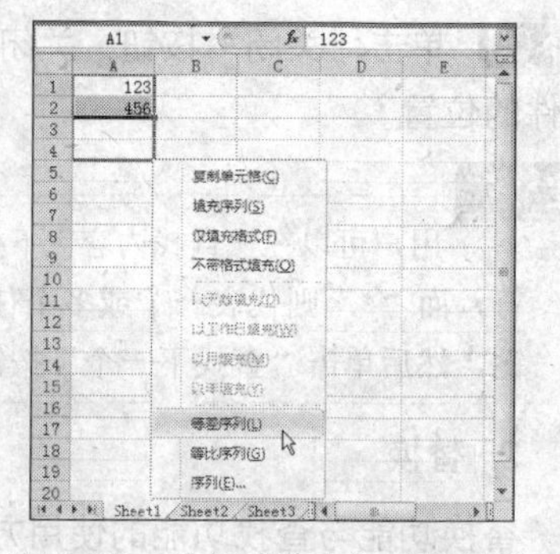

图 7.27 “自动填充”快捷菜单

技 巧

如何使用快捷键快速选定单元格 A1：不管处于任何位置，只要按键盘上的 Ctrl+Home 快捷键，就可以迅速的返回到 A1。

综合案例 制作简单的家庭明细账

Step 01 启动 Excel 2010，系统会自动新建一个 Excel 工作簿。

Step 02 在打开的工作簿中，双击 Sheet1 工作表，将其重命名为"小小"。

Step 03 选择标签为"小小"的工作表为当前工作表。选择 A1:F1 区域中的单元格，然后在"对齐方式"选项组中单击"合并后居中"按钮，在"字体"选项组中将"字体"设置为"汉仪行楷简"，"字号"设置为 24，如图 7.28 所示。

Step 04 设置完成后，在单元格中输入"家庭明细账"文字，如图 7.29 所示。

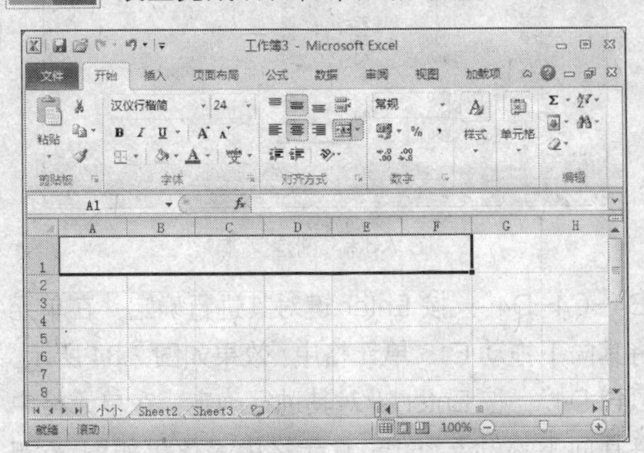

图 7.28 设置单元格

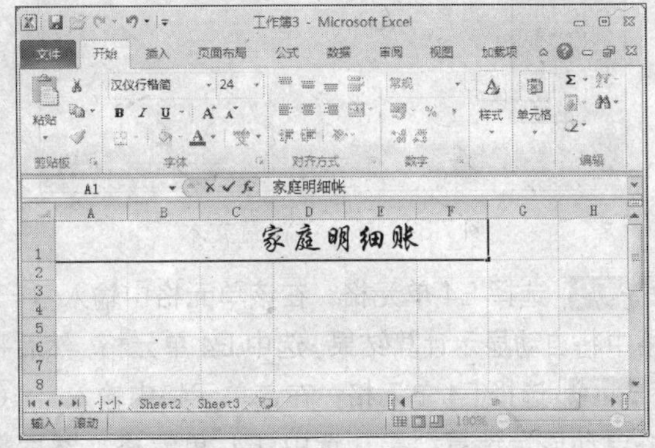

图 7.29 输入文本

Step 05 选择 A2:B2 区域中的单元格，然后在对齐方式选项组中单击"合并后居中"按钮，将其居中后，将"字体"设置为"宋体"，将"字号"设置为 14，设置完成后输入"时间：2011 年"，如图 7.30 所示。

Step 06 选择 A3:F3 区域中的单元格，并在该单元格中输入"日期"、"工资"、"购物费"、"水电费"、"累计收入"、"累计支出"文字。将其选中，在"对齐方式"选项组中单击"居中"按钮，将"字号"设置为 11，如图 7.31 所示。

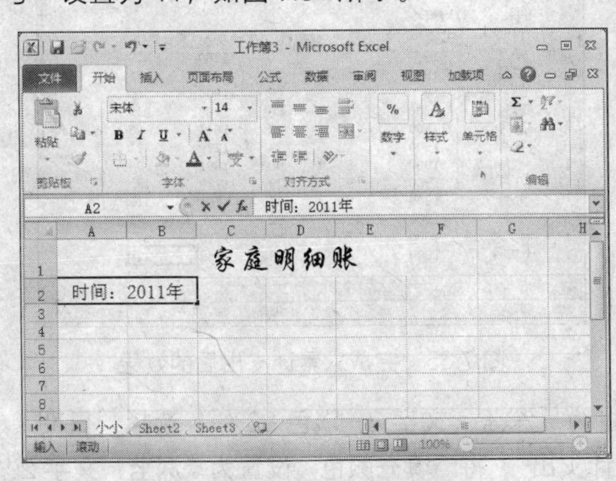

图 7.30 输入时间

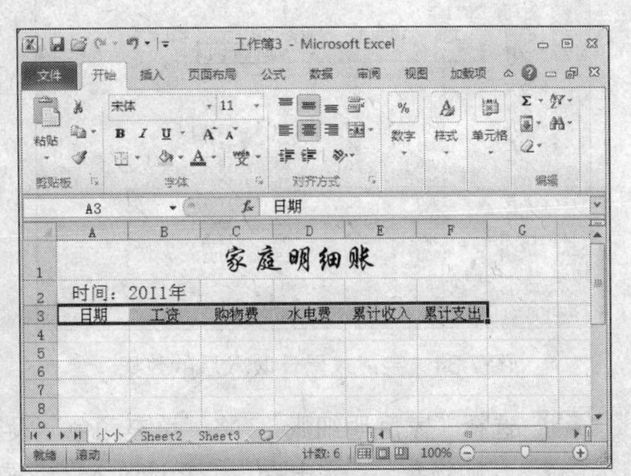

图 7.31 设置文本

Step 07 选择 A4、A5 单元格并分别在该单元格中输入"一月"和"二月"文字，然后将这两个单元格选中，将其向下拖动至A15单元格中，然后在“对齐方式”中单击“居中”按钮，如图7.32所示。

Step 08 使用同样的方法创建如图7.33所示的文字。

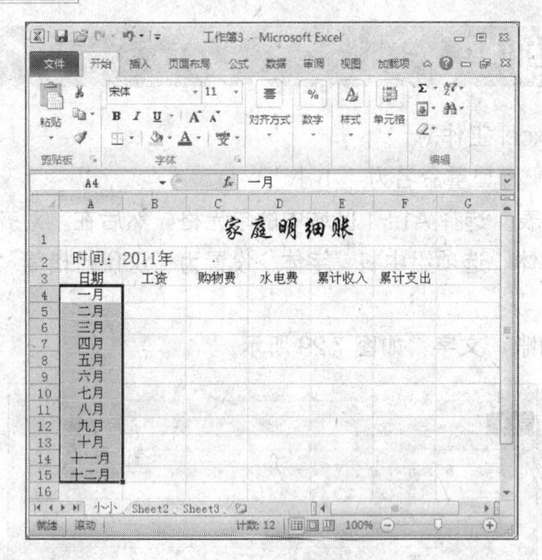

图7.32　输入并设置文本

图7.33　创建文本

Step 09 选择E4单元格，在该单元格中输入“=B4−C4−D4”，按Enter键对其进行确定，在单元格中将自动显示计算结果。选中E4单元格，然后将其向下拖动E15单元格中，效果如图7.34所示。

Step 10 选择F4单元格，在该单元格中输入“=C4+D4”，按Enter键对其进行确定，在单元格中将自动显示计算结果。选中F4单元格，然后将其向下拖动至F15单元格中，效果如图7.35所示。

图7.34　完成求累计收入后的效果

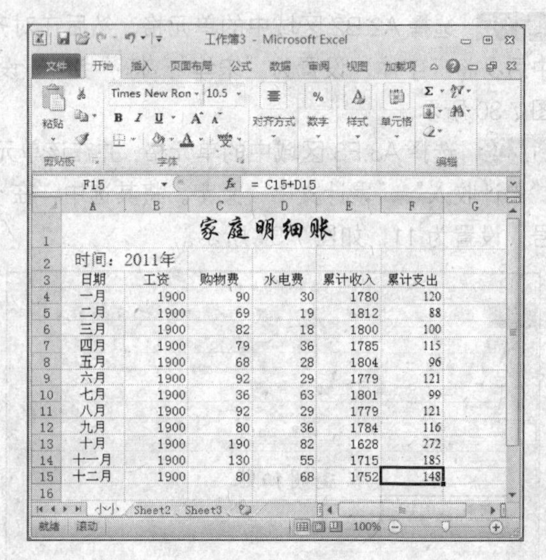

图7.35　完成求累计支出后的效果

Step 11 选择“家庭明细账”，将“填充颜色”设置为“深蓝、文字2、淡色80%”，选择“日期”、“工资”、“购物费”、“水电费”、“累计收入”、“累计支出”，将“填充颜色”设置为“深蓝、文字2、淡色60%”，按住Ctrl键选择“二月”、“四月”、“六月”、“八月”、“十月”、“十二月”行的单元格数据，将“填充颜色”设置为“深蓝、文字2、淡色40%”，如图7.36所示。

Step 12 设置完成后，选择“开始”|“字体”命令，单击“下框线”右侧的下三角按钮，在弹出的下拉列表中选择“线型”选项，在弹出的级联菜单中选择一种粗框线，如图 7.37 所示。

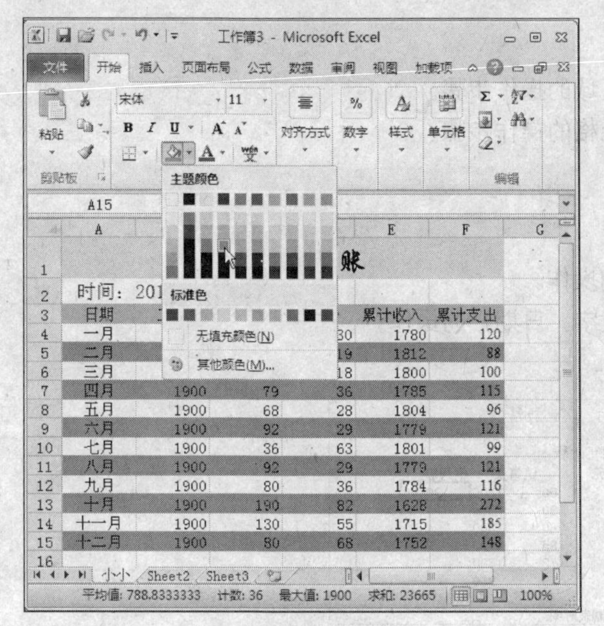

图 7.36 设置填充颜色

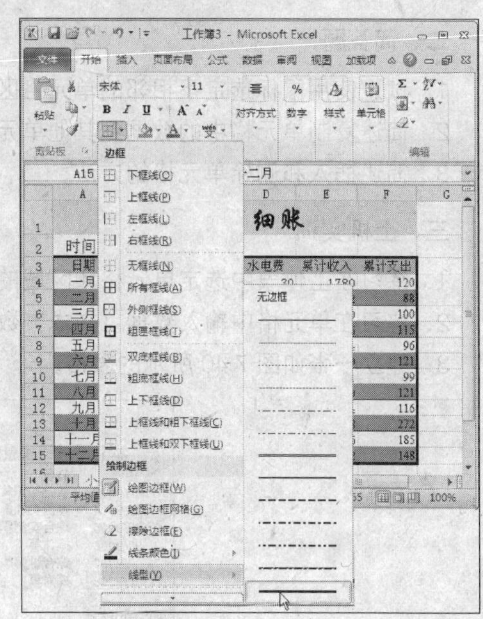

图 7.37 选择一种框线

Step 13 绘制如图 7.38 所示的边框。

Step 14 绘制完成后，效果如图 7.39 所示。这样“小小”的家庭收支表制作完成了，单击“保存”按钮，将场景进行保存。

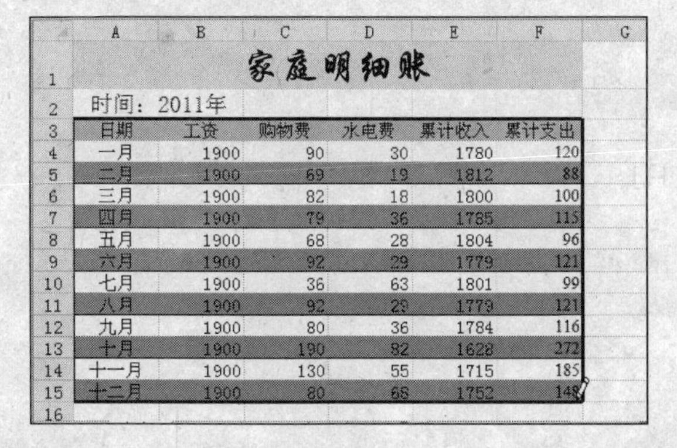

家庭明细账

时间：2011年

日期	工资	购物费	水电费	累计收入	累计支出
一月	1900	90	30	1780	120
二月	1900	69	19	1812	88
三月	1900	82	18	1800	100
四月	1900	79	36	1785	115
五月	1900	68	28	1804	96
六月	1900	92	29	1779	121
七月	1900	36	63	1801	99
八月	1900	92	29	1779	121
九月	1900	80	36	1784	116
十月	1900	190	82	1628	272
十一月	1900	130	55	1715	185
十二月	1900	80	68	1752	148

图 7.38 绘制线框

家庭明细账

时间：2011年

日期	工资	购物费	水电费	累计收入	累计支出
一月	1900	90	30	1780	120
二月	1900	69	19	1812	88
三月	1900	82	18	1800	100
四月	1900	79	36	1785	115
五月	1900	68	28	1804	96
六月	1900	92	29	1779	121
七月	1900	36	63	1801	99
八月	1900	92	29	1779	121
九月	1900	80	36	1784	116
十月	1900	190	82	1628	272
十一月	1900	130	55	1715	185
十二月	1900	80	68	1752	148

图 7.39 完成后效果

课后练习与上机操作

一、选择题

1．按_____快捷键可以撤销刚才的操作。

A．Ctrl+A　　B．Shift+Alt　　C．Alt +Shift+S　　D．Ctrl+Z

2．在 Excel 工作表中，C4 单元格内为“=16”，将 C4 单元格的内容复制到 D5 单元格中，D5 单元格中的数值为_____。

A．15　　B．16　　C．17　　D．18

3．打开“查找和替换”对话框的快捷键为______。

A．Ctrl+Z　　B．Ctrl+F　　C．Ctrl+G　　D．Ctrl+C

二、简答题

1．试述使用鼠标选定不相邻的单元格区域的操作步骤。

2．简述复制单元格中的数据到其他单元格的操作步骤。

3．简述插入和删除单元格的方法。

三、上机实训

1．练习在工作表中选定单元格和区域的操作。

2．练习在单元格中输入数据（文本、数字、日期）的操作。

3．建立一张如图 7.40 所示的表格。

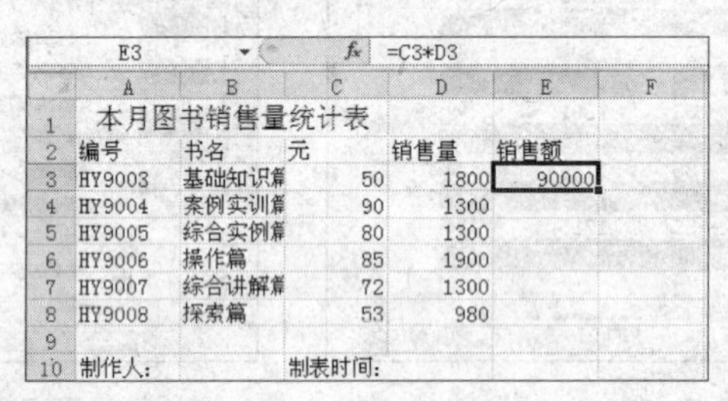

E3　=C3*D3

	A	B	C	D	E	F
1	本月图书销售量统计表					
2	编号	书名	元	销售量	销售额	
3	HY9003	基础知识篇	50	1800	90000	
4	HY9004	案例实训篇	90	1300		
5	HY9005	综合实例篇	80	1300		
6	HY9006	操作篇	85	1900		
7	HY9007	综合讲解篇	72	1300		
8	HY9008	探索篇	53	980		
9						
10	制作人:		制表时间:			

图 7.40　建立表格

提示

手工输入第一个编号后，其余的编号可用拖动填充柄的方式输入。在 E3 单元格中输入了一个求销售额的公式（公式的内容见编辑栏）。

4．练习撤销和恢复操作。

5．练习移动和复制单元格数据的操作。

6．练习插入/删除行、列或单元格的操作。

7．练习替换操作，将学号中的 HY 替换成 HJ。

项目 8

管理工作表

本章导读

本章将介绍如何设置工作表以及对工作表进行格式化设置，使工作表更具有条理性。

知识要点

- 选定工作表
- 重命名工作表
- 移动和复制工作表
- 改变工作表的数目
- 工作表的分割、隐藏和恢复
- 更改默认工作表数量

任务 1 设置工作表

实训 1 选择工作表

用户既可以一次选择一个工作表，也可以一次选择多个工作表。下面分别加以介绍。

1. 选择一个工作表

只有在工作表成为当前活动工作表（工作表标签以白底显示）后，才能使用该工作表。没有被激活的工作表标签以灰底显示。如图 8.1 所示，Sheet1 是当前工作表。

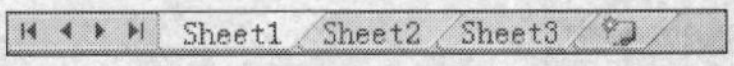

Sheet1 Sheet2 Sheet3

图 8.1 当前工作表

选择一个工作表的方法很简单，只要在工作表标签上单击工作表的名称即可。例如，在图 8.1 所示的状态下，如果想选择 Sheet2 工作表，只需单击工作表标签 Sheet2 即可将其激活。

2. 选择多个工作表

（1）选择多个相邻工作

选择多个相邻工作表的操作步骤如下。

Step 01 单击第一个工作表的标签。

Step 02 按住 Shift 键的同时，单击要选定的最后一个工作表标签，则包含在这两个标签之间的所有工作表均被选中。

（2）选择不相邻的工作表

选择不相邻的工作表的操作步骤如下。

Step 01 单击第一个工作表的标签。

Step 02 按住 Ctrl 键的同时，分别单击要选定的工作表标签，则需要选定的工作表均被选中。

（3）选择所有工作表

选择所有工作表的操作步骤如下。

Step 01 右击工作表标签，此时将弹出一个快捷菜单。

Step 02 选择快捷菜单中的“选定全部工作表”命令，如图 8.2 所示，此工作簿中的所有工作表均被选中。

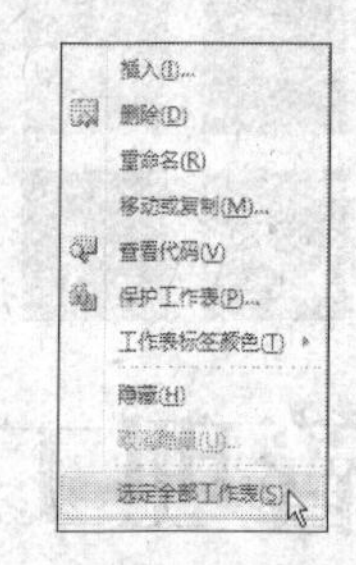

图 8.2　快捷菜单

实训 2　改变工作表的数目

一般来说，一个新打开的工作簿文件含有默认的 3 个工作表，但在实际的工作过程中，我们常常需要增加或减少工作表的数目。

1. 插入工作表

在工作簿中插入工作表的操作步骤如下。

Step 01 选择要插入新工作表的位置，新插入的工作表将会插入到当前活动工作表的前面。本例选定 Sheet2 工作表。

Step 02 单击鼠标右键，在弹出的快捷菜单中选择“插入”命令，打开“插入”对话框，在“常用”选项卡中选择“工作表”选项，单击“确定”按钮。此时名为 Sheet4 的新工作表被插入到 Sheet2 之前，同时该工作表成为当前活动工作表，如图 8.3 所示。

Sheet1 | Sheet4 | Sheet2 | Sheet3

图 8.3　插入工作表

提 示

插入一个工作表后，如果要继续插入多个工作表，可重复按 F4 快捷键或使用 Ctrl+Y 快捷键。

2. 删除工作表

在工作簿中删除工作表的操作步骤如下。

Step 01 单击要删除的工作表标签，使其成为当前工作表。

Step 02 单击鼠标右键，在弹出的快捷菜单中选择“删除”命令，即可将其删除。

提 示

在删除一个工作表后，如果还要删除多个工作表，可重复按 F4 快捷键或使用 Ctrl+Y 快捷键。此外，在删除了一个工作表之后，例如删除了 Sheet12 工作表，如果再插入一个新的工作表，则该工作表是以 Sheet13 命名。

3. 更改默认工作表数量

如果要更改默认工作表的数量，其具体操作步骤如下。

Step 01 选择“文件”|“选项”命令，打开“Excel 选项”对话框。

Step 02 选择“常规”选项卡，如图 8.4 所示。

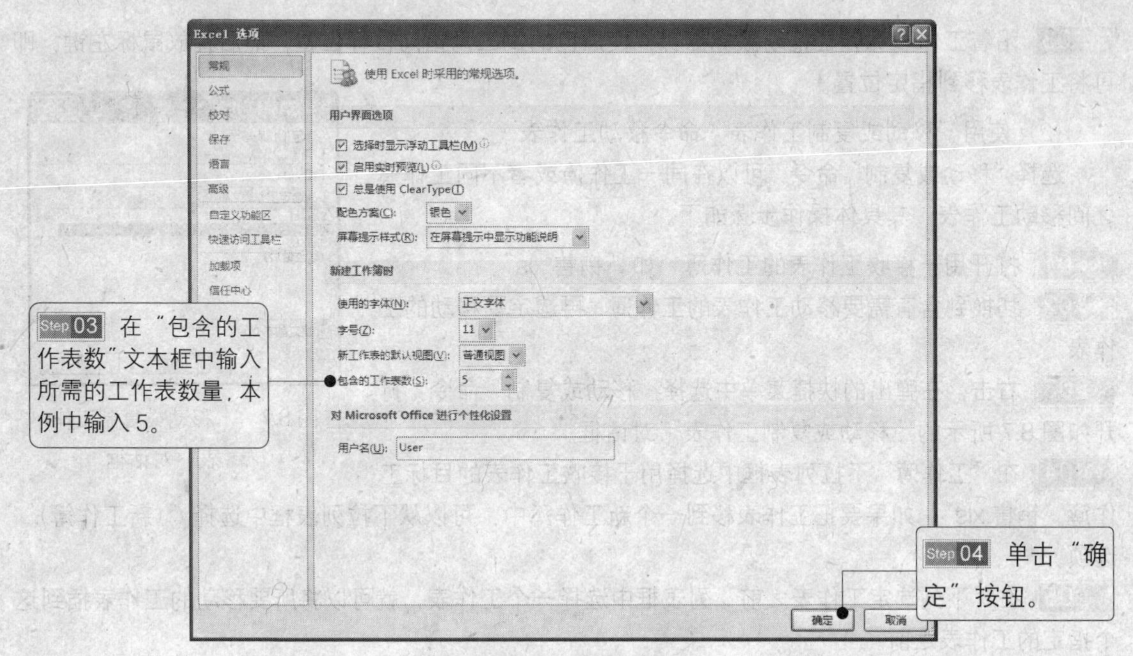

图 8.4 “常规”选项卡

Step 05 这样，当用户再次执行“新建”命令建立一个新工作簿时，其默认的工作表的个数为 5。

实训 3 重命名工作表

Excel 2010 中默认的工作表以 Sheet1、Sheet2、Sheet3…方式命名，用户可以为这些工作表取一些直观且有意义的名称。为工作表重命名有两种方法。

方法 1：双击需要重命名的工作表标签，然后输入新的工作表名称，最后按 Enter 键确定。

方法 2：右击需要重命名的工作表标签，在弹出的快捷菜单中选择“重命名”命令，如图 8.5 所示。输入新的工作表名称，最后按 Enter 键确定。

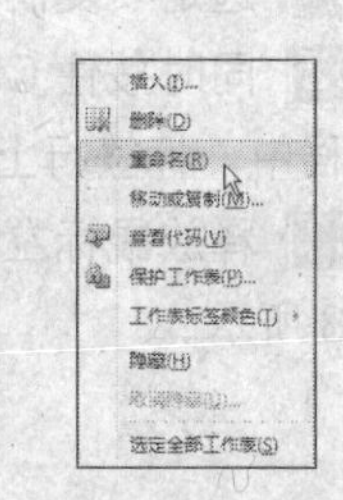

图 8.5 选择“重命名”命令

实训 4 移动和复制工作表

在实际工作中，有时需要调整工作表在工作簿中的次序，或者要将工作表移到另一个工作簿中，下面分别介绍。

1. 移动工作表

用户既可以利用鼠标移动工作表，也可以利用“移动或复制工作表”命令移动工作表。

（1）使用鼠标移动工作表

使用鼠标可以直接在当前工作簿内移动工作表，具体操作步骤如下。

Step 01 选定要移动的一个或多个工作表，这里选定 Sheet 3 工作表。

Step 02 单击选定的工作表标签，并按住鼠标左键不放，此时鼠标指针变成白色方块和箭头的组合。同时，在标签行上出现一个黑色的倒三角（用于指示当前工作表要插入的位置），如图 8.6 所示。

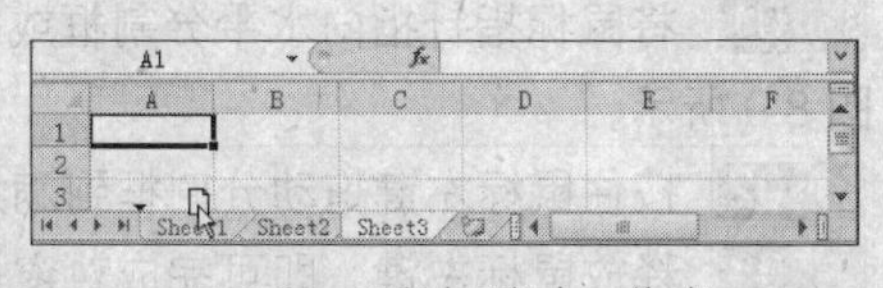

图 8.6 用鼠标移动工作表

Step 03 沿着工作表标签栏拖动鼠标指针，使黑色的倒三角指向目标位置，然后释放鼠标左键，即可将工作表移到指定位置。

(2) 使用“移动或复制工作表”命令移动工作表

选择“移动或复制”命令，可以在同一工作簿或者不同工作簿之间移动工作表，其具体操作步骤如下。

Step 01 打开用于接收工作表的工作簿，如“销售.xls”。

Step 02 切换到含有需要移动工作表的工作簿，再选定要移动的工作表。

Step 03 右击，在弹出的快捷菜单中选择“移动或复制”命令，打开如图 8.7 所示的“移动或复制工作表”对话框。

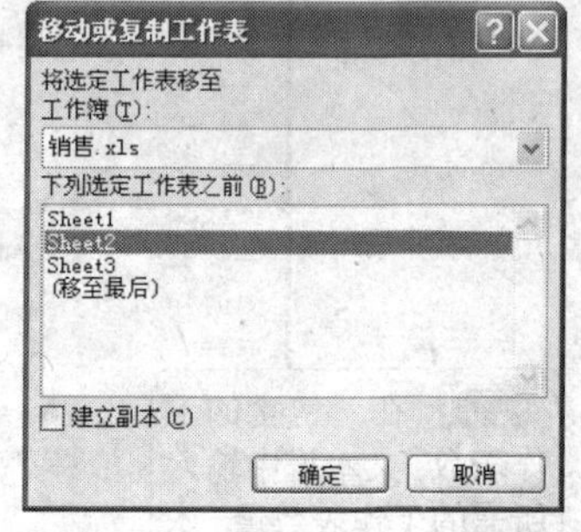

图 8.7 “移动或复制工作表”对话框

Step 04 在“工作簿”下拉列表框中选择用于接收工作表的目标工作簿“销售.xls”。如果要把工作表移到一个新工作簿中，可以从下拉列表框中选择“(新工作簿)”选项。

Step 05 在“下列选定工作表之前”列表框中选择一个工作表，就可以将所要移动的工作表插到这个指定的工作表之前。

Step 06 单击“确定”按钮，即可将选定的工作表移到新位置。

2. **复制工作表**

使用鼠标复制工作表的具体操作步骤如下。

Step 01 选定要复制的工作表标签，例如，选定 Sheet1。

Step 02 同时按住 Ctrl 键和鼠标左键，并沿着工作表标签将要复制的工作表拖动到新的位置。在拖动过程中，标签行上会出现一个黑色的倒三角，指示复制的工作表要插入的位置。

Step 03 释放鼠标左键后再释放 Ctrl 键即可完成复制操作，复制后的工作表名字为 Sheet1 (2)，如图 8.8 所示。

Sheet1 | Sheet1 (2) | Sheet2 | Sheet3

图 8.8 在工作簿中复制工作表

同样，可以利用“移动或复制工作表”命令来复制工作表。在“移动或复制工作表”对话框（见图 8.7）中，勾选“建立副本”复选框，然后在“下列选定工作表之前”列表框中选择要插入的位置。如果要把选定的工作表复制到另外一个工作簿中，需先在“工作簿”下拉列表框中选择新工作簿。

实训 5 分割工作表

在 Excel 2010 中，允许将一张工作表按照“横向”或“纵向”进行分割，这样就可以同时观察或编辑同一张工作表的不同部分。分割后的部分称为“窗格”，在每个窗格上都有滚动条，可以使用它们滚动对应窗格中的内容。分割工作表的具体操作步骤如下。

Step 01 将鼠标指针指向水平分割框或垂直分割框（位于垂直标尺的上方和水平标尺的右侧），如图 8.9 所示。

Step 02 按住鼠标左键拖动分割框到满意的位置。

Step 03 释放鼠标左键，即可完成对窗口的分割操作，结果如图 8.10 所示。

	A	B	C	D	E	F
1	产品代号	产品种类	销售地区	业务人员编号	单价	数量
2	G0350	计算机游戏	日本	A0901	5000	1000
3	F0901	绘图软件	马来西亚	A0901	10000	2000
4	G0350	计算机游戏	韩国	A0902	3000	2000
5	A0302	应用软件	韩国	A0903	8000	A0302
6	G0350	计算机游戏	美西	A0905	4000	G0350
7	F0901	绘图软件	美西	A0905	8000	F0901
8	A0302	应用软件	美西	A0905	12000	2000
9	F0901	绘图软件	东南亚	A0908	4000	3000

图 8.9　将鼠标指针指向水平分割框

	A	B	C	D	E	F
1	产品代号	产品种类	销售地区	业务人员编号	单价	数量
2	G0350	计算机游戏	日本	A0901	5000	1000
3	F0901	绘图软件	马来西亚	A0901	10000	2000
4	G0350	计算机游戏	韩国	A0902	3000	2000
5	A0302	应用软件	韩国	A0903	8000	A0302
6	G0350	计算机游戏	美西	A0905	4000	G0350
4	G0350	计算机游戏	韩国	A0902	3000	2000
5	A0302	应用软件	韩国	A0903	8000	A0302
6	G0350	计算机游戏	美西	A0905	4000	G0350

图 8.10　水平分割后的工作表

随堂演练　隐藏和恢复工作表

如果当前工作簿中的工作表数量较多，用户可以将存有重要数据或暂时不用的工作表隐藏起来，这样不但可以减少屏幕上的工作表数量，而且可以防止工作表中重要数据因错误操作而丢失。工作表被隐藏以后，如果还想对其进行编辑，可以恢复其显示。

1. 隐藏工作表

隐藏工作表的具体操作步骤如下。

Step 01　打开“素材\Cha08\销售.xls”，选定需要隐藏的工作表。

Step 02　右击，在弹出的快捷菜单中选择“隐藏”命令，即可将工作表隐藏。

> **提 示**
>
> 被隐藏的工作表虽然处于打开状态，却没有显示在屏幕上，因此无法对其进行编辑。

2. 恢复工作表

恢复显示被隐藏的工作表的具体操作步骤如下。

Step 01　在这一工作簿的任何工作表中，右击，在弹出的快捷菜单中选择“取消隐藏”命令，打开“取消隐藏”对话框，如图 8.11 所示。

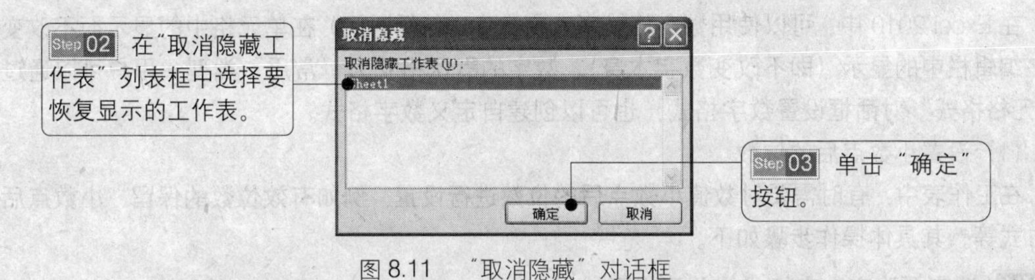
Step 02 在“取消隐藏工作表”列表框中选择要恢复显示的工作表。
取消隐藏
取消隐藏工作表(U):
Sheet1
确定
取消
Step 03 单击“确定”按钮。

图 8.11　“取消隐藏”对话框

任务 2　格式化工作表

实训 1　格式化单元格

所谓格式化单元格，即设置单元格格式，包括设置文本格式和设置数字格式。

1. 设置文本格式

用户既可以利用“单元格格式”对话框，也可以使用“开始”选项卡中设置文本格式。下面分别加以介绍。

(1) 使用“单元格格式”对话框设置文本格式

使用“单元格格式”对话框可以完成对文本格式的多项设置，其具体操作步骤如下。

Step 01 选定需要改变格式的字符。

Step 02 选择“开始”|“单元格”命令，单击“格式”按钮，在弹出的下拉列表中选择“设置单元格格式”选项，打开“设置单元格格式”对话框。

Step 03 选择“字体”选项卡，如图 8.12 所示。

Step 04 分别在“字体”、“字形”、“字号”列表框、“下划线”和“颜色”下拉列表框以及“特殊效果”选项组中完成对文本的设置。

Step 05 单击“确定”按钮，完成设置。

（2）使用“开始”选项卡设置文本格式

通过使用“开始”选项卡提供的按钮，可以快速设置文本的外观，如字体、字号、字体颜色等。例如，可以通过如图 8.13 所示的“字体”下拉列表设置文本字体。

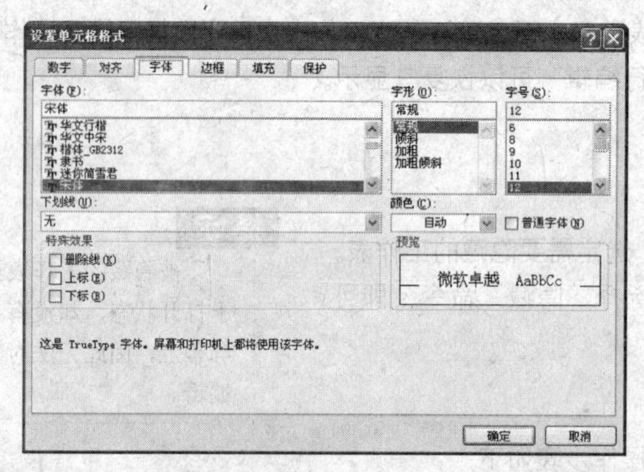

图 8.12 “字体”选项卡

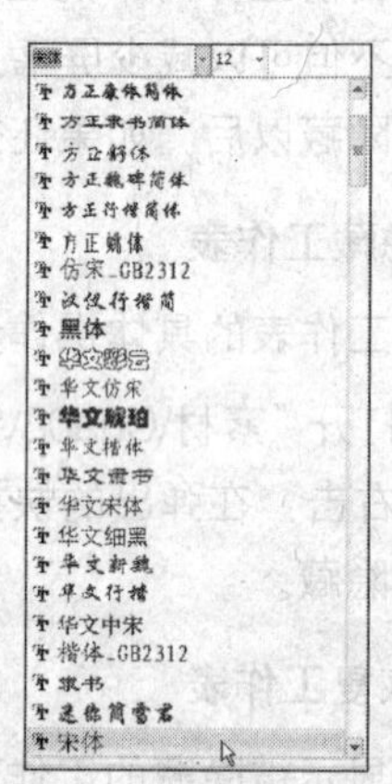

图 8.13 “字体”下拉列表

2. 设置数字格式

在 Excel 2010 中，可以使用数字格式来改变数字（包括时间）在单元格中的显示而不改变该数字在编辑栏中的显示（即不改变数字本身）。数字的默认格式为“常用”类型，用户可以通过使用“单元格格式”对话框设置数字格式，也可以创建自定义数字格式。

（1）设置小数点后的位数

在工作表中，有时需要对数值小数点后的位数进行设置，例如有效位数的保留、小数点后的舍入方式等。其具体操作步骤如下。

Step 01 选定要改变数字格式的单元格区域。

Step 02 选择“开始”|“单元格”命令，单击“格式”按钮，在弹出的下拉列表中选择“设置单元格格式”选项，打开“设置单元格格式”对话框。

Step 03 选择“数字”选项卡，如图 8.14 所示。

Step 04 在“分类”列表框中选择“数值”选项。

Step 05 通过“小数位数”微调按钮将小数位数调节到合适的值，或者直接在文本框中输入小数位数。

Step 06 单击“确定”按钮，完成设置。

注 意

对于一些其他的数字显示格式，如“货币”、“会计专用”、“百分比”、“科学记数”等，可以使用同样的方法设置小数位数。

（2）设置分数格式

分数的表示方法有多种形式，如假分数、带分数等。在实际操作中，有时还需要对分数的格式进行设置。具体操作方法为：在如图 8.15 所示的“分类”列表框中选择“分数”选项，在“类型”列表框中选择所需要的分数类型，然后单击“确定”按钮。

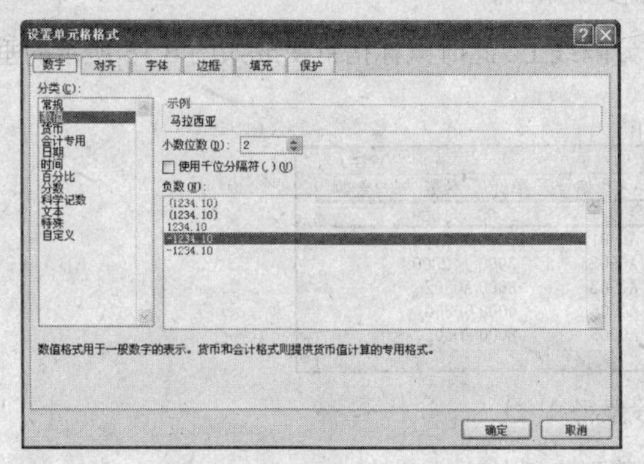

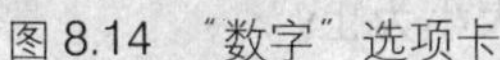
图 8.14 “数字”选项卡

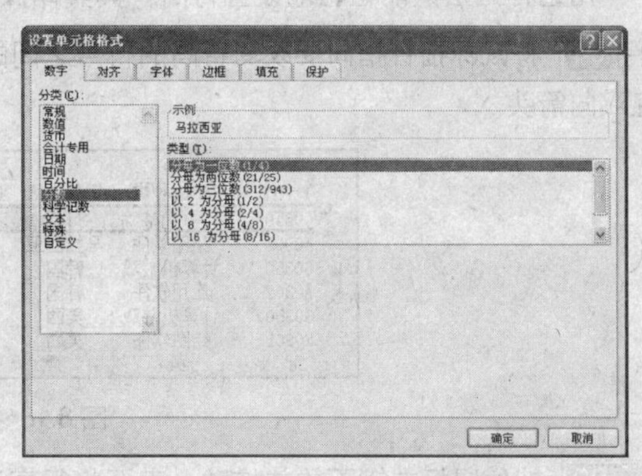

图 8.15 设置分数格式

注 意

如果要取消先前设定的数字格式，只需在“设置单元格格式”对话框的“数字”选项卡中，将“分类”列表框中的格式设置为“常规”即可。

（3）设置日期和时间格式

设置日期和时间格式的具体操作步骤如下。

Step 01 选定需要设置日期或时间格式的单元格或单元格区域。

Step 02 选择“开始”|“单元格”命令，单击“格式”按钮，在弹出的下拉列表中选择“设置单元格格式”选项，打开“设置单元格格式”对话框。

Step 03 选择“数字”选项卡，在“分类”列表框中选择“日期”或“时间”选项。

Step 04 在“类型”列表框中选择日期格式或时间格式，如图 8.16 和图 8.17 所示。

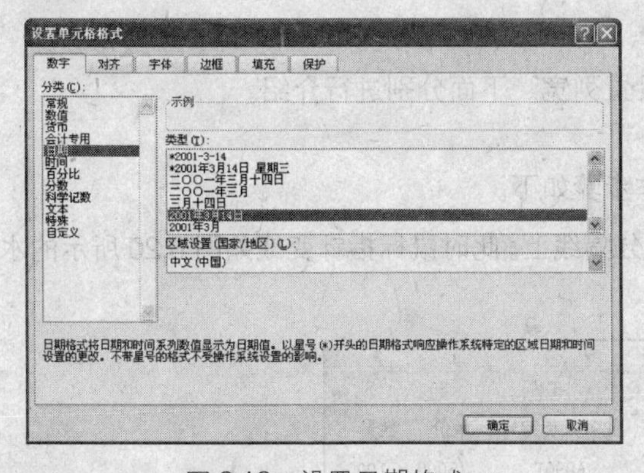

图 8.16 设置日期格式

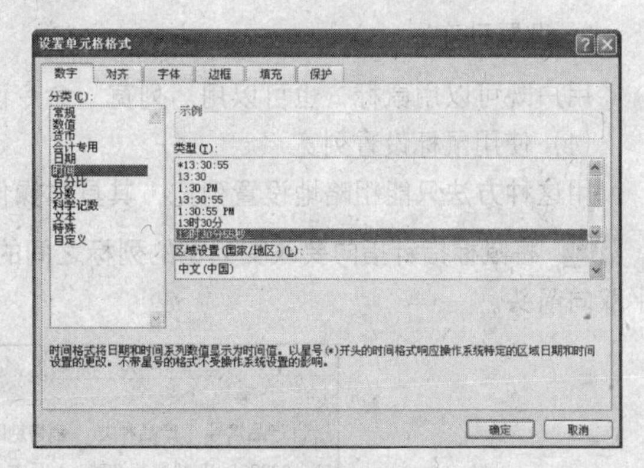

图 8.17 设置时间格式

Step 05 单击“确定”按钮，完成设置。

实训 2 设置行高与列宽

在默认状态下，Excel 工作表的每一个单元格具有相同的行高和列宽，但是输入到单元格中的数据却是多种多样的。因此，用户可以设置单元格的行高和列宽，以能更好地显示单元格中的数据。

1. 设置行高

用户既可以用鼠标，也可以用“行高”命令来设置行高。下面分别进行介绍。

(1) 使用鼠标设置行高

用这种方法只能粗略地设置行高，其具体操作步骤如下。

Step 01 将鼠标指针指向要改变行高的行号之间的分隔线上，此时鼠标指针变成如图 8.18 所示的垂直双向箭头。

高度: 20.25 (27 像素)

	A	B	C	D	E	F	G
1	产品代号	产品种类	销售地区	业务人员编号	单价	数量	总金额
2	G0350	计算机游戏	日本	A0901	5000	1000	
3	F0901	绘图软件	马拉西亚	A0901	10000	2000	
4	G0350	计算机游戏	韩国	A0902	3000	2000	
5	A0302	应用软件	韩国	A0903	8000	A0302	
6	G0350	计算机游戏	美西	A0905	4000	G0350	
7	F0901	绘图软件	美西	A0905	8000	F0901	

Sheet1 Sheet2 Sheet3

图 8.18 设置行高

Step 02 按住鼠标左键不放并拖动，直至将行高调整到合适的大小为止。

Step 03 释放鼠标左键，即完成设置。

(2) 使用“行高”命令设置行高

如果要精确地设置行高，可以利用“行高”命令进行设置，其具体操作步骤如下。

Step 01 选定需要调整行高的区域。

Step 02 选择“开始”|“单元格”命令，单击“格式”按钮，在弹出的下拉列表中，选择“行高”选项，打开如图 8.19 所示的“行高”对话框。

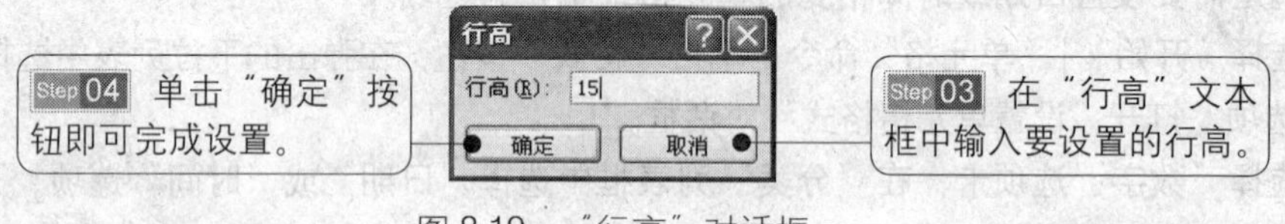

Step 04 单击“确定”按钮即可完成设置。
行高
行高(R): 15
确定
取消
Step 03 在“行高”文本框中输入要设置的行高。

图 8.19 “行高”对话框

2. 设置列宽

用户既可以用鼠标，也可以用“列宽”命令设置列宽。下面分别进行介绍。

(1) 使用鼠标设置列宽

用这种方法只能粗略地设置列宽，其具体操作步骤如下。

Step 01 将鼠标指针指向要改变列宽的列标之间的分隔线上。此时鼠标指针变成如图 8.20 所示的水平双向箭头。

G25 宽度: 9.50 (81 像素)

	A	B	C	D	E	F
1	产品代号	产品种类	销售地区	业务人员编号	单价	数量
2	G0350	计算机游戏	日本	A0901	5000	1000
3	F0901	绘图软件	马拉西亚	A0901	10000	2000
4	G0350	计算机游戏	韩国	A0902	3000	2000
5	A0302	应用软件	韩国	A0903	8000	A0302
6	G0350	计算机游戏	美西	A0905	4000	G0350

Sheet1 Sheet2 Sheet3

图 8.20 设置列宽

Step 02 按住鼠标左键不放并拖动，直至将列宽调整到合适的宽度为止。

Step 03 释放鼠标左键，即完成设置。

(2) 使用“列宽”命令设置列宽

如果要精确地设置列宽，可以利用“列宽”命令进行设置，其具体操作步骤如下。

Step 01 选定需要调整列宽的区域。

Step 02 选择“开始”|“单元格”命令，单击“格式”按钮，在弹出的下拉列表中选择“列宽”选项，打开如图 8.21 所示的“列宽”对话框。

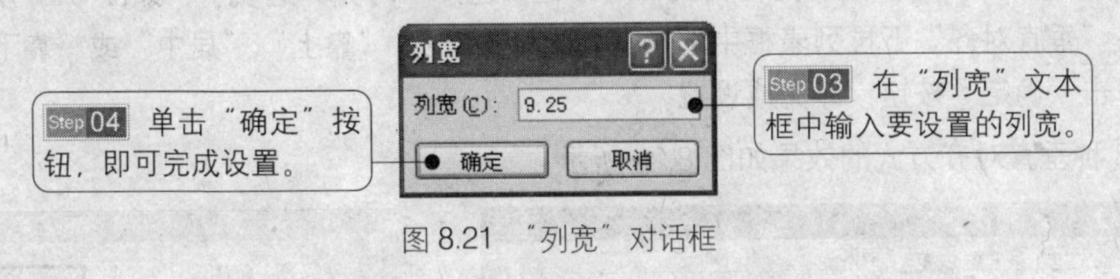

图 8.21 “列宽”对话框

实训 3 隐藏及取消隐藏行或列

1. 隐藏行或列

有时因为某种原因，可能需要隐藏工作表中的一些信息。下面以隐藏行为例，介绍隐藏行的方法（列与此类似）。其具体操作步骤如下。

Step 01 选中需要隐藏的行。

Step 02 在其中的任意行号上右击，弹出快捷菜单，如图 8.22 所示。

Step 03 在快捷菜单中选择“隐藏”命令，即可将选中的行隐藏。

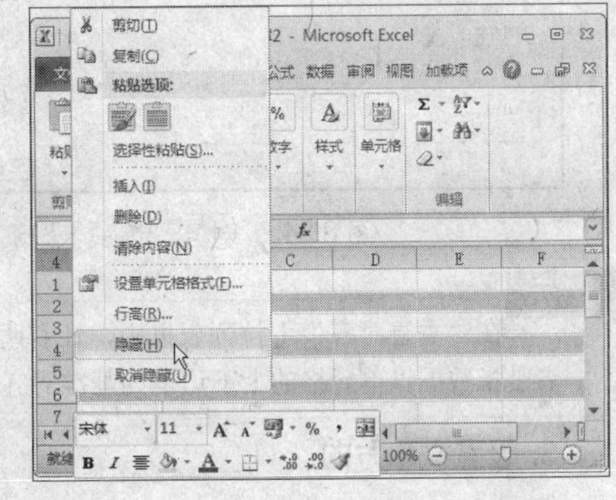

图 8.22 隐藏行快捷菜单

2. 取消隐藏行或列

如果要取消某一行或列的隐藏，例如这里选择第 4 行（列与此类似），其具体操作步骤如下。

Step 01 选定与隐藏行相邻的两行，这里选中第 3 行和第 5 行。

Step 02 右击，在弹出的快捷菜单中选择“取消隐藏”命令，即可恢复显示。

实训 4 设置文本对齐方式

在 Excel 2010 中，对于单元格中数据的对齐方式，不仅可以设置最基本的水平对齐和垂直对齐方式，还可以设置文本方向。

1. 设置水平对齐

使用“开始”选项卡中的按钮来设置水平对齐方式最为简便，其具体操作步骤如下。

Step 01 选定需要设置水平对齐方式的单元格或单元格区域。

Step 02 选择“开始”|“对齐方式”命令，单击“文本左对齐”按钮、“文本右对齐”按钮或“居中”按钮即可。

上述 3 种水平对齐方式的效果如图 8.23 所示，B2:B9 单元格为文本左对齐，C2:C9 单元格为居中，D2:D9 单元格为文本右对齐。

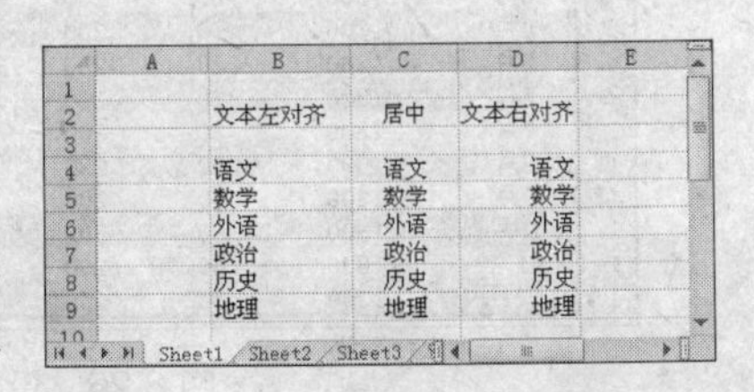

图 8.23 3 种水平对齐方式的效果

2. 设置垂直对齐

要设置数据在单元格内的垂直对齐方式，其具体操作步骤如下。

Step 01 选定需要设置垂直对齐方式的单元格或单元格区域。

Step 02 选择“开始”|“单元格”命令，单击“格式”按钮，在弹出的下拉列表中，选择“设置单元格格式”选项，打开“设置单元格格式”对话框，选择“对齐”选项卡，如图 8.24 所示。

Step 03 在“垂直对齐”下拉列表框中选择需要的对齐方式：“靠上”、“居中”或“靠下”。

Step 04 单击“确定”按钮，即完成设置。

上述 3 种垂直对齐方式的效果如图 8.25 所示。

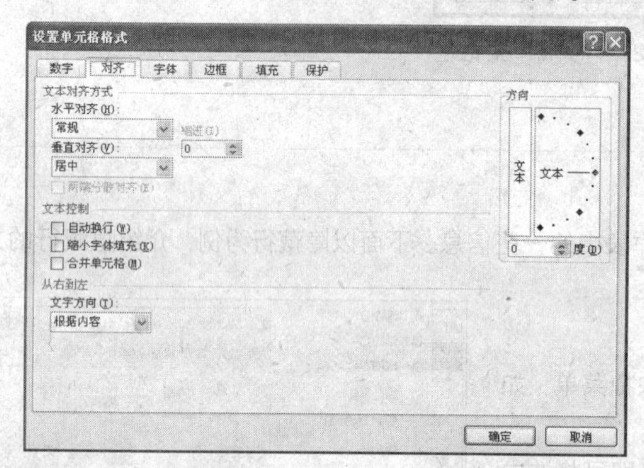

图 8.24 “对齐”选项卡

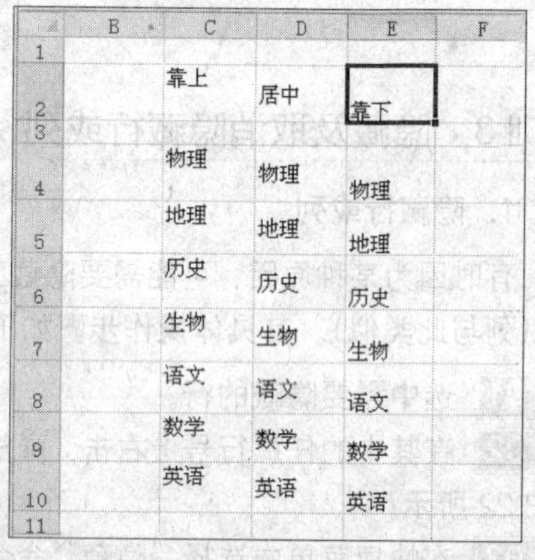

图 8.25 3 种垂直对齐方式的效果

提 示

在“垂直对齐”下拉列表框中，还有两种特殊的垂直对齐方式：“两端对齐”和“分散对齐”。前者是指数据以单元格的上下边框为基准对齐，后者是指数据在单元格中均匀地排列在上下边距之间。

3. 设置文本方向

利用设置文本方向功能可以将单元格中的内容进行任意角度的旋转。其操作方法为：在图 8.24 中的“方向”选项组的右侧预览框中拖动红色的按钮到达目标角度，或者直接在“度”文本框中输入需要的角度，然后单击“确定”按钮。

这里打开“素材\Cha08\制作简单的家庭收入表.xlsx”文件，将 A1:G1 单元格旋转的角度设置为 60°，设置前后的对比效果如图 8.26 所示。

家庭收入表

时间：2011年

日期	工资	加班费	奖金	扣税	月收入	累计收入
1月	1300	20	200	-2.6	1522.6	1522.6
2月	1300	50	200	-2.6	1552.6	3075.2
3月	1300	60	200	-2.6	1562.6	4637.8
4月	1300	20	200	-2.6	1522.6	6160.4
5月	1300	30	200	-2.6	1532.6	7693
6月	1300	20	200	-2.6	1522.6	9215.6
7月	1300	30	200	-2.6	1532.6	10748.2
8月	1300	50	200	-2.6	1552.6	12300.8
9月	1300	90	200	-2.6	1592.6	13893.4
10月	1300	60	200	-2.6	1562.6	15456
11月	1300	30	200	-2.6	1532.6	16988.6
12月	1300	50	200	-2.6	1552.6	18541.2

图 8.26 设置单元格文本的排列方向前后的对比效果

提 示

在设置完文本的排列方向之后，如果单元格的高度不足以显示单元格中的文本，则需要调整单元格的高度。

实训 5　合并相邻单元格

在 Excel 中，可以将跨越几行或几列的相邻的单元格合并为一个大的单元格，但合并之后，只把选定区域左上角的数据放入到合并后所得的大单元格中。这时，用户可以将区域中所有数据复制到区域内的左上角单元格中，这样，在合并单元格之后，所有的数据都包括在合并后的单元格中。

要合并相邻的单元格，其具体操作步骤如下。

Step 01 选定要合并的相邻的单元格。这里打开“素材\Cha08\课程表.xlsx”，并在 A2 单元格中输入“课程表”，然后选中 A2:G2 单元格区域。

Step 02 选择“开始”|“单元格”命令，单击“格式”按钮，在弹出的下拉列表中选择“设置单元格格式”选项，打开“设置单元格格式”对话框。

Step 03 选择“对齐”选项卡（见图 8.24），勾选“文本控制”选项组中的“合并单元格”复选框。

Step 04 单击“确定”按钮即完成设置。如图 8.27 所示为合并单元格前后的效果图。

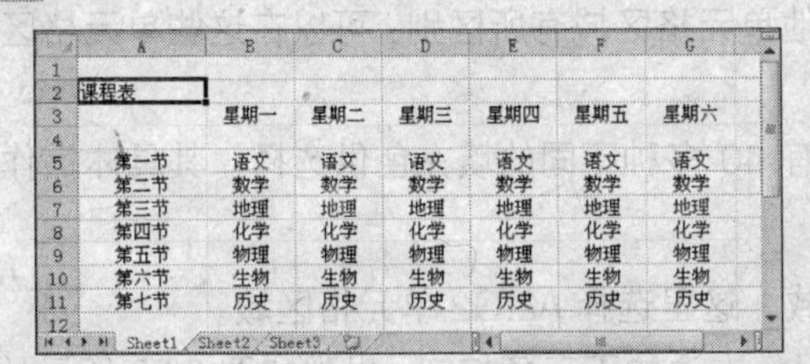

图 8.27　合并单元格前后的效果

提 示

如果要取消合并单元格，先选定已合并的单元格，然后取消勾选“对齐”选项卡中的“合并单元格”复选框即可。

实训 6　设置单元格的边框、底纹和图案

设置单元格的边框、底纹和图案是对工作表的一种修饰性操作，它既可以美化工作表，又可以突出重点与层次，从而使工作表更加条理化。

1. 设置单元格的边框

（1）使用“设置单元格格式”对话框设置单元格的边框

用户可以使用“设置单元格格式”对话框设置单元格的边框，其具体操作步骤如下。

Step 01 选定需要添加边框的单元格或单元格区域。

Step 02 选择“开始”|“单元格”命令，单击“格式”按钮，在弹出的下拉列表中，选择“设置单元格格式”选项，打开“设置单元格格式”对话框。

Step 03 选择“边框”标签，打开“边框”选项卡，如图 8.28 所示。

（2）删除边框线

删除边框线的具体操作步骤如下。

Step 01 选择要删除边框的单元格或单元格区域。

Step 02 在“设置单元格格式”对话框中选择“边框”选项卡，可预览草图。

Step 03 单击草图中需要删除的边框线，或者单击草图旁边的按钮来删除边框线。如果要删除该单元格区域的所有边框，可以单击“预置”选项组中的“无”按钮。

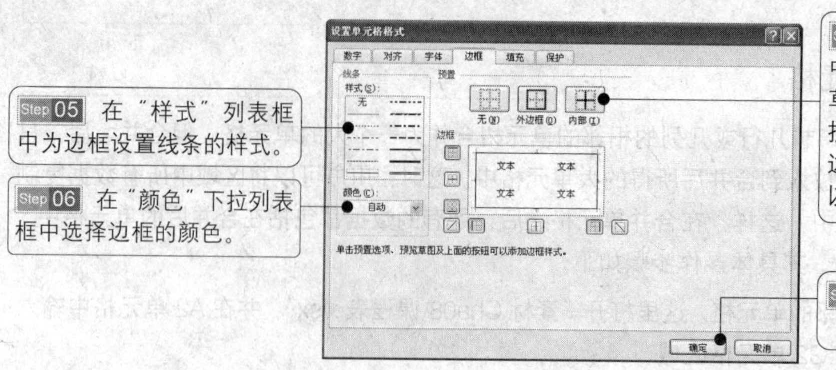

图 8.28 “边框”选项卡

Step 08 单击“确定”按钮完成操作。

2. 设置单元格的底纹和图案

为了突出某些单元格区域的重要性或者与其他单元格区域有所区别，可以在这些单元格区域上添加底纹和图案。

可以通过单击“填充颜色”按钮设置底纹，有 40 多种不同的填充色供选择，其具体操作步骤如下。

Step 01 选定需要设置底纹的单元格或单元格区域，这里选择 A2:G2 单元格区域。

Step 02 单击“开始”选项卡中“填充颜色”按钮右边的下三角按钮，出现如图 8.29 所示的“填充颜色”调色板。

Step 03 单击调色板中的某个颜色块，即可完成底纹的设置，效果如图 8.30 所示。

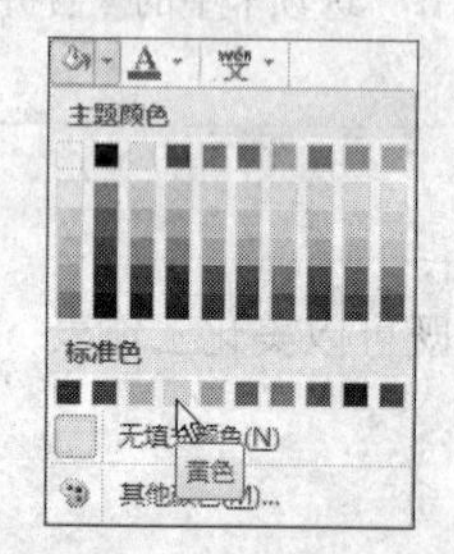

图 8.29 “填充颜色”调色板

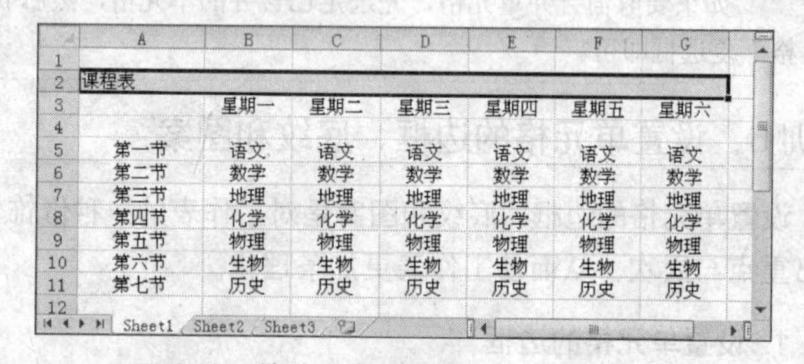

图 8.30 给选定的单元格区域设置的底纹

若要清除底纹，只需选定含有底纹的单元格区域，然后在“填充颜色”调色板中选择“无填充颜色”选项。

实训 7 快速设置单元格格式

快速设置单元格格式是指以现有的格式为基础，快速对其他单元格进行格式化。这里主要介绍两种方法：使用格式刷和使用样式。

1. 使用格式刷

使用格式刷的操作步骤如下。

Step 01 选定已经应用所需格式的单元格区域。

Step 02 单击“开始”选项卡中的“格式刷”按钮（如果要将格式复制到多个单元格区域，双击“格式刷”按钮），鼠标指针变成形状。

Step 03 选定要设置新格式的单元格区域。当鼠标指针扫过这些单元格时，它们就自动被设置为所需的格式。

Step 04 释放鼠标左键，即完成设置。如果在 Step 02 中双击了“格式刷”按钮，则在完成格式复制后应该再次单击“格式刷”按钮或按 Esc 键。

2．使用样式

使用样式的操作步骤如下。

Step 01 选选择所需应用格式的单元格。

Step 02 选择“开始”选项卡，单击“样式”组中的“单元格样式”按钮，在弹出的下拉列表中选择所需要的样式即可。

实训 8　自动套用格式

所谓自动套用格式，是指套用一整套可迅速应用于某一数据区域的内置格式和设置的集合，它包括诸如字体大小、图案和对齐方式等设置信息。通过自动套用格式功能，可以快速构建带有特定格式特征的表格。

使用自动套用格式的操作步骤如下。

Step 01 打开“素材\Cha08\课程表.xlsx”文件，选定需要应用自动套用格式的单元格区域。

Step 02 选择“开始”|“样式”命令，单击“套用表格格式”按钮，在弹出的下拉列表中选择一种套用表格格式，如图 8.31 所示。

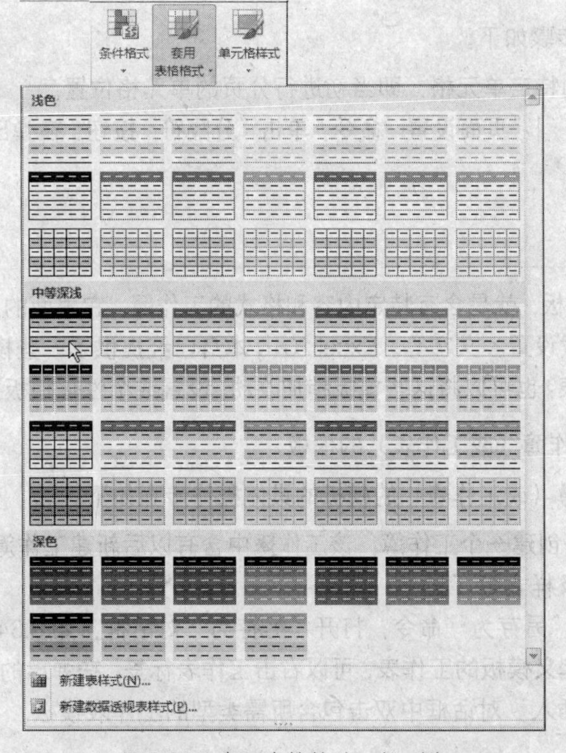

图 8.31　套用表格格式下拉列表

Step 03 打开如图 8.32 所示的“套用表格式”对话框，单击“确定”按钮。

Step 04 这时，选定的单元格区域将按照选择的表格格式进行设置，完成后的效果如图 8.33 所示。。

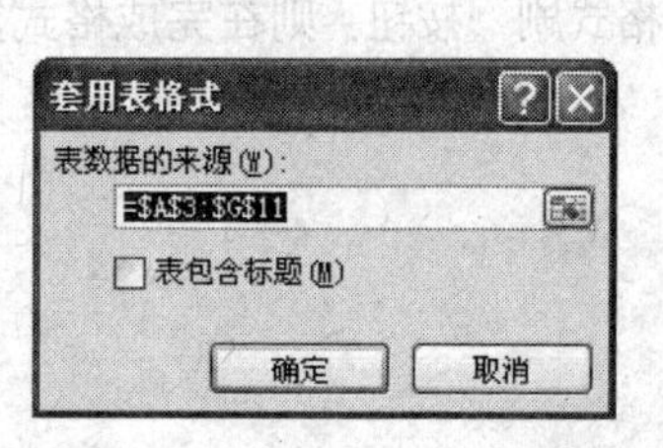

图 8.32 “套用表格式”对话框

	A	B	C	D	E	F	G
2							
3	列1	列2	列3	列4	列5	列6	列7
4		星期一	星期二	星期三	星期四	星期五	星期六
5							
6	第一节	语文	语文	语文	语文	语文	语文
7	第二节	数学	数学	数学	数学	数学	数学
8	第三节	地理	地理	地理	地理	地理	地理
9	第四节	化学	化学	化学	化学	化学	化学
10	第五节	物理	物理	物理	物理	物理	物理
11	第六节	生物	生物	生物	生物	生物	生物
12	第七节	历史	历史	历史	历史	历史	历史
13							
14							

Sheet1 Sheet2 Sheet3

图 8.33 使用套用格式后的效果

实训 9 设置分页符

当一个工作表变得很长时，Excel 2010 会自动在工作表中添加一个“分页符”，并用虚线标出分页的位置。

1. 插入分页符

有时需要在特定的位置分页，这时就需要插入分页符，其具体操作步骤如下。

Step 01 选定工作表中特定单元格（分页符将插入在所选单元格的左边和上方）。

Step 02 选择“页面布局”|“页面设置“命令，单击“分隔符”按钮，在弹出的下拉列表中选择“插入分页符”选项。

2. 删除分页符

删除分页符的操作步骤如下。

Step 01 选定工作表中的特定单元格，即当初进行分页的单元格位置。

Step 02 选择“页面布局”|“页面设置“命令，单击“分隔符”按钮，在弹出的下拉列表中选择“删除分页符”选项即可。

实训 10 使用模板

在 Excel 中，所谓模板，就是含有特定内容和格式的工作簿，它里面的工作表结构已经设置好，其中可以包含公式、格式设置、文字等。Excel 2010 本身已经提供了一些模板，我们可以直接应用这些模板生成自己的报表；也可以将这些模板稍加改动，设置成个性化模板并存储起来供以后使用。

1. 创建用于新建工作簿（或工作表）的模板

创建用于新建工作簿（或工作表）的模板的具体操作步骤如下。

Step 01 按照常规的方法创建一个工作簿，该工作簿中含有以后新建工作簿中所需要的工作表、默认文本、格式、公式以及样式等。

Step 02 选择“文件”|“另存为”命令，打开“另存为”对话框，如 8.34 所示。

如果要插入基于自定义模板的工作表，可以右击工作表标签，在弹出的快捷菜单中选择“插入”命令，然后在打开的“插入”对话框中双击包含所需类型的工作表模板。

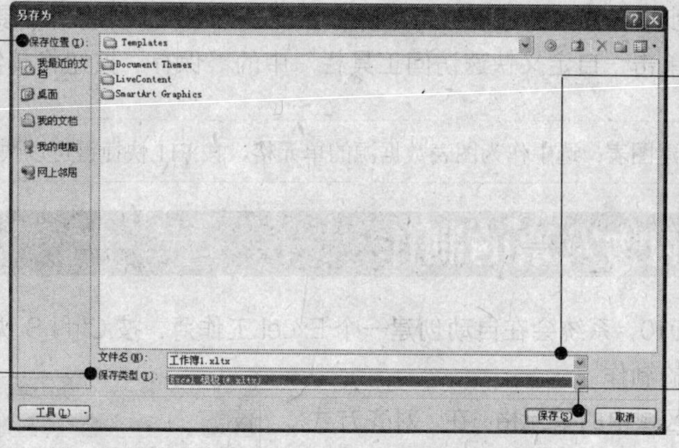

图 8.34 "另存为"对话框

2. 插入模板

直接使用 Excel 2010 中的模板可以很方便地生成工作表，其具体操作步骤如下。

Step 01 右击所要插入模板的工作表，在弹出的快捷菜单中选择"插入"命令，打开"插入"对话框，如图 8.35 所示。

Step 02 选择"电子表格方案"选项卡，该选项卡中提供了模板文件，如图 8.36 所示。在打开的模板中，可以根据自己的需要进行输入或修改。

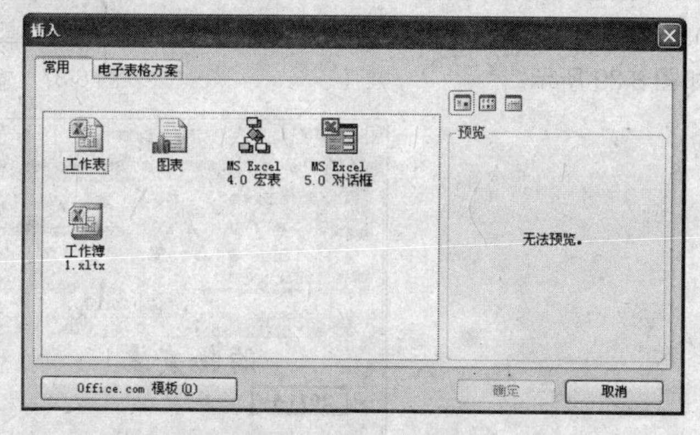

图 8.35 "插入"对话框

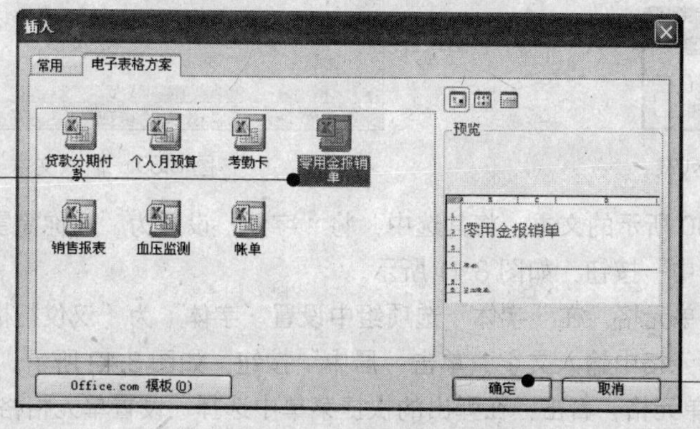

图 8.36 "电子表格方案"选项卡

3. 修改模板

修改模板的操作步骤与修改一般工作簿的操作步骤基本一致，即打开需要修改的模板，对模板的设置进行修改后，单击“自定义快速访问工具栏”中的“保存”按钮将其保存即可。

技 巧

使用快捷键创建图表： 选中作为图表数据源的单元格，按 F11 快捷键可以快速创建图表。

综合案例 购物发票的制作

Step 01 启动 Excel 2010，系统会在自动创建一个 Excel 工作簿，按 Ctrl+S 快捷键，进行保存并将其命名为“购物发票的制作”。

Step 02 选择 A1:D1 区域中的单元格，在“对齐方式”选项组中单击“合并后居中”按钮，将“字体”设置为“方正行楷简体”，“字号”设置为 26，然后在合并后的单元格中输入文字，如图 8.37 所示。

图 8.37 输入文本

Step 03 选择 A2 单元格，将“字体”设置为“方正康体简体”，将“字号”设置为 14，单击“单元格”选项组中的“格式”按钮，在弹出的下拉列表中选择“列宽”选项，在打开的“列宽”对话框中设置“列宽”为 11，设置完成后单击“确定”按钮，如图 8.38 所示。在该单元格中输入“2011 年”，将该单元格选中，单击“居中”按钮，如图 8.39 所示。

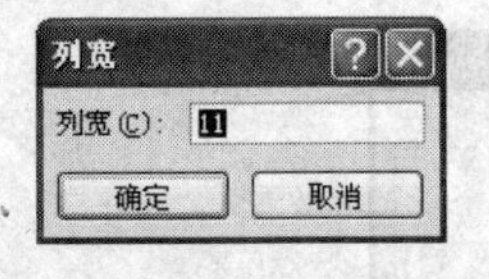

图 8.38 设置列宽

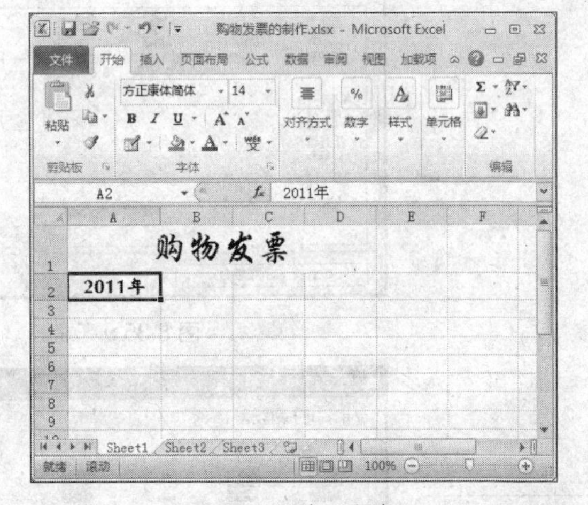

图 8.39 输入文本

Step 04 输入如图 8.40 所示的文本，将其选中，将“字体”设置为“迷你简雪君”，将“字号”设置为 12，并单击“居中”按钮，如图 8.41 所示。

Step 05 选择 B3:F3 单元格，在“字体”选项组中设置“字体”为“汉仪行楷简”，将“字号”设置为 14，然后在该单元格中输入文字，单击“居中”按钮，如图 8.42 所示。

Step 06 选择 B4:C9 单元格，右击，在弹出的快捷菜单中选择“设置单元格格式”命令，打开“设置单元格格式”对话框，选择“数字”选项卡，在“分类”列表框中选择“数值”，将“小数位数”设置为 2，单击“确定“按钮，如图 8.43 所示。

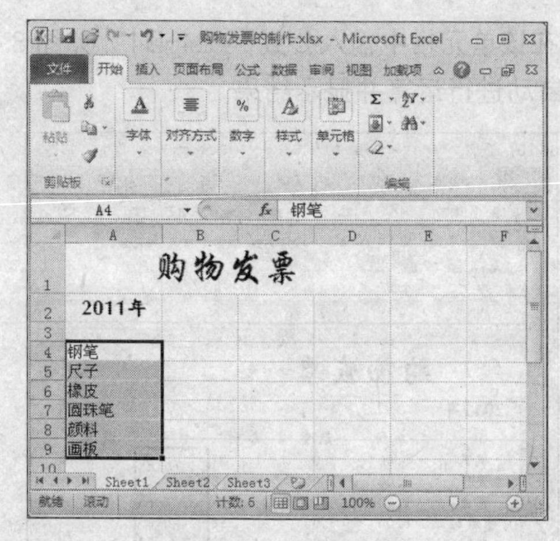

图 8.40　输入文本

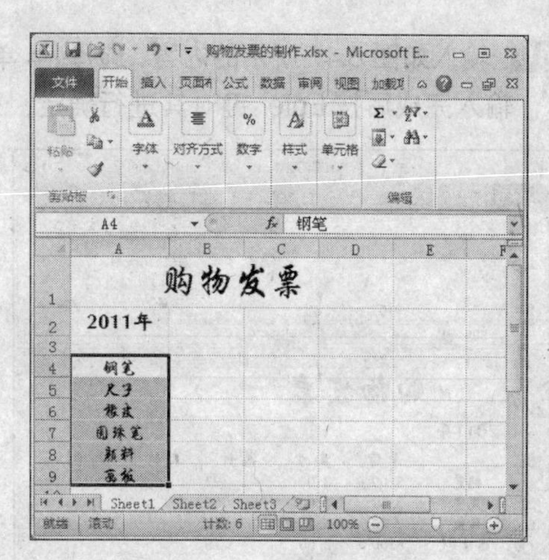

图 8.41　设置文本

图 8.42　输入并设置文本

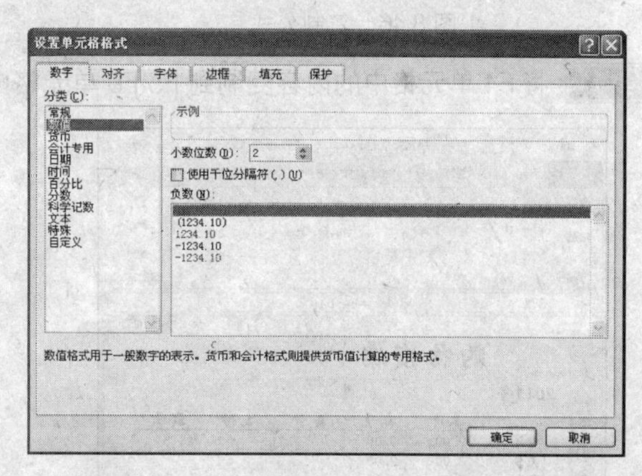

图 8.43　“设置单元格格式”对话框

Step 07　在 B4:C9 单元格中输入如图 8.44 所示的内容，并单击“居中“按钮，将其内容居中。

Step 08　选择 D4 单元格，在该单元格中输入“=B4*C4”公式，如图 8.45 所示。输入完成后按 Enter 键对其进行确定，系统将自动进行运算并显示结果。

图 8.44　输入并设置内容

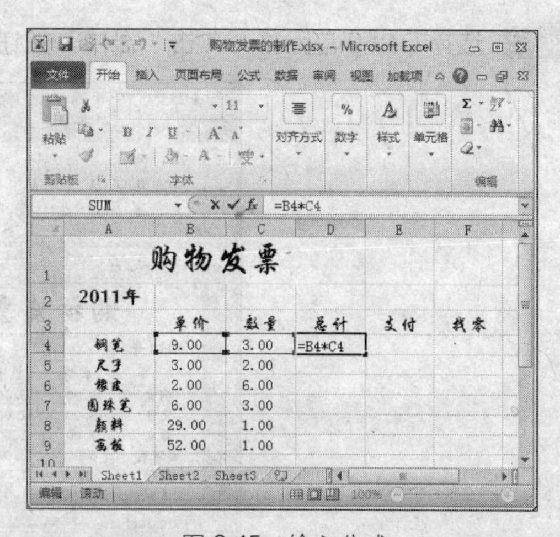

图 8.45　输入公式

Step 09　将 D4 单元格中的公式复制到 D5:D9 单元格中，如图 8.46 所示。

Step 10 输入如图 8.47 所示的内容，选择 F4 单元格，在该单元格中输入公式“=E4-D4”，如图 8.48 所示，输入完成后按 Enter 键对其进行确定，系统将自动进行运算并显示结果。

图 8.46　复制公式

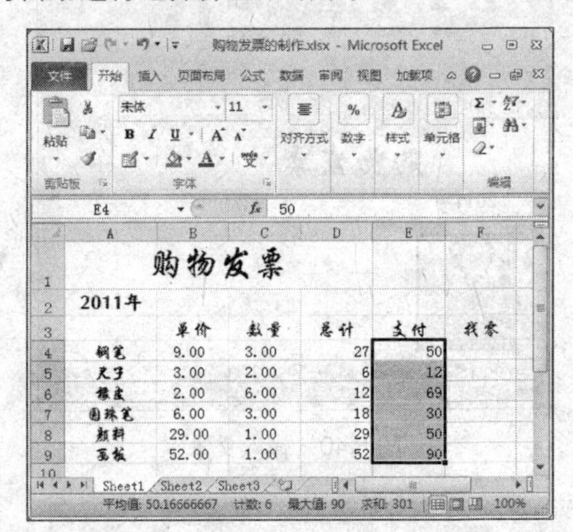

图 8.47　输入文本

Step 11 将 F4 单元格中的内容复制到 F5:F9 单元格中，如图 8.49 所示。

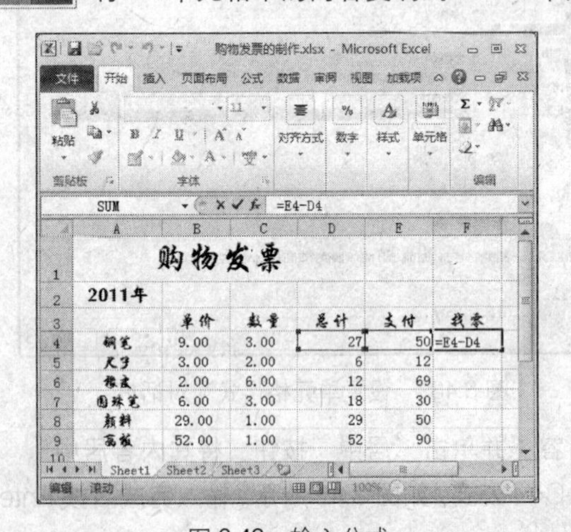

图 8.48　输入公式

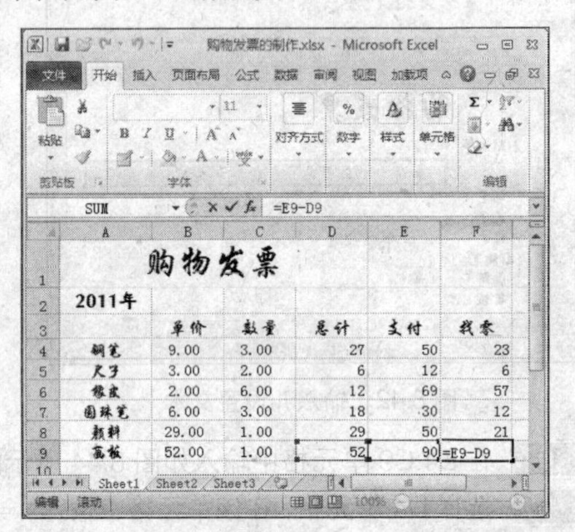

图 8.49　输入公式

Step 12 选择 D4:F9 单元格，单击“居中”按钮，将文本居中，如图 8.50 所示。

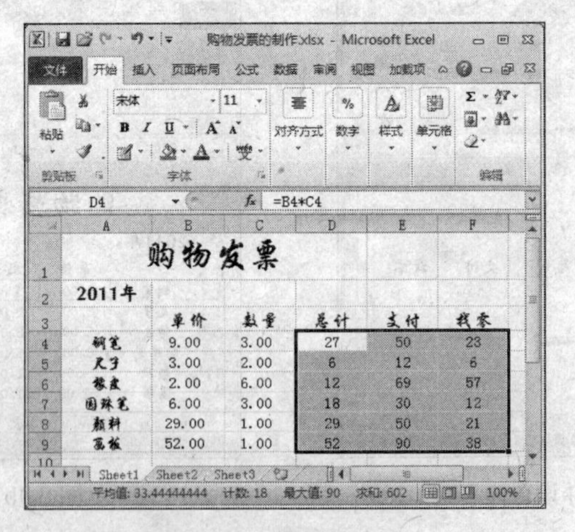

图 8.50　将文本选中居中

Step 13 至此，购物发票制作完成，将场景进行保存。

课后练习与上机操作

一、选择题

1．按______选择不相邻的工作表。

A．Ctrl　　B．Shift　　C．Alt　　D．Enter

2．在“开始”选项卡中，不是用来设置文本字形的按钮是______。

A．“格式刷”按钮　　B．“倾斜”按钮

C．“加粗”按钮　　D．“下划线”按钮

3．下面不属于“设置单元格格式”对话框选项卡的是______。

A．“字体”选项卡　　B．“图案”选项卡

C．“保护”选项卡　　D．“边框”选项卡

二、简答题

1．怎样移动工作表？

2．怎样设置单元格的边框和底纹？

3．怎样设置文本对齐方式？

三、上机实训

1．打开“素材\Cha08\课程表.xlsx”文件，为第 3 行的文字设置字体、字号以及填充颜色，并调整其行高。

2．练习对齐方式的设置，以及样式和自动套用格式的使用。

项目9

公式与函数

本章导读

公式与函数是 Excel 中必不可少的，本章将介绍公式与函数的使用方法，读者可以通过使用公式与函数更快速、便捷地计算出所需数据。

知识要点

- ✪ Excel 的计算功能
- ✪ "自动计算"与"自动求和"功能
- ✪ 函数的输入
- ✪ 名称的使用

任务1 Excel 的计算功能

要把 Excel 2010 作为计算器，只要在一个单元格中输入一个等式，如图 9.1 所示，选定一个单元格，在其中输入公式"=21*2"，然后按 Enter 键，在选定的单元格里就会得到相应的计算结果。

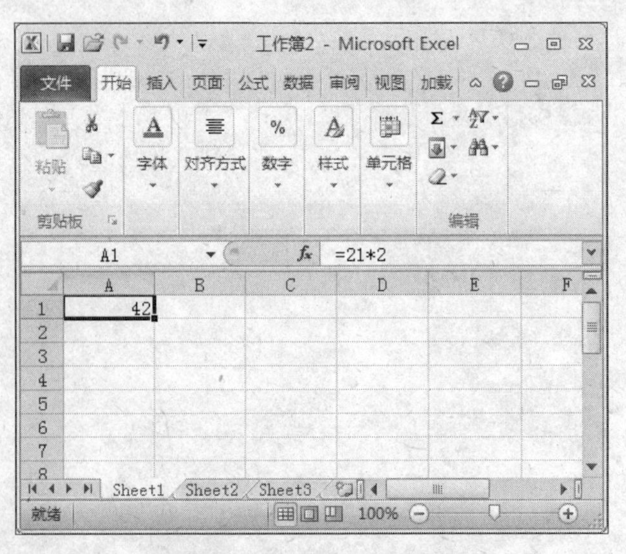

图 9.1　Excel 的计算功能

实训1　单元格引用

在公式中单元格引用的作用是引用一个单元格或一组单元格的内容，这样可以利用工作表不同部分的数据进行所期望的计算。在 Excel 2010 中，可以使用相对引用、绝对引用来表示单元格的位置。所以在创建的公式中必须正确使用单元格的引用类型。

1. 相对引用

打开“素材\Cha09\成绩表.xlsx”文件，计算其中 5 门学科的总成绩。首先使 G3 单元格成为活动单元格（单击该单元格即可），然后在编辑栏中输入“=B3+C3+D3+E3+F3”，按 Enter 键后 G3 单元格将得到图 9.2 所示的结果。

相对引用指向相对于公式所在单元格相应位置的单元格。例如，上述的 B3、C3、D3、E3、F3 都属于相对引用，它们所指的分别是 G3 单元格分别左移 5 格、4 格、3 格、2 格及 1 格的单元格。

将图 9.2 中编辑栏中的公式复制到 G4 单元格中（拖曳填充柄即可），从图 9.3 中可以看出 G4 单元格中的内容并不是“B3+C3+D3+E3+F3”的结果，而是“B4+C4+D4+E4+F4”的结果。

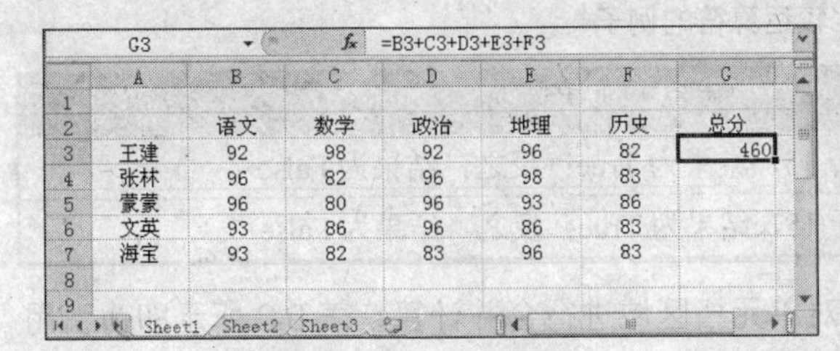
G3　=B3+C3+D3+E3+F3

	A	B	C	D	E	F	G
1							
2		语文	数学	政治	地理	历史	总分
3	王建	92	98	92	96	82	460
4	张林	96	82	96	98	83	
5	蒙蒙	96	80	96	93	86	
6	文英	93	86	96	86	83	
7	海宝	93	82	83	96	83	

图 9.2　使用相对引用前

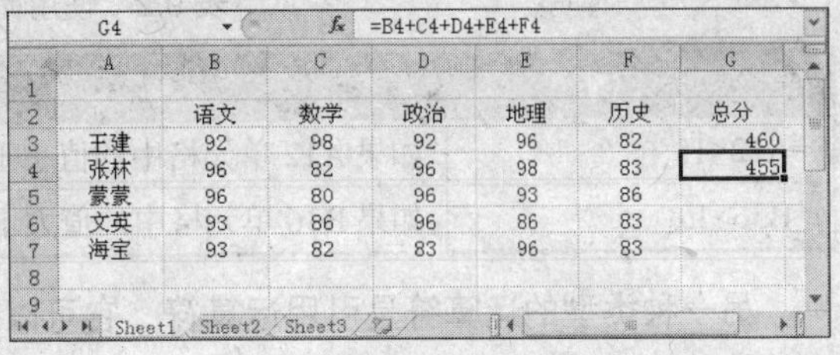
G4　=B4+C4+D4+E4+F4

	A	B	C	D	E	F	G
1							
2		语文	数学	政治	地理	历史	总分
3	王建	92	98	92	96	82	460
4	张林	96	82	96	98	83	455
5	蒙蒙	96	80	96	93	86	
6	文英	93	86	96	86	83	
7	海宝	93	82	83	96	83	

图 9.3　使用相对引用后

由此可见，将公式复制到一个新的位置，并且要保持单元格引用不变，相对引用是解决不了问题的，此时应该使用绝对引用。

2. 绝对引用

绝对引用指向工作表中固定位置的单元格，它的位置与包含公式的单元格无关。在列字母及行数字的前面加上“$”，就变成了绝对引用。例如，在 G3 单元格中输入“=$B$3+$C$3+$D$3+$E$3+$F$3”，再把 G3 中的公式复制到 G4 中，将看到另一种结果，如图 9.4 所示。

G4　=$B$3+$C$3+$D$3+$E$3+$F$3

	A	B	C	D	E	F	G
1							
2		语文	数学	政治	地理	历史	总分
3	王建	92	98	92	96	82	460
4	张林	96	82	96	98	83	460
5	蒙蒙	96	80	96	93	86	
6	文英	93	86	96	86	83	
7	海宝	93	82	83	96	83	

图 9.4　使用绝对引用后

3. 混合引用

在某些情况下，复制时只想保留行固定不变或者保留列固定不变，这时可以使用混合引用。混合引用是指公式中参数的行采用相对引用、列采用绝对引用；或与之相反。例如，引用$E5 使得列保持不变，引用 E$5 则使得行保持不变。

实训 2　Excel 公式中的运算符

运算符决定了公式所能进行的运算。Excel 2010 有 4 类运算符，如表 9.1 所示。

表 9.1 运算符类型

运算符类型	代表符号
算术运算符	+，–，*，/，%，^
文本运算符	&
比较运算符	=，<，>，<=，>=，<>
引用运算符	冒号（：），逗号（，），空格（ ）

在 Excel 中，文本运算符（&）用于连接引号内的文本（字符串）或包含在引用单元格中的文本（字符串）。

在进行比较时，需要用到比较运算符，表 9.2 所示即为公式中使用比较运算符的例子。

表 9.2 使用比较运算符的例子

示 例	说 明
=A12<15	如果 A12 单元格中的值小于 15，结果为 True；反之，结果为 False
=B36>15	如果 B36 单元格中的值大于 15，结果为 True；反之，结果为 False

另一种类型的运算符是引用运算符，它可以对单元格区域进行合并计算。表 9.3 所示即为引用运算符的含义及相关的说明。

表 9.3 引用运算符

引用运算符	示 例	含 义	说 明
：（冒号）	SUM（A12:A24）	区域	求 A12~A24 单元格的和
，（逗号）	SUM（A12:A24,B36）	并	求 A12~A24，再加上 B36 单元格的和
（空格）	SUM（B2:D3 C1:C4）	交叉	求 B2:D3 和 C1:C4 这两个单元格区域的共有单元格 C2、C3 的和

如果公式中同时用到了多个运算符，Excel 将按一定的顺序（优先级由高到低）进行运算，相同优先级的运算符，将按从左到右的顺序进行计算。运算符的优先级如表 9.4 所示。

表 9.4 Excel 运算符的优先级

运 算 符	定 义	优先级
:	区域	（高）
空格	交	↓
,	并	↓
–	取负	↓
%	取百分数	↓
^	取幂	↓
*和/	乘法和除法	↓
+和–	加法和减法	↓
&	文本连接	↓
=，<，<=，>，>=，<>	比较	（低）

实训 3　引用其他工作表中的单元格

用户可以在工作簿中引用其他工作表中的单元格。例如，要引用工作表 Sheet3 中的 A2 单元格，应该在公式中输入“=Sheet3! A2”。可用鼠标进行快捷操作，其具体操作步骤如下。

Step 01　在需要引用结果出现的单元格中输入公式。

Step 02　单击需要引用的单元格所在的工作表标签。

Step 03　选中需要引用的单元格，完成后的单元格引用包括工作表引用，会显示在编辑栏中。如果工作表名称包括空格，Excel 2010 会用单引号括住工作表引用。

Step 04　按 Enter 键，完成对其他工作表中单元格的引用。

实训 4　“自动计算”与“自动求和”功能

计算是对公式进行运算，并在包含公式的单元格中以数值方式显示出计算结果。

1. 自动计算

有时可能需要快速查找某个范围内的最大值、最小值等数据。使用公式就显得比较烦琐，这时可以使用 Excel 2010 提供的“自动计算”功能。

例如，要找出如图 9.5 所示的工作表中 C3:C7 单元格中的最大值，其具体操作步骤如下。

Step 01　选取 C3:C7 单元格区域。

Step 02　右击状态栏，在弹出的快捷菜单中选择“最大值”命令，此时，在状态栏中将显示刚刚选取的 C3:C7 单元格区域中的最大值。

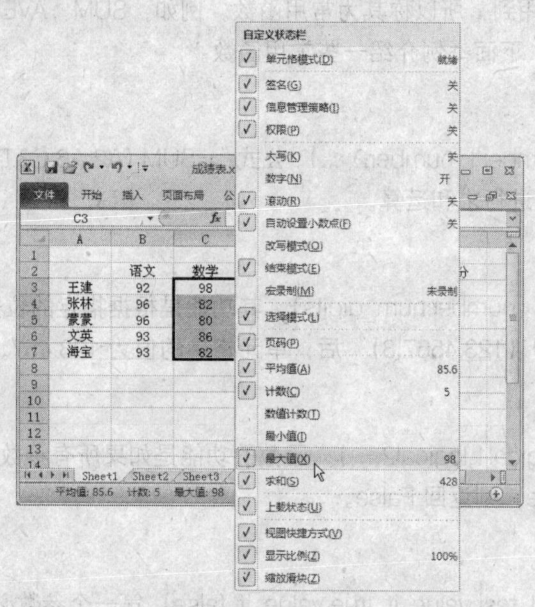

图 9.5　自动状态栏

2. 自动求和

在 Excel 中，可用 SUM 函数对数字自动求和，其具体操作步骤如下。

Step 01　选定要自动求和的单元格。

Step 02　单击“开始”选项卡中的“求和”按钮 Σ ▾，此时 Excel 将自动出现求和函数 SUM 以及求和数据区域，如图 9.6 所示。

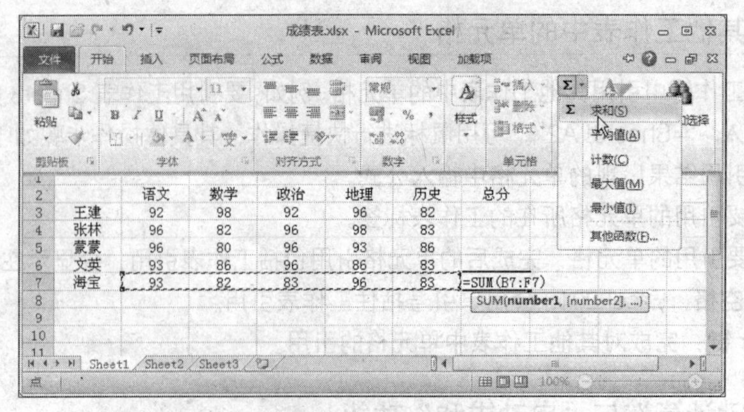

图 9.6　自动求和

Step 03　如果出现的求和数据区域是自己需要的，可按 Enter 键；如果出现的求和数据区域不是自己需要的，可以输入新的求和数据区域，然后按 Enter 键。

其实，使用“自动求和”按钮 Σ 仅能一次求和，单击该按钮右边的下三角按钮还可以求出平均值、计数、最大值和最小值等。

实训 5　Excel 中的几个常用函数

函数通过参数来接收数据，输入的参数应放在函数名的后面。各函数使用特定类型的参数。函数中使用参数的方法与等式中使用变量的方式相同。

有些函数经常会被使用到，所以称其为常用函数。例如，SUM、AVERAGE、ROUND、AND、IF、DATE、COUNTIF 等。下面举例介绍一些常用函数。

1. SUM（求和）函数

函数形式为 SUM（number1, number2, ...）。公式“=SUM（A2:A6,C3:D8）”指的是对区域 A2:A6 和 C3:D8 中所包含的数据进行求和运算。

2. ROUND 函数

函数形式为 ROUND（number,num_digits）。其功能是根据指定的位数，将数字四舍五入。例如，输入公式“=ROUND（123.4567,3）”后，单元格中的值为 123.457。

3. AND 函数

函数形式为 AND（logical1,logical2,…）。函数的功能是如果所有参数值均为 True，返回 True；如果有一个参数值为 False，则返回 False。

4. IF 函数

函数形式为 IF（logical_test,value_if_true,value_if_false）。第一个参数必须是个逻辑测试表达式；第二个参数是在第一个参数正确时希望公式显示的结果；第三个参数是在第一个参数错误时希望公式显示的结果。函数的功能是根据逻辑测试的真假值，返回不同的结果。

5. DATE 函数

函数形式为 DATE（year,month,day）。函数的功能是返回某一指定日期的序列数。假设单元格 C6 中包含 2009，单元格 D6 中包含 3，单元格 E6 中包含 5，由公式“=DATE（C6,D6,E6）”返回的日期是 2009 年 3 月 5 日。

6. AVERAGE 函数

函数形式为 AVERAGE（number1,number2,...）。函数的功能是返回所有参数的平均值。公式“=AVERAGE（A2:C5）”返回的是区域 A2:C5 中所有数的平均值。

7. COUNTIF 函数

函数形式为 COUNTIF（range,criteria）。其功能是计算某个区域中满足给定条件单元格的数目。打开“素材\Cha09\学习评价.xlsx”文件，如图 9.7 所示，图中显示的就是一个使用 COUNTIF 函数的实例。要统计学习评价中各个等级的学生人数，在单元格 E7 中输入公式“=COUNTIF（B2:B18,D7）”，公式含义为在 B2~B18 的单元格中，统计其中内容和 D7 单元格相同的单元格数目。

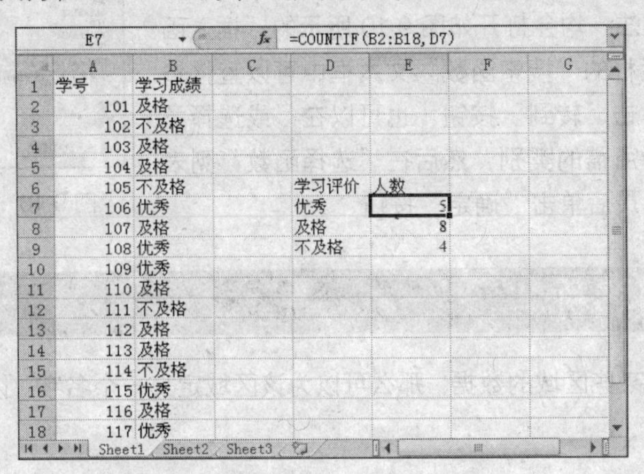

图 9.7　COUNTIF 函数使用实例

实训 6　函数的输入

1．常用函数的输入

对于常用函数，用户可以在编辑栏中像输入公式一样直接输入函数，也可以按下列步骤进行函数输入的操作。

Step 01 选定要输入函数的单元格。

Step 02 输入“=”，此时在工作表的左上方出现函数选择框，上面显示的是上一次所使用到的函数名称，它的旁边有一个下三角按钮，单击后弹出如图 9.8 所示的函数下拉列表，其中包括了最近 10 次所用过的函数。

Step 03 在函数下拉列表中选择需要的函数后，会打开相应的函数对话框，在其中输入参数即可。例如，选择 SUM 函数后，打开如图 9.9 所示的“函数参数”对话框。

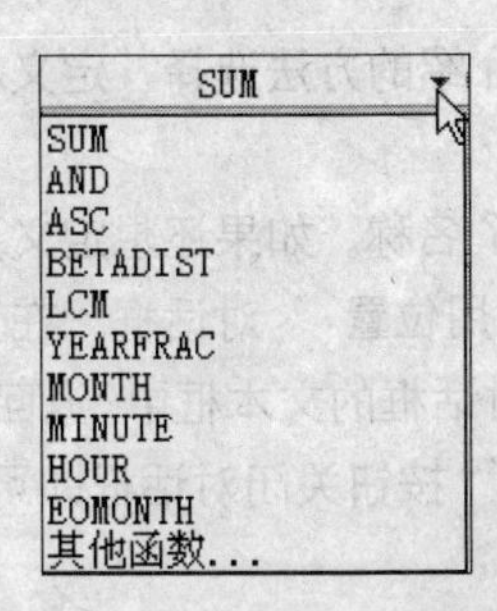

图 9.8　函数下拉列表

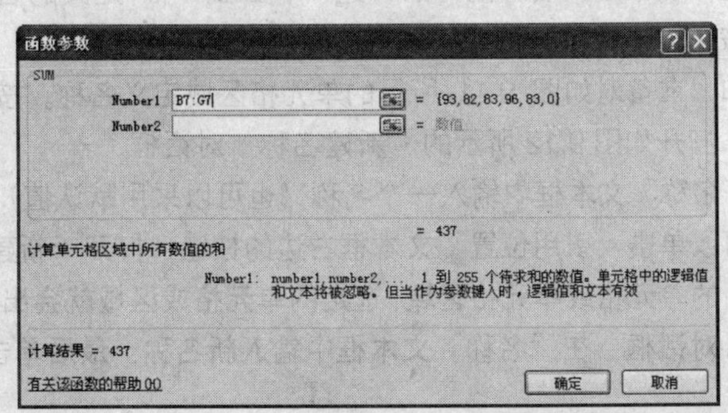

图 9.9　“函数参数”对话框

当在 Number1 和 Number2 文本框中输入参数后，会出现一个新的文本框。这时可以在这个新的文本框中输入第 3 个参数，也可以将其忽略，直接单击“确定”按钮。

2．不常用函数的输入

常用函数可以通过上述的方法直接输入，对于那些不常用的函数，虽然没有常用函数那么方便，但是也有以下两种方法可以使用。

方法 1：在如图 9.8 所示的函数下拉列表中选择“其他函数”选项。

方法 2：选择“公式”|“插入函数”命令。

无论使用哪一种方法，均会打开如图 9.10 所示的“插入函数”对话框。在该对话框的“搜索函数”文本框中可以直接输入所需函数名，然后单击“转到”按钮；也可以在“或选择类别”下拉列表框中选择所需的类别，然后在“选择函数”列表框中选择所需的函数，最后单击“确定”按钮。

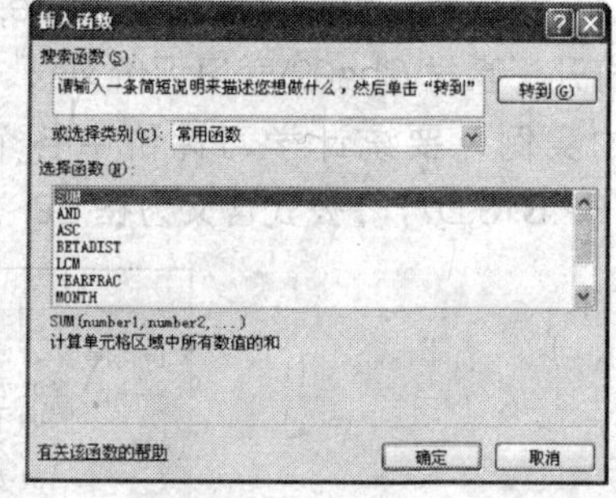

图 9.10 “插入函数”对话框

任务 2 使用名称

如果我们经常使用某些区域的数据，那么可以为该区域定义一个名字，以后直接用定义的名字代表该区域的单元格。

实训 1 定义名称

1．定义名称的规则

在定义名称之前，需要先了解定义名称的一些规则。

- 名称可以包含 A~Z 的大写和小写字母、数字 0~9、句点“.”以及下划线字符“_”。
- 第一个字符必须是一个字母或者是下划线字符。
- 名称不长于 256 个字符（包括 256 个）。
- 名称不能与单元格的引用相同，无论是绝对引用、相对引用还是混合引用。
- 名称中不能含有空格。如果名称中间需要隔开，可使用下划线字符“_”作为连接符，它可以起到与空格相同的作用。

2．定义名称的方法

在工作表中定义名称的方法：选择“公式”|“定义的名称”命令，单击“定义名称”右边的下三角按钮，在弹出的下拉列表中选择“定义名称”选项。

例如，准备对如图 9.11 所示的单元格区域定义名称。按照上文介绍的方法选择“定义名称”选项后，打开如图 9.12 所示的“新建名称”对话框。

在“名称”文本框中输入一个名称（也可以采用默认值）即定义了名称。如果还想定义更多的名称，可以单击“引用位置”文本框右边的按钮，打开“新建名称-引用位置：”对话框，在工作表中选定新的单元格或单元格区域，选定的单元格或区域就会出现在该对话框的文本框中。返回到“新建名称”对话框，在“名称”文本框中输入新名称，最后单击“确定”按钮关闭对话框即可。

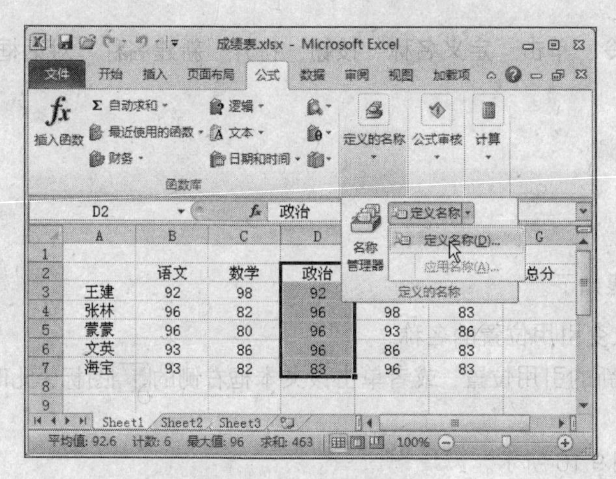

图 9.11 准备定义名称

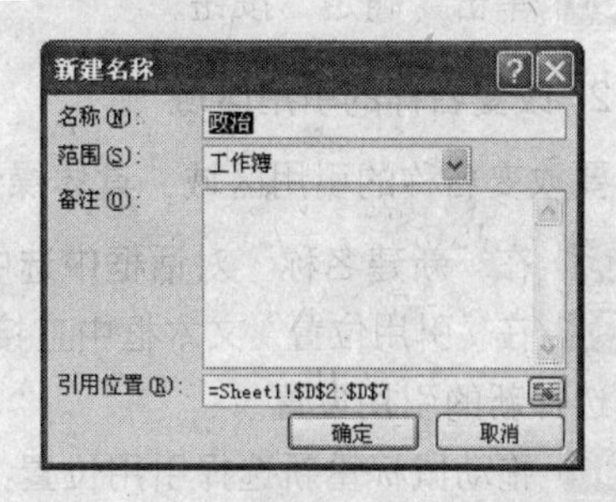

图 9.12 “新建名称”对话框

实训 2 根据行或列标题指定名称

创建工作表时，如果已经在数据的顶部、左侧或其他位置建立了相应的标题，可以根据行或列标题创建名字，具体操作步骤如下。

Step 01 选择要命名的单元格区域（必须包括行或列的标题）。

Step 02 选择“公式”|“定义的名称”命令，单击“根据所选内容创建”按钮，打开如图 9.13 所示的“以选定区域创建名称”对话框。

Step 03 勾选“首行”复选框，表示用单元格区域内最上面的一行文字来命名余下的几行。

Step 04 单击“确定”按钮完成设置。

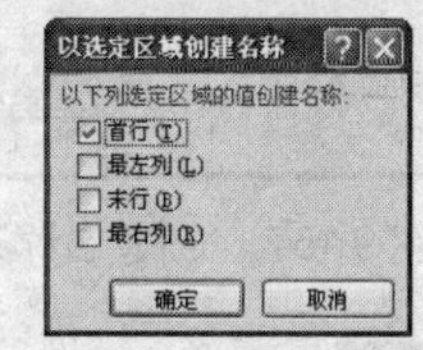

图 9.13 “以选定区域创建名称”对话框

实训 3 在公式或函数中使用名称

在创建公式或函数时，如果选定的是已经命名的单元格或单元格区域，公式或函数内就会自动出现单元格或区域的名称，此时只需输入右括号并按 Enter 键，即可完成公式或函数的输入，如图 9.14 所示。

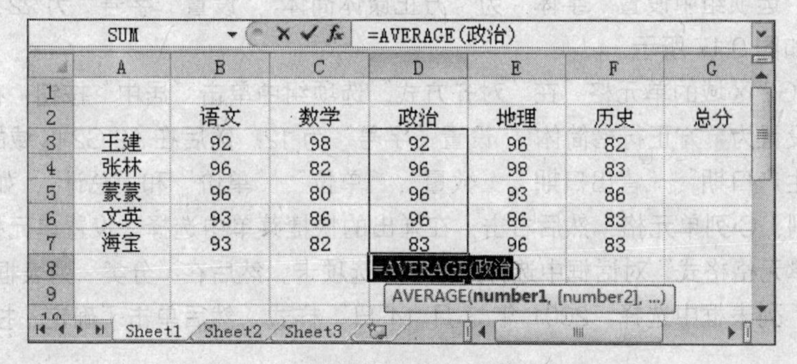

图 9.14 函数中使用了单元格区域的名称

实训 4 改变名称或改变名称的引用区域

1. 改变名称

要改变名称或名称引用的单元格，具体操作步骤如下。

Step 01 选择“公式”|“定义的名称”命令，单击“定义名称”按钮，打开“新建名称”对话框，如图 9.15 所示。

Step 02 在“名称”文本框中输入新的名称。

Step 03 单击“确定”按钮。

2. 改变名称的引用区域

要改变名称的引用区域，具体操作步骤如下。

Step 01 在“新建名称”对话框中选中要改变引用位置的名称。

Step 02 在“引用位置”文本框中直接输入新的引用位置，或者单击该文本框右侧的图标，此时准备选择新的引用位置。

Step 03 拖动鼠标重新选择引用位置，如图 9.16 所示。

Step 04 按 Enter 键，返回到“新建名称”对话框中，单击“确定”按钮。

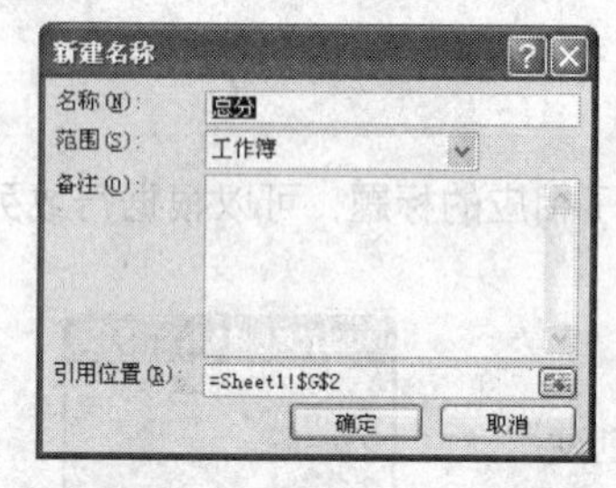

图 9.15 “新建名称”对话框

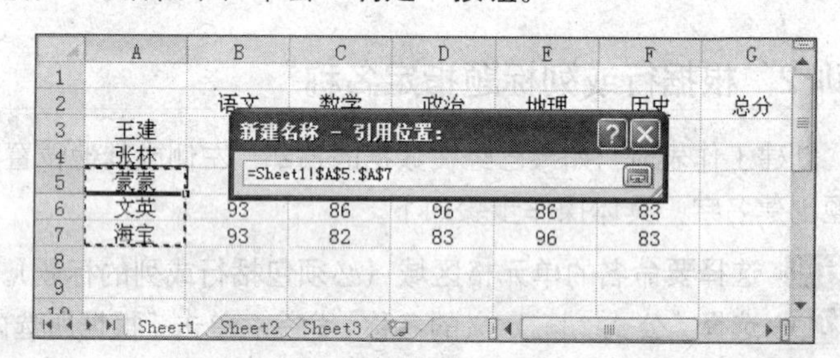

图 9.16 重新选择引用区域

技巧

使用快捷键快速定义名称：按键盘上的 Ctrl+F3 快捷键，可以快速新建名称。

综合案例 销售记录表

Step 01 启动 Excel 2010，系统会自动新建一个 Excel 工作簿，按 Ctrl+S 快捷键保存文档，将其命名为“销售记录表”，然后选择 A1:G1 区域的单元格，在“对齐方式”选项组中单击“合并后居中”按钮，在“字体”选项组中设置“字体”为“方正康体简体”，设置“字号”为 22，然后在该单元格中输入文本，如图 9.17 所示。

Step 02 选择 A2:G2 区域的单元格，在“对齐方式”选项组中单击“居中”按钮，在“字体”选项组中将“字体”设置为“方正行楷简体”，设置“字号”为 12。然后在 A2:G2 区域的单元格中分别输入“名称”、“生产日期”、“售出日期”、“数量”、“单位”、“单价”和“总计”，如图 9.18 所示。

Step 03 选择 B 列、C 列单元格，然后右击，在弹出的快捷菜单中选择“设置单元格格式”命令，在打开的“设置单元格格式”对话框中选择“数字”选项卡，然后在“分类”列表框中选择“日期”选项，在“类型”列表框中选择“2001 年 3 月 14 日”样式，然后单击“确定”按钮，如图 9.19 所示。

Step 04 选择 F 列、G 列的所有单元格，右击，在弹出的快捷菜单中选择“设置单元格格式”选项，在打开的“设置单元格格式”对话框中选择“数字”选项卡，然后在“分类”列表框中选择“会计专用”选项，在“小数位数”数值框中输入 2，在“货币符号（国家/地区）(s)”下拉列表框中选择“¥”，完成后单击“确定”按钮，如图 9.20 所示。

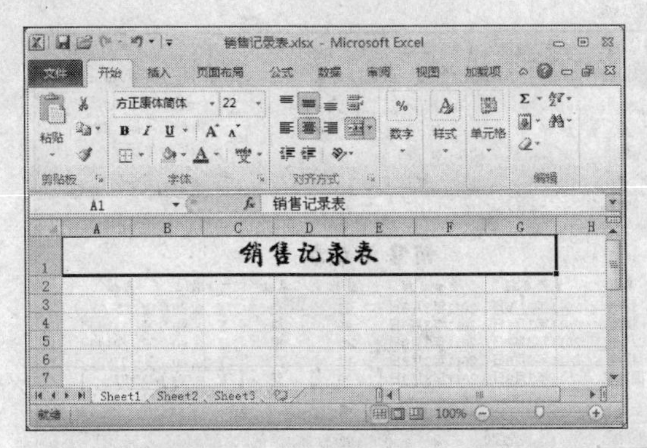

图 9.17　设置并输入文本

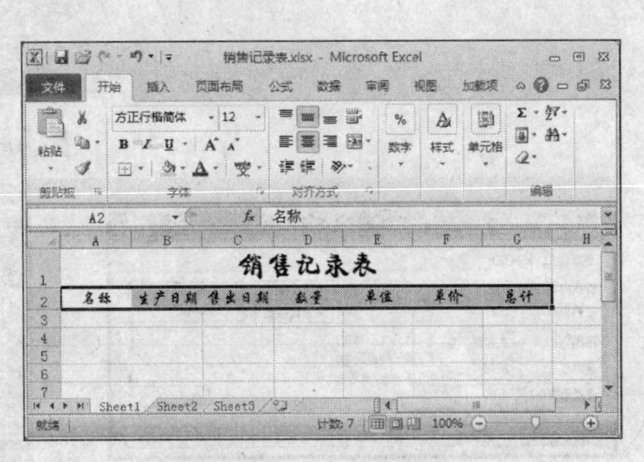

图 9.18　输入并设置文本

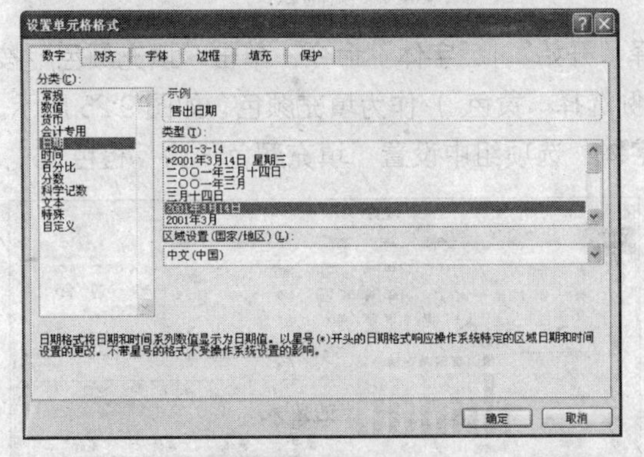

图 9.19　设置日期格式

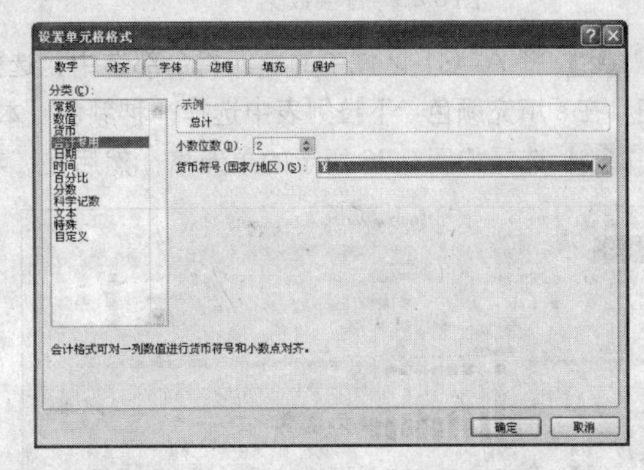

图 9.20　设置会计专用数字格式

Step 05　选择 A3:F7 区域中的单元格，在该区域的单元格中输入相应的文本，并选中 A3:F7 区域的单元格，在“对齐方式”选项组中单击“居中”按钮，效果如图 9.21 所示。

Step 06　按 Ctrl+F 快捷键，打开“查找和替换”对话框，选择“查找”选项卡，然后单击“选项”按钮，在“查找内容”文本框中输入“2010”，将“搜索”设置为“按列”，设置完成后单击“查找全部”按钮，然后单击“关闭”按钮，如图 9.22 所示。

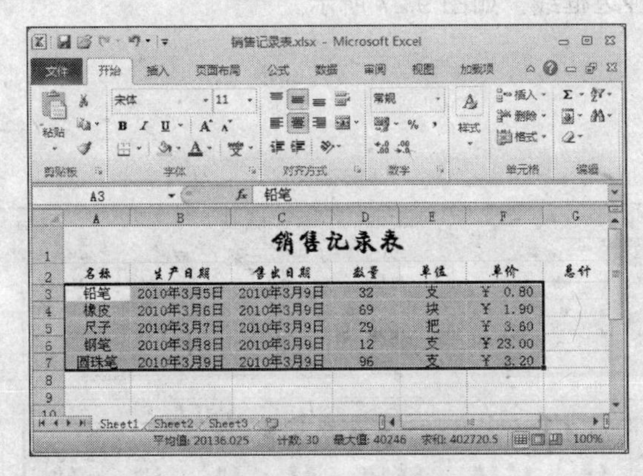

图 9.21　输入并设置文本

图 9.22　查找数据

Step 07　再次按 Ctrl+F 快捷键，打开“查找和选择”对话框，选择“替换”选项卡，设置“替换为”为“2011”，设置“搜索”为“按列”，然后单击“全部替换”按钮，如图 9.23 所示。在弹出的询问对话框中单击“确定”按钮，然后单击“关闭”按钮，将该对话框关闭。

Step 08　选择 G3 单元格，在该单元格中输入公式“=D3*F3”，然后按 Enter 键对其进行确定，将 G3 单元格中的公式复制到 G4:G7 区域的单元格中，如图 9.24 所示。

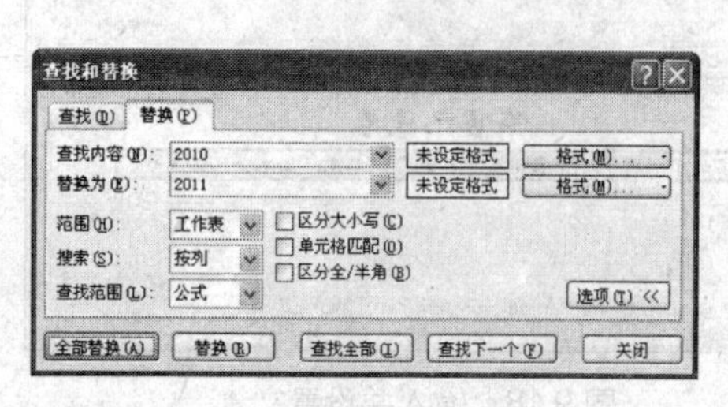

图 9.23 替换数据

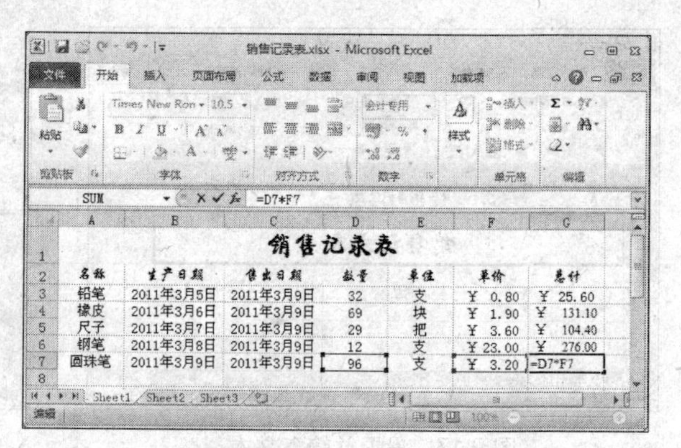

图 9.24 复制公式

Step 09 将 A1:G1 区域中的单元格全部选中，选择“开始”|“字体”命令，单击“填充颜色”按钮，在“填充颜色”下拉列表中选择一种颜色（本例选择“黄色”）作为填充颜色，如图 9.25 所示。

Step 10 选择如图 9.26 所示的单元格，然后在“字体”选项组中设置“填充颜色”为“橙色”。

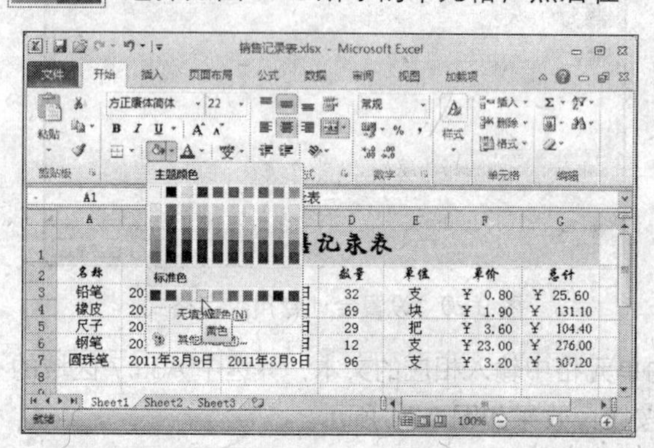

图 9.25 填充标题颜色

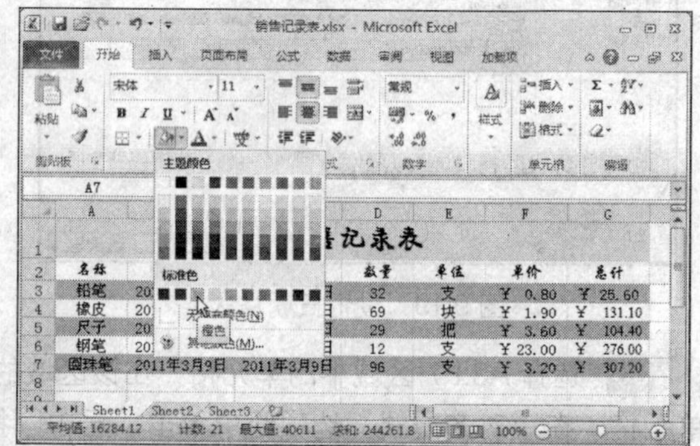

图 9.26 填充行颜色

Step 11 选择“开始”|“字体”命令，单击“下框线”右侧的下三角按钮，在弹出的下拉列表中选择“线型”选项，在弹出的级联菜单中选择一种边框线，如图 9.27 所示。

Step 12 绘制边框线，如图 9.28 所示。

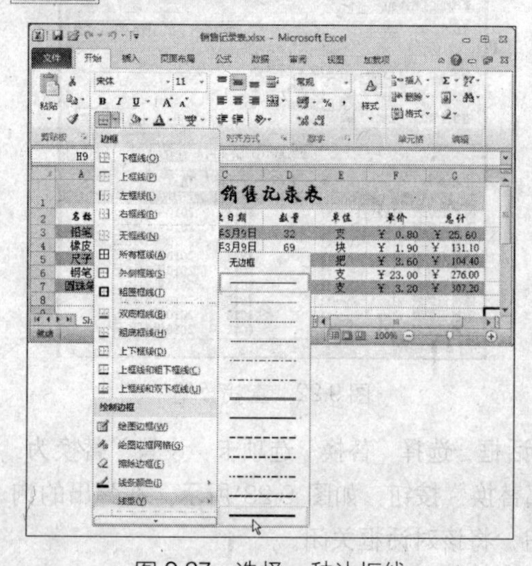

图 9.27 选择一种边框线

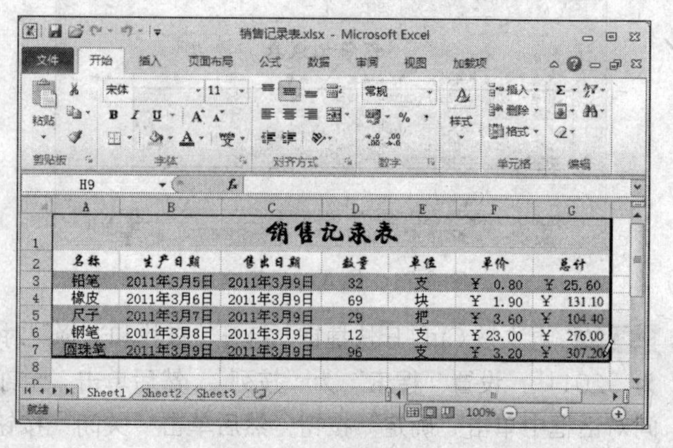

图 9.28 绘制边框线

Step 13 至此，销售记录表制作完成，完成后的效果如图 9.29 所示，将场景进行保存。

销售记录表						
名称	生产日期	售出日期	数量	单位	单价	总计
铅笔	2011年3月5日	2011年3月9日	32	支	￥ 0.80	￥ 25.60
橡皮	2011年3月6日	2011年3月9日	69	块	￥ 1.90	￥ 131.10
尺子	2011年3月7日	2011年3月9日	29	把	￥ 3.60	￥ 104.40
钢笔	2011年3月8日	2011年3月9日	12	支	￥ 23.00	￥ 276.00
圆珠笔	2011年3月9日	2011年3月9日	96	支	￥ 3.20	￥ 307.20

图 9.29　完成后的效果

课后练习与上机操作

一、选择题

1. 在输入公式时应以一个______开头，表明之后的字符为公式。

A. =　　B. *　　C. -　　D. #

2. 在列字母及行数字的前面加上“$”号，就会变成_____引用。

A. 绝对　　B. 相对　　C. 混合　　D. 单独

3. 加号属于_____运算符。

A. 文本　　B. 引用　　C. 算术　　D. 比较

二、简答题

1. 怎样为单元格区域定义名称？
2. 怎样输入函数？

三、上机实训

1. 创建一张工资表，其中要有姓名、部门、基本工资（假设为 600 元）、奖金、所得税、实发工资 6 栏，并输入相应的数据。说明：所得税等于工资总额（基本工资+奖金）乘以税率（假设为 10%），实发工资等于工资总额减去所得税。

2. 用 SUM 函数求出每位员工的工资总额。

3. 用公式求出每位员工的所得税和实发工资。

4. 自行练习名称的创建和编辑。

项目10

图　表

本章导读

图表功能是 Excel 中重要的组成部分。通过对本章的学习，读者可以根据工作表中的数据创建出所需要的图表，以及对图表进行修改与设置。

知识要点

- 图表的创建
- 图表的更改
- 图表类型

任务　图表的基本操作

实训 1　创建图表

我们可以使用快捷键创建图表，也可以使用功能区创建图表。下面我们来介绍怎样创建图表。

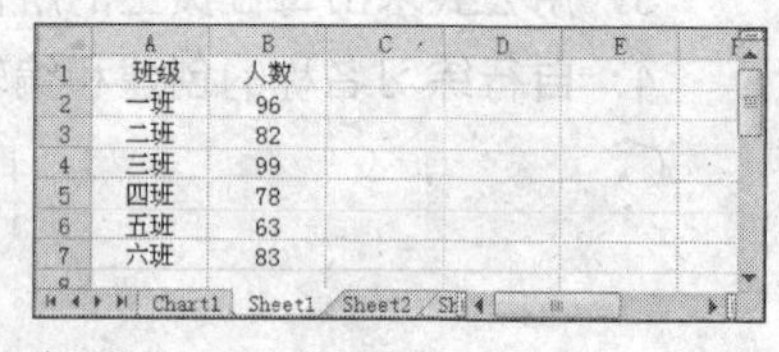

图 10.1　输入文本

1. 使用快捷键创建图表

Step 01　输入如图 10.1 所示的文本。

Step 02　选中需要作为图表数据的单元格，按键盘上 F11 快捷键，这时，就会在工作簿中插入一个新的工作表，如图 10.2 所示。

	A	B
1	班级	人数
2	一班	96
3	二班	82
4	三班	99
5	四班	78
6	五班	63
7	六班	83

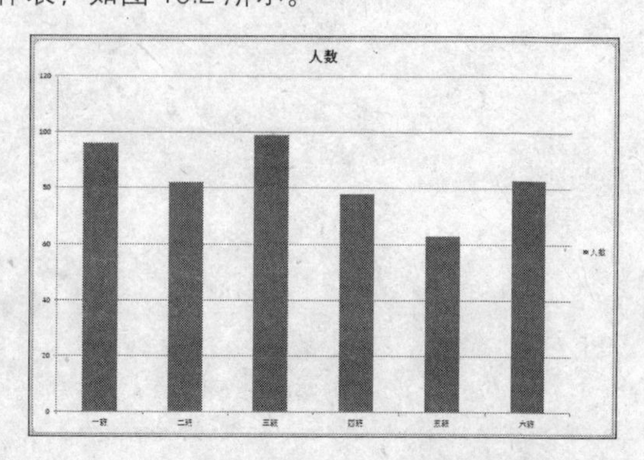

图 10.2　使用快捷键创建图表

2. 使用功能区创建图表

使用功能区可在工作表中插入图表，并选择合适的图表类型，其具体操作步骤如下。

Step 01 选中作为图表数据源的单元格，在"插入"选项卡的"图表"组中选择所需要的图表类型，然后在弹出的下拉列表中选择一种合适的图表类型，如图 10.3 所示。

Step 02 此时，就会在当前工作表中插入一个内嵌图表，如图 10.4 所示。如果需要更改图表类型，可以在功能区中对其类型、布局、格式等进行更改，直到达到理想的效果。

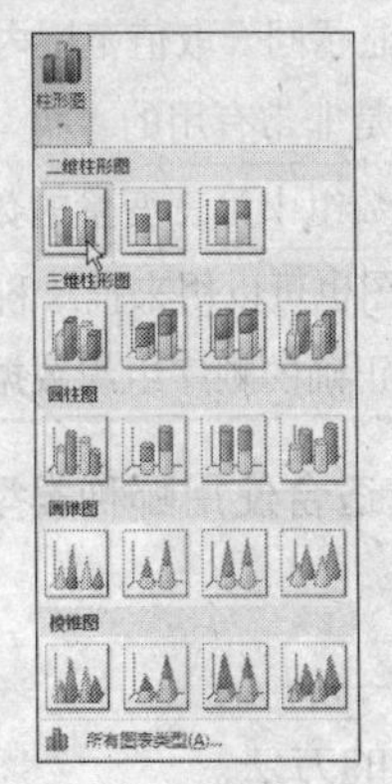

图 10.3 选择一种图表类型

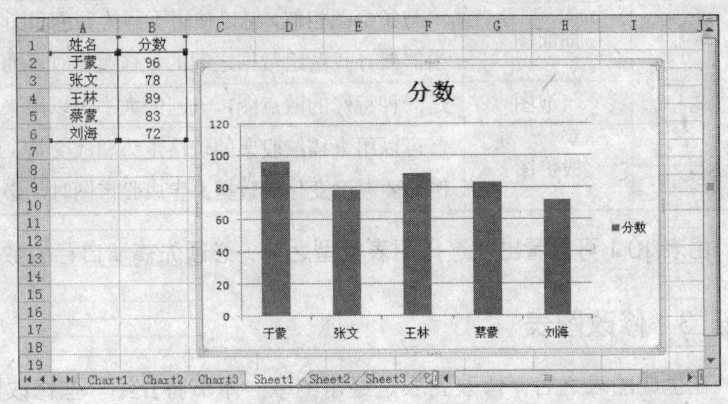

图 10.4 插入一个图表

实训 2 图表类型

Excel 2010 提供了 11 种标准图表类型和许多自定义的图表类型。下面介绍其中最能有效展示数据的 11 种方式，如表 10.1 所示。对每一种标准图表类型来说，都有几种自动套用格式可以用在图表上。

表 10.1 几种标准图表类型的使用

图表类型	名 称	功能说明
	柱形图	用来表示一段时期内数据的变化或者各项之间的比较。柱形图通常用来强调数据随时间的变化而变化。堆积柱形图用来表示各项与整体的关系；具有透视效果的三维柱形图可以沿着两条坐标轴对数据点进行比较
	条形图	用来显示不连续的且无关的对象的差别情况。这种图表类型淡化数值随时间的变化而变化，能突出数值的比较
	折线图	用来显示等间隔数据的变化趋势（如果分类数据点不在等分区间上，应使用 XY 散点图）。折线图主要适用于显示产量、销售额或股票市场随时间的变化趋势
	饼图	显示数据系列中每一项占该系列数值总和的比例关系，当想知道某个数据点占总数的百分比时，可以使用这种图表类型
	XY 散点图	用于显示几个数据系列中数据间的关系，或者将两组数据分别作为 XY 坐标而绘制，常用于分析科学数据
	面积图	用来比较多个数据系列在幅度上连续的变化情况，可以直观地看到部分和整体的关系
	圆环图	与饼图很相似，用于比较一个单位中各环片的大小，但是圆环图能显示多个数据系列，圆环图中的每一个环代表一个数据系列

（续表）

图表类型	名　称	功能说明
	雷达图	每个分类都拥有自己的数值坐标轴，这些坐标轴由中心点向外辐射，并由折线将同一系列中的值连接起来。使用雷达图，可以显示独立的数据系列之间以及某个特定的系列与其他系列的整体之间的关系。应避免使用雷达图，因为雷达图难以读取和理解
	曲面图	与条形图相似，可以使用不同的颜色和图案来显示同一取值范围内的区域。当需要寻找两组数据之间的最佳组合时，曲面图是非常有用的
	气泡图	是一种特殊的散点图，气泡的大小可以用来表示数组中第三变量的数值
	股价图	可以用来描绘股票的价格走势和成交量。这种图也可以用来描绘科学数据，例如随温度变化的数据。生成股市图时，必须以正确的顺序组织数据

由表 10.1 可以看出在选择图表类型之前，必须先搞清自己的数据最适合使用哪种类型的图表。

实训 3　修改图表

在生成图表之后，修改图表是经常的事。本节将介绍一些修改图表的方法。

选中了一个嵌入式图表或者是切换到图表工作表中时，菜单栏的内容会发生一些小小的变化——“数据”菜单会变成“图表”菜单，其他菜单中的内容也会有些小的变化。使用这些菜单命令，可以对图表进行进一步的修改。

1. 调整图表的位置和大小

嵌入式图表可以在工作簿窗口中随意移动，方法是：在图表上单击，按住鼠标不放，然后拖动图表，鼠标指针会变成十字箭头形状，并且会有一个模糊框显示当前的位置，拖动图表到满意的位置后释放鼠标，图表就移到新的位置。

将鼠标指针置于边框四周的 4 个角中的某一个角上，鼠标指针会变为不同方向的双向箭头，这时按住鼠标左键不放并拖动，可以调整图表的大小。

2. 改变图表类型

创建完图表后，Excel 2010 允许用户对图表的类型进行修改，下面举例说明。

要想把图 10.4 所示的柱形图改为折线图，可先单击图表，然后右击图表中的任意区域，弹出图表快捷菜单，选择快捷菜单中的“更改系列图表类型”命令，屏幕上就会出现“更改图表类型”对话框。

该对话框中列出了 Excel 2010 所提供的所有预定义的图表类型清单，用户可以根据自己的需要选取。本例选择“折线图”，然后再从右侧的“子图表类型”列表框中选择第一个类型，单击“确定”按钮。这样，Excel 2010 就会把图表中的柱形图变为折线图，结果如图 10.5 所示。

3. 添加或删除数据

由于图表与其源数据之间在创建图表时已经建立了链接关系，因此，当对工作表中的数据进行修改后，Excel 会自动更新图表。反之，当对图表进行修改后，其源数据中的数据也会随之改变。

添加数据的具体操作步骤如下。

Step 01 选中如图 10.6 所示的折线，右击，在弹出的快捷菜单中选择“选择数据”命令，打开如图 10.7 所示的对话框。

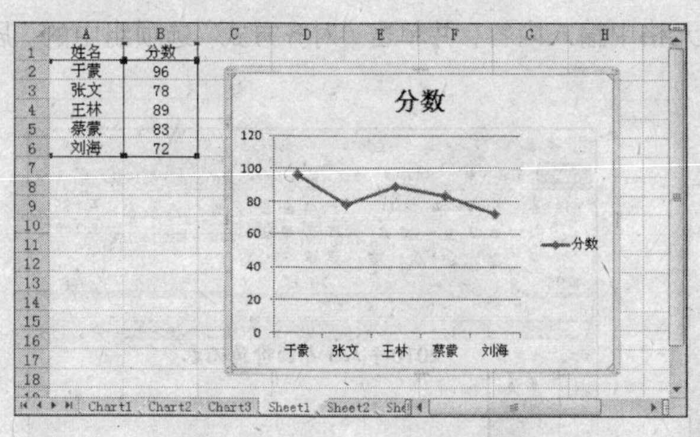

图 10.5 把柱形图变为折线图

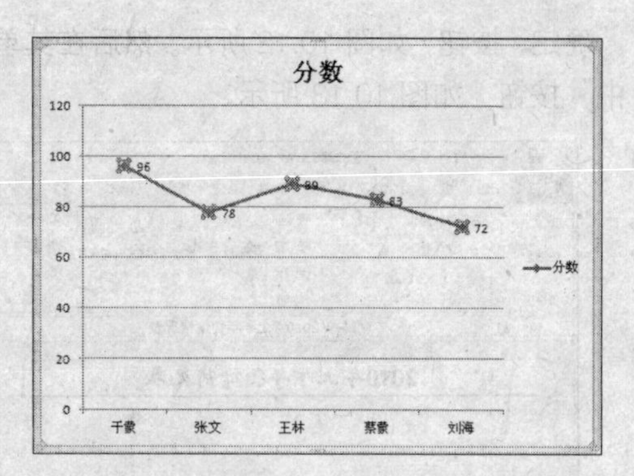

图 10.6 选择折线

Step 02 选中工作表中 A1:B7 单元格，单击“确定”按钮，即可将数据添加到图表中，如图 10.8 所示。

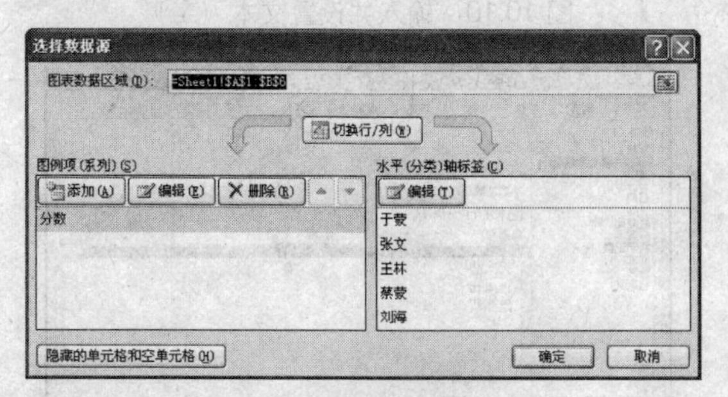

图 10.7 “选择数据源”对话框

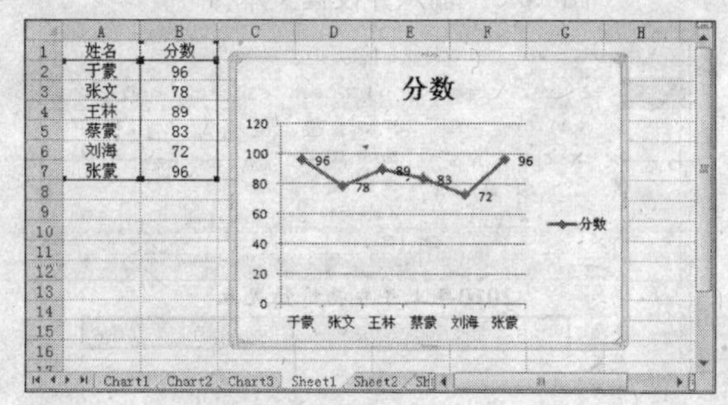

图 10.8 添加数据到图表中

用户如果要删除数据，其操作非常简单：如果要同时删除工作表和图表中的数据，只要从工作表中删除数据，图表将会自动更新；如果只从图表中删除数据，则在图表上单击要删除的数据系列，然后按 Delete 键即可。

技 巧

使用快捷键快速删除选定单元格区域的边框：按 Ctrl+Shift+-快捷键可以快速删除选定单元格区域的边框。

综合案例 制作物价情况表

Step 01 启动 Excel 2010，系统会自动新建一个 Excel 工作簿。

Step 02 选择 A1:G1 区域的单元格，在“对齐方式”选项组中单击“合并后居中”按钮，然后在“字体”选项组中设置“字体”为“方正康体简体”，设置“字号”为 18。设置完成后在该单元格中输入文本，如图 10.9 所示。

Step 03 选择 A2:A5 区域中的单元格，然后在该区域的单元格中分别输入“类型”、“蔬菜”、“水果”、“谷物”，然后将输入的文本全部选中，在“字体”选项组中设置“字体”为“方正行楷简体”，将“字号”设置为 14，单击“对齐方式”选项组中的“居中”按钮，如图 10.10 所示。

Step 04 选择 B2:G2 区域中的单元格，然后在该单元格中分别输入文本。输入完成后将输入的文本进行全部选中，然后在“对齐方式”选项组中单击“居中”按钮，如图 10.11 所示。选择 B3:G5 区域中的单元格，右击，在弹出的快捷菜单中选择“设置单元格格式”命令，打开“设置单元格格式”对话框，选择“数字”选项卡，在“分类”选项组中选择“数值”，将“小数位数”设置为 2，单击

“确定”按钮，如图 10.12 所示。然后在其单元格中输入内容，并单击“对齐方式”选项组中的“居中”按钮，如图 10.13 所示。

图 10.9 输入并设置文本（一）

图 10.10 输入并设置文本（二）

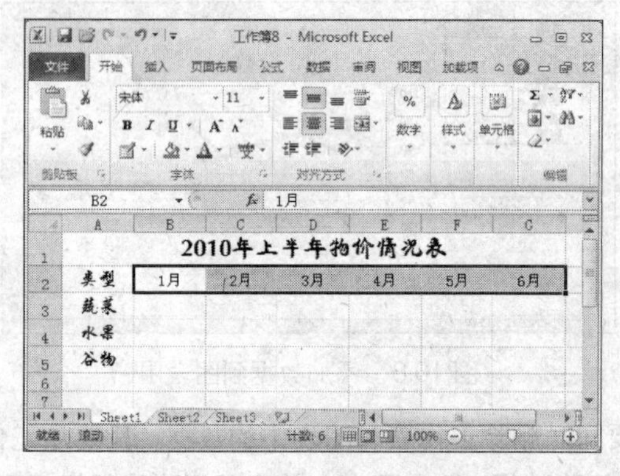

图 10.11 输入并设置文本（三）

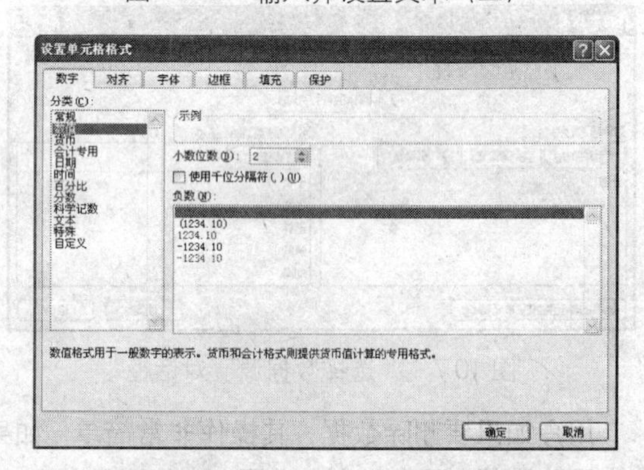

图 10.12 “设置单元格格式”对话框

Step 05 选中 A1:G5 区域中的单元格数据，然后选择“插入”选项卡，在“图表”选项组中单击“折线图”按钮，在弹出的下拉列表中选择“带数据标记的折线图”选项，如图 10.14 所示。

图 10.13 输入并设置文本（四）

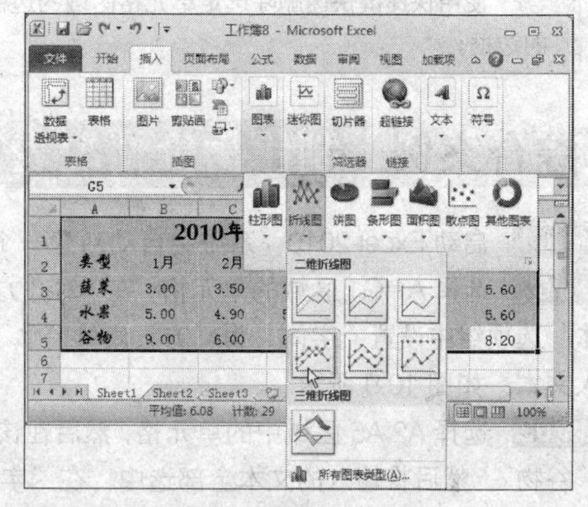

图 10.14 选择“带数据标记的折线图”选项

Step 06 在“图表”选项组设置图表的类型，以及图表的形状样式等。

Step 07 图表设置完成后，选择“开始”|“字体”命令，单击“下框线”右侧的下三角按钮，在弹出的下拉列表中选择“线型”选项，在弹出的级联菜单中选择一种粗框线，如图 10.15 所示。

Step 08 绘制如图 10.16 所示的边框线。

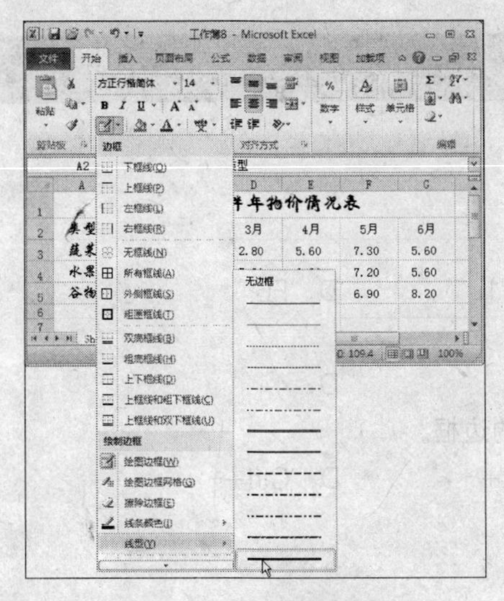

图 10.15 选择一种线型

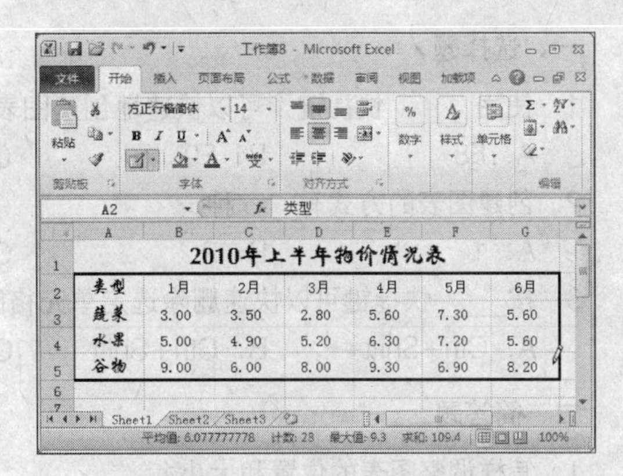

图 10.16 绘制边框线

Step 09 选择第一行文本，选择“开始”|“字体”命令，单击“填充颜色”按钮，在弹出的下拉列表中选择一种填充颜色，本例选择“黄色”选项，如图 10.17 所示。

Step 10 选择 A2:A5 单元格以及 B2:G2 单元格，分别填充颜色，填充颜色后的效果如图 10.18 所示。

图 10.17 选择一种填充颜色

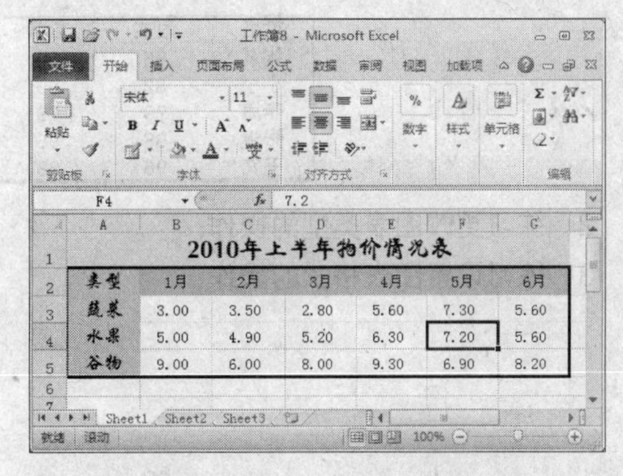

图 10.18 为其填充颜色

Step 11 选择“开始”|“字体”命令，单击“下框线”右侧的下三角按钮，在弹出的下拉列表中选择“线型”选项，在弹出的级联菜单中选择一种细框线，绘制如图 10.19 所示的边框线。

Step 12 此时，物价情况表已经制作完成，效果如图 10.20 所示。

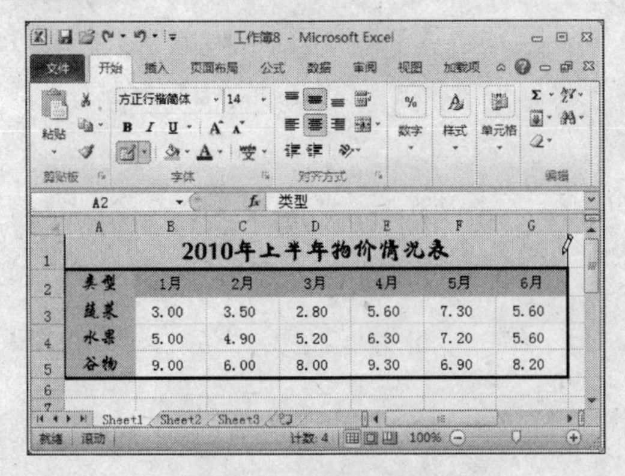

图 10.19 绘制边框线

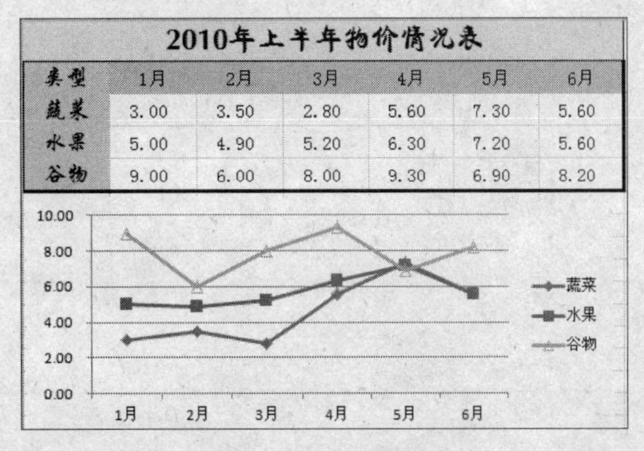

2010年上半年物价情况表

类型	1月	2月	3月	4月	5月	6月
蔬菜	3.00	3.50	2.80	5.60	7.30	5.60
水果	5.00	4.90	5.20	6.30	7.20	5.60
谷物	9.00	6.00	8.00	9.30	6.90	8.20

图 10.20 完成后效果

课后练习与上机操作

一、选择题

1. 使用______快捷键，可以快速地创建图表。
   A. F8　　B. F9　　C. F11　　D. F6
2. 创建图表的方式有____种。
   A. 1　　B. 2　　C. 3　　D. 4
3. 按_____快捷键可以快速删除选定单元格区域的边框。
   A. Ctrl+Shift+-　　B. Ctrl+Shift　　C. Alt+-　　D. Ctrl+-

二、简答题

1. 怎样调整图表的位置和大小？
2. 用什么方法可以向图表中添加新的数据？

三、上机实训

1. 请根据下表中的数据创建一个图表。

姓名	语文	数学	地理	物理	化学
张蒙	96	82	79	68	98
小小	82	99	82	88	96
李海	79	79	68	83	99
张建	98	96	82	79	68
王文	96	69	72	98	99

2. 练习更改图表类型的操作。
3. 练习设置图表格式的操作。

项目 11

管理数据

本章导读

Excel 不仅可以制作一般的表格，还可以对数据清单进行排序、筛选、分类汇总等。通过对本章的学习，可以熟练掌握数据的排序、筛选及分类汇总。

知识要点

- 建立数据清单
- 单列数据排序与多列数据排序
- 筛选数据
- 分类汇总数据
- 数据透视表的使用

任务 1 建立数据清单

本节主要介绍建立数据清单应该遵循的原则、字段名的输入和记录数据的输入等内容。

实训 1 建立数据清单应遵循的原则

在建立数据清单的过程中，应该遵循以下原则。

- 要避免在一个工作表中建立多个数据清单，因为数据清单的某些处理功能，比如筛选功能，每次只能在一个数据清单中使用。
- 避免将关键数据放在数据清单的左右两侧，因为这些数据在筛选数据清单时可能会被隐藏。
- 在工作表的数据清单与其他数据之间至少留出一列或一行空白单元格。在执行排序、筛选或者插入自动汇总等操作时，这将有利于 Excel 选定数据清单。
- 在数据清单的第一行里创建列标题。Excel 使用这些标题创建报告以及查找和组织数据。列标题使用的字体、数据类型、对齐方式、格式、图案、边框或大小写样式，应当与数据清单中其他数据的格式有所区别。
- 如果要将标题和其他数据分开，应当使用单元格边框；在标题行下插入直线，不要使用空白行或插入一行虚线。
- 在单元格的开始处不要插入多余的空格。因为多余的空格会影响排序和查找；一列中的所有单元格应使用同一种格式。

实训 2 输入字段名

如图 11.1 所示是一个数据清单的例子（可参见“素材\Cha11\考试成绩 1.xlsx”文件），它显示了数据清单必须具备的部分，其中第 2 行作为字段名。由于 Excel 根据字段名称来执行排序和查找等操作，因此在选择字段名时，最好选择容易记忆的字段名。

定义字段名必须遵循以下规则：可以使用 1~255 个字符，只能是文字或文字公式，不能是数字、数值公式、逻辑值。

	A	B	C	D	E	F
1	考试成绩					
2	姓名	语文	数学	英语	政治	历史
3	张海	89	79	65	73	98
4	王蒙	96	96	79	82	96
5	张建	78	95	73	69	78
6	刘文	85	92	79	83	81
7	王林	68	79	81	92	96

Chart1 Chart2 Chart3 Sheet1

图 11.1 成绩单示例

需要说明的是，只有紧挨着数据的上面那一行中的名字才可以作为字段名，我们可以另外加上解释名称，作为对数据较详细的说明。另外，不要在字段名行下面加虚线或放置空行。大多数情况下，数据清单中的每个字段名应该是唯一的，记录也是唯一的，尤其是想使用 Excel 的数据筛选器时，所使用的字段名必须互不相同。在创建了字段名之后，我们就可以加入数据行了。

随堂演练 使用记录单

当然可以直接将数据输入到单元格内，不过经过一段时间以后，也许会发现，使用 Excel 的“记录单”命令更为容易，“记录单”命令一次可以显示数据清单的一行。下面介绍如何使用“记录单”命令并为其添加两行文本。

Step 01 打开“素材\Cha11\考试成绩.xlsx”文件，选择数据清单中的任一单元格，然后选择“数据”选项卡，在“数据”选项卡中单击“记录单”按钮，打开如图 11.2 所示的对话框。

Step 02 在对话框的顶部，Excel 显示了包含记录单所基于数据清单的工作表（不是工作簿）名称，下面同时出现数据清单的所有列标题（字段名）。如果已在数据清单中输入了一些行，会看到第一行数据的条目。

Step 03 对话框的右上角是一个注释，例如图 11.2 中右上角是“1/5”，这就是说当前行为第一行，此数据清单一共包含 5 行。

Step 04 注释的下面是一些用于处理数据清单的命令按钮。如果要添加新的一行到数据清单中，应该单击“新建”按钮，出现如图 11.3 所示的对话框。

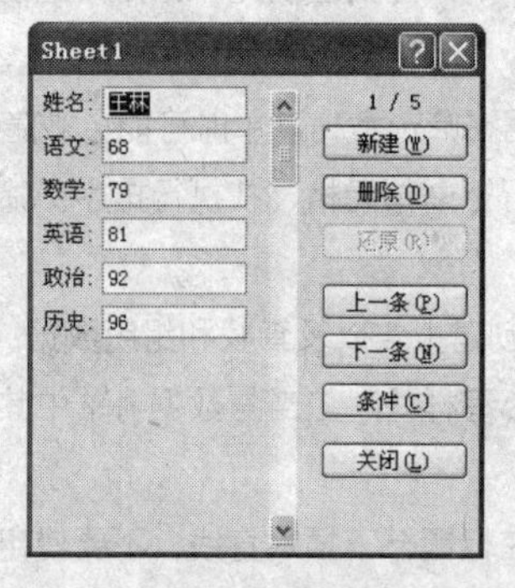

图 11.2 Sheet1（记录单）对话框

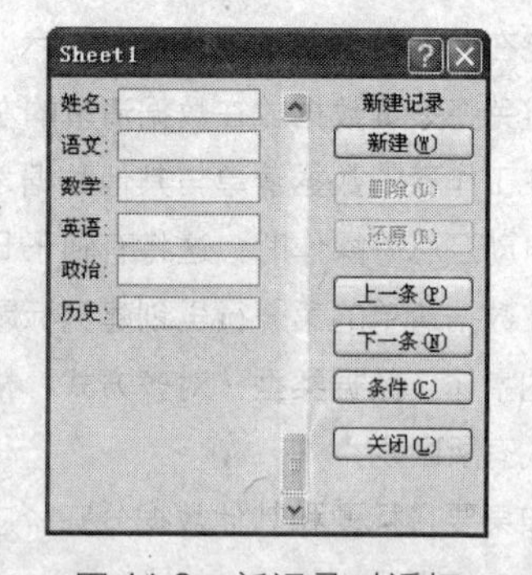

图 11.3 新记录对话框

Step 05 在各个字段所对应的文本框中输入数据。按 Tab 键可以在各个字段之间互相切换。在输入完一条记录的内容以后，按 Enter 键或单击“新建”按钮，可以继续添加新记录。当添加完所有的记录以后，单击“关闭”按钮就可以在清单的下部看到新加入的记录。当使用“记录单”命令在数据清单中添加新的行时，Excel 会向下扩展数据清单而不会影响数据清单以外的任何单元格。现在我们在如图 11.1 所示的数据清单的基础上增加了两行数据，如图 11.4 所示。

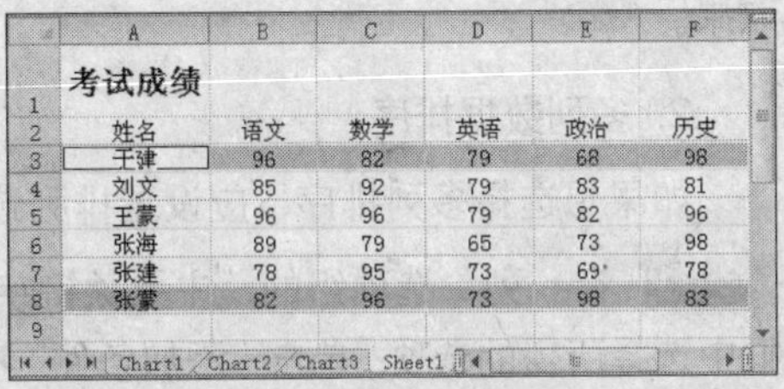

Step 06 要删除记录数据，利用图 11.2 中的“上一条”和“下一条”按钮可查找并显示要删除（或编辑）的记录，或者使用滚动条移到要删除的行，然后单击“删除”按钮，即可完成删除操作。

Step 07 完成后，将场景进行保存。

	A	B	C	D	E	F
1	考试成绩					
2	姓名	语文	数学	英语	政治	历史
3	王建	96	82	79	68	98
4	刘文	85	92	79	83	81
5	王蒙	96	96	79	82	96
6	张海	89	79	65	73	98
7	张建	78	95	73	69	78
8	张蒙	82	96	73	98	83
9						

Chart1 / Chart2 / Chart3 / Sheet1

图 11.4　新增加的两行数据

任务 2　管理数据

实训 1　数据的排序

在进行数据统计过程中，我们会经常用到 Excel 2010 的排序功能。如果没有特殊指定，Excel 2010 会根据选择的“主要关键字”字段的内容按升序（从低到高）对记录进行排序。排序时，Excel 2010 会遵循以下原则。

- 根据某一字段来排序时，如果在该字段上有完全相同的记录，将保持它们的原始次序。排序字段数据为空白单元格的记录会被放在数据清单的最后。
- 排序选项如选定的字段、顺序和方向等，在最后一次排序后便会被保存下来，直到修改它们或修改区域、列标题为止。当按照多个字段进行排序时，若主字段中的项完全相同，则会根据指定的第二个字段进行排序，依此类推。

下面将简要介绍两种具体的排序方法。

1. 单列数据排序

单列数据排序也就是简单排序，以“素材\Cha11\考试成绩.xlsx”中的数据清单为例（其内容见图 11.5），按某一选定的列进行排序，其具体操作步骤如下。

Step 01 在数据清单中任意选择一个单元格。

Step 02 选择“数据”|“排序和筛选”命令，单击“排序”按钮，打开如图 11.6 所示的“排序”对话框。

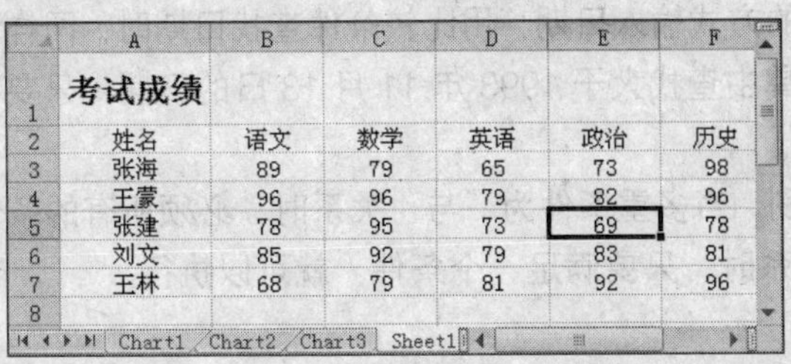

	A	B	C	D	E	F
1	考试成绩					
2	姓名	语文	数学	英语	政治	历史
3	张海	89	79	65	73	98
4	王蒙	96	96	79	82	96
5	张建	78	95	73	69	78
6	刘文	85	92	79	83	81
7	王林	68	79	81	92	96
8						

Chart1 / Chart2 / Chart3 / Sheet1

图 11.5　数据清单

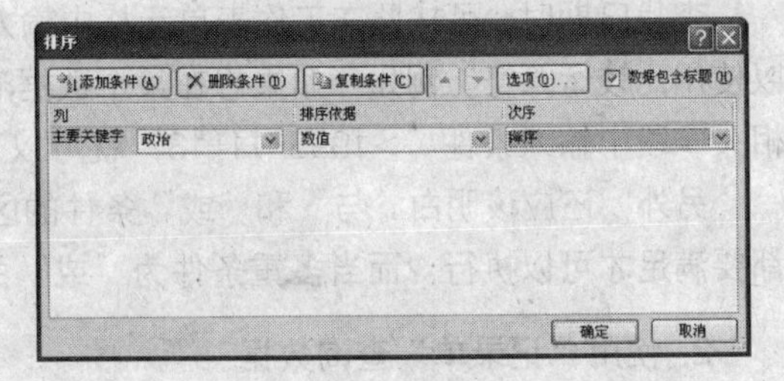

图 11.6　“排序”对话框

Step 03 在“列”选项组的“主要关键字”下拉列表框中选择排序依据，本例选择“政治”。

Step 04 在“次序”选项组中选择“升序”或“降序”，以指定排序次序，本例选择“降序”。

Step 05 在“排序依据”选项组中选择排序依据，本例选择根据“数值”进行排序。

Step 06 单击“确定”按钮，排序后的效果如图 11.7 所示。

当然，也可以使用“常用”工具栏上的“升序”按钮或者“降序”按钮对数据清单或选中的数据区域进行排序，同样可以达到如图 11.7 所示的效果。

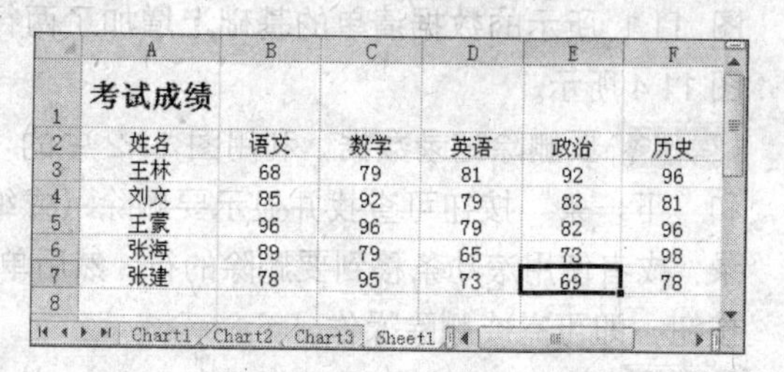

	A	B	C	D	E	F
1	考试成绩					
2	姓名	语文	数学	英语	政治	历史
3	王林	68	79	81	92	96
4	刘文	85	92	79	83	81
5	王蒙	96	96	79	82	96
6	张海	89	79	65	73	98
7	张建	78	95	73	69	78
8						

图 11.7　考试成绩降序排序后的结果

2. 多列数据排序

如果想选择多列排序，应设置排列选项。

Step 01 在“列”选项组的“主要关键字”下拉列表框中选择所需的选项，单击“添加条件”按钮，在“次要关键字”下拉列表框中选择所需的选项，将次序都设为降序。

Step 02 单击“选项”按钮，在弹出的“排序选项”对话框中对其进行设置，完成后单击“确定”按钮。

实训 2　筛选数据

筛选功能可以使 Excel 2010 只显示符合筛选条件的某一值或符合一组条件的行，而隐藏其他行，这样有利于快速查找数据清单中希望得到的数据。Excel 2010 提供了自动筛选功能来筛选数据，另外还可以使用记录单。

1. 指定筛选条件

在 Excel 2010 中可以使用的比较运算符有以下几种：=（等于），>（大于），>=（大于或等于），<（小于），<=（小于或等于），<>（不等于）。例如，要查找所有以字母 M 或 M 之前的字母开头的文本输入项，可以使用条件“<=M”。

注 意

“=”后面不跟任何字符，可以查找空白字段；“<>”后面不跟任何字符，可以查找非空字段。

在 Excel 2010 中，可以使用两个通配符：“*”和“?”。其中“*”代表同一位置上任意一组字符；“?”代表同一位置上任何一个字符。

举例来说，“商场？”可以查找诸如“商场 1”、“商场 2”等数据，而“商场*”可以查找“商场或超市”、“商场的布局”等数据。不过，如果需要在数据清单中查找真正的“*”或“?”，那么要在“*”或“?”之前输入一个“~”，这个符号表示不再把“*”或“?”作为通配符。

查找日期时，可按照在工作表单元格中输入的方式输入日期，用比较条件查找日期时，同样可以使用比较运算符。例如，如果想在某个数据清单中查找大于 1993 年 11 月 13 日的日期，只要在相关字段中输入条件“>1993-11-13”就可以了。

另外，还应该明白“与”和“或”条件的区别。当多重条件为“与”关系时，必须所有的条件都要满足才可以执行；而当多重条件为“或”关系时，只要满足一个条件，就可以执行。

2. 使用“记录单”查询数据

使用“记录单”可以很方便地查找到所需要的数据。方法是：在记录单中输入条件，并要求查找满足这个条件的下一个或前一个记录，然后记录单就会显示出满足条件的下一条或前一条记录。其具体操作步骤如下。

Step 01 打开“素材\Cha11 考试成绩.xlsx”文件。

Step 02 在数据清单中选择任意一个单元格。

Step 03 选择“数据”|“记录单”命令，打开记录单对话框。

Step 04 单击“条件”按钮，进入记录查询状态。

Step 05 在相应字段旁边的文本框中输入条件，例如在“数学”文本框中输入“>92”，如图 11.8 所示。

Step 06 单击“上一条”或“下一条”按钮，即可查到所有销售量大于 92 的记录。

记录单只能用来查找简单的或多重的比较条件，不能用它来查找计算条件或复杂的“与”和“或”比较条件。

3. 使用自动筛选功能

首先必须明白一点，如果要执行自动筛选操作，在数据清单中必须有列标记。使用自动筛选功能来筛选数据的操作步骤如下。

Step 01 打开“素材\Cha11\考试成绩.xlsx”文件。

Step 02 在要进行筛选的数据清单中选择任意一个单元格。

Step 03 选择“数据”|“排序和筛选”命令，单击“筛选”按钮，这时数据清单中的每个列标记边都插入了一个下三角按钮，如图 11.9 所示。

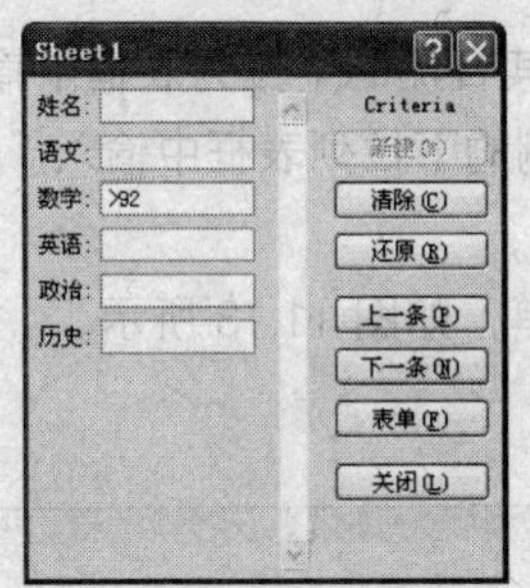

图 11.8 使用“记录单”进行简单条件的查询

	A	B	C	D	E	F
1	考试成绩					
2	姓名	语文	数学	英语	政治	历史
3	王林	68	79	81	92	96
4	刘文	85	92	79	83	81
5	王蒙	96	96	79	82	96
6	张海	89	79	65	73	98
7	张建	78	95	73	69	78

图 11.9 执行筛选操作后的数据清单

Step 04 单击要筛选的数据列（如“姓名”）右边的下三角按钮，会出现一个下拉列表，其中列出了该列中的所有项目，如图 11.10 所示。

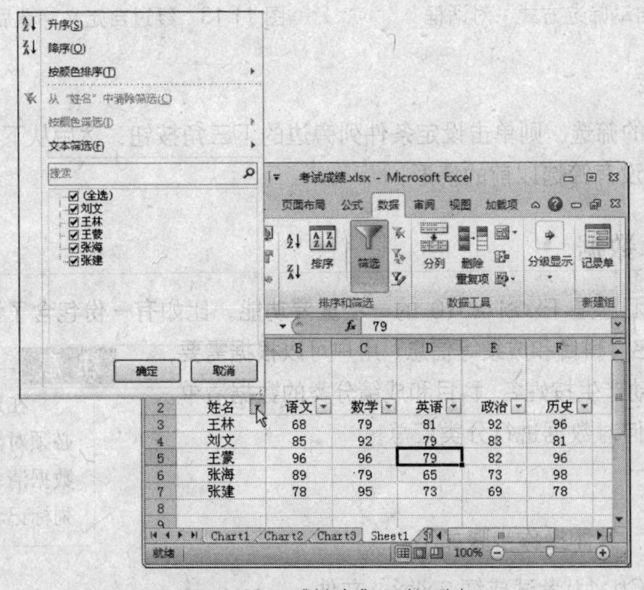

图 11.10 “姓名”下拉列表

Step 05 在“搜索”选项组中输入所要找的寻找文本，如“张海”，单击“确定”按钮，筛选的结果就只显示出符合条件的记录，即名为“张海”的记录，如图 11.11 所示。

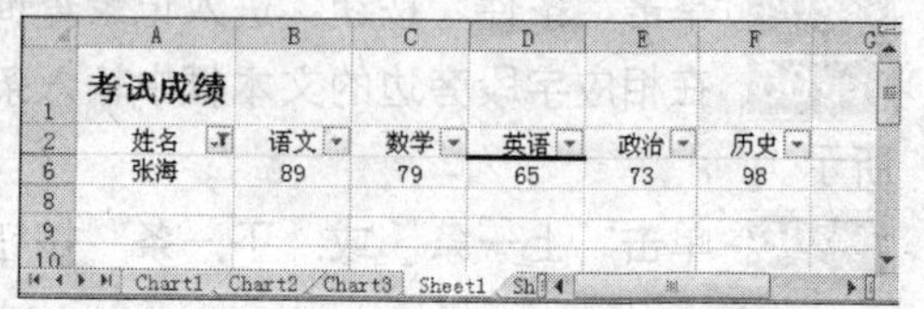

	A	B	C	D	E	F
1	考试成绩					
2	姓名	语文	数学	英语	政治	历史
6	张海	89	79	65	73	98

图 11.11 筛选后的结果

“筛选”命令对某一特定的数据进行筛选非常方便，但其功能有一定的局限性，例如对介于两个数值之间的记录的筛选就很困难。Excel 2010 中的“自定义筛选”命令为用户提供了自定义筛选条件的功能。用户可以自定义筛选条件，例如，要筛选分数在 80~100 之间的记录，其具体操作步骤如下。

Step 01 打开“素材\Cha11\考试成绩.xlsx”文件。

Step 02 在数据清单中选择任意一个单元格。

Step 03 选择“数据”|“排序和筛选”命令，单击“筛选”按钮，单击“数学”下三角按钮，在弹出的下拉列表中选择“文本筛选”选项，在弹出的级联菜单中选择“自定义筛选”。

Step 04 打开“自定义自动筛选方式”对话框，如图 11.12 所示。在该对话框上面的两个下拉列表框中设置第一个条件，在下面的两个下拉列表框中设置第二个条件。两个条件的关系可以通过中间的“与”或“或”单选按钮进行设置。

Step 05 在上面的第一个下拉列表框中选择“大于”选项，在其右侧的下拉列表框中输入“80”；在下面的第一个下拉列表框中选择“小于”选项，然后在其右侧的下拉列表框中输入“100”。由于所需的条件是“>80”且“<100”，所以两者的关系为“与”。

Step 06 单击“确定”按钮，此时就显示出经过筛选的数据清单，如图 11.13 所示。

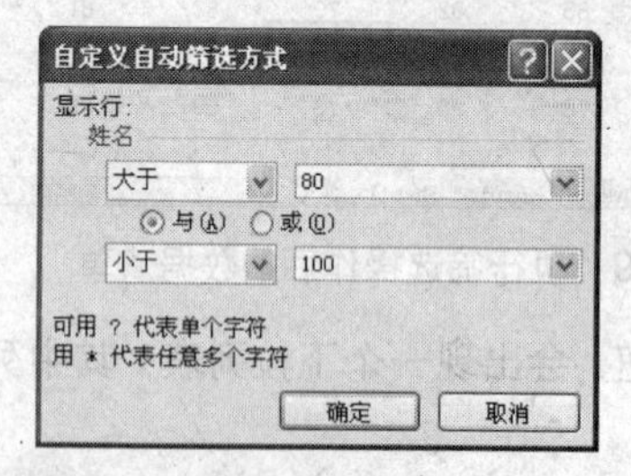

图 11.12 “自定义自动筛选方式”对话框

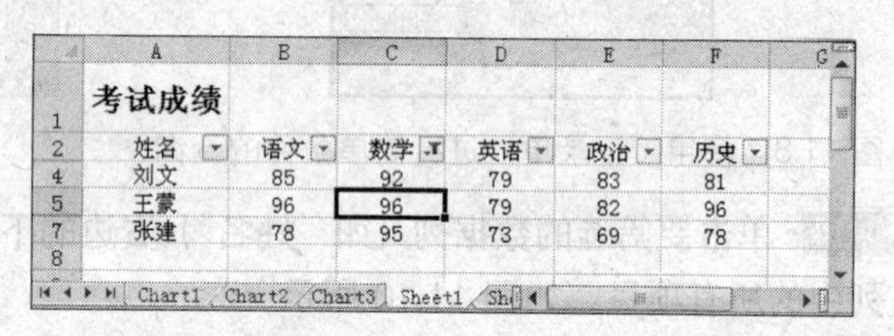

	A	B	C	D	E	F
1	考试成绩					
2	姓名	语文	数学	英语	政治	历史
4	刘文	85	92	79	83	81
5	王蒙	96	96	79	82	96
7	张建	78	95	73	69	78

图 11.13 经过自定义筛选后的数据清单

4. 取消筛选功能

如果想取消单列的筛选，则单击设定条件列旁边的下三角按钮，然后从下拉列表框中选择“全选”选项，就可恢复没有筛选以前的情形。

实训 3 分类汇总数据

对数据进行分类汇总是 Excel 2010 的一项重要功能。比如有一份包含了许多学生的数据成绩单，其列上分别有姓名、科目和成绩等信息。用户可以根据需要，使用分类汇总功能自动产生按姓名、科目和成绩分类的数据清单。

下面具体介绍如何对数据进行分类汇总。

> **注 意**
>
> 在进行分类汇总之前，必须对数据清单进行排序，数据清单的第一行里必须有列标记。

1. 创建分类汇总

要创建分类汇总，具体操作步骤如下。

Step 01 打开“素材\Cha11\考试成绩 2.xlsx”文件。

Step 02 对需要分类汇总的字段进行排序，这里根据“数学”成绩进行降序排序。

Step 03 在数据清单中选择任意一个单元格。

Step 04 选择“数据”|“分级显示”命令，单击“分类汇总”按钮，打开“分类汇总”对话框，如图 11.14 所示。

Step 05 单击“分类字段”右边的下三角按钮，在弹出的下拉列表框中选择要进行分类汇总的列，这里选择“数学”选项。同样单击“汇总方式”右边的下三角按钮，在弹出的下拉列表中选择分类汇总的函数，此处选择“求和”选项。

Step 06 在“选定汇总项”列表框中选择相应的列，这里勾选“数学”复选框。

Step 07 单击“确定”按钮，就产生了分类汇总的结果，如图 11.15 所示。

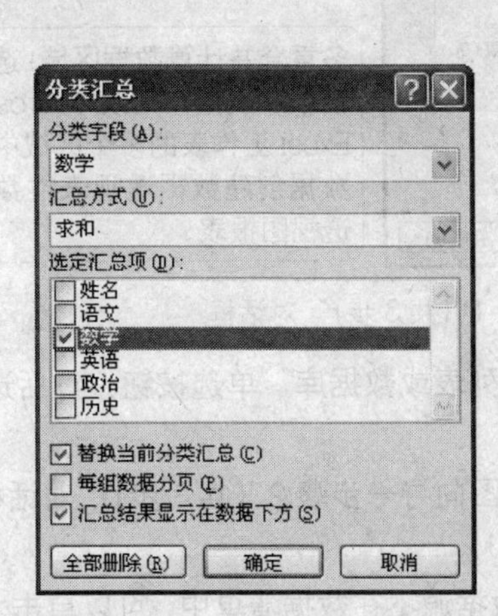

图 11.14 “分类汇总”对话框

	A	B	C	D	E	F	G
2	姓名	语文	数学	英语	政治	历史	
3	王林	68	79	81	92	96	
4		79 汇总	79				
5	刘文	85	92	79	83	81	
6		92 汇总	92				
7	王蒙	96	96	79	82	96	
8		96 汇总	96				
9	张海	89	79	65	73	98	
10		79 汇总	79				
11	张建	78	95	73	69	78	
12		95 汇总	95				
13	蒙蒙	96	98	82	76	69	
14		98 汇总	98				
15	海宝	89	82	89	91	94	
16		82 汇总	82				
17	文英	98	96	90	92	93	
18		96 汇总	96				
19	王建	72	98	99	98	89	
20		98 汇总	98				
21	小明	96	82	79	68	76	
22	小小	93	82	7869	82	59	
23		82 汇总	164				
24	琳琳	58	96	72	69	80	
25		96 汇总	96				
26		总计	1075				

Chart1 Chart2 Chart3 Sheet1 Sheet2

图 11.15 分类汇总的结果

在图 11.14 中，如果勾选“替换当前分类汇总”复选框，则可以替换任何现存的分类汇总；如果勾选“每组数据分页”复选框，则可以在每组数据之前插入分页符；在 Excel 2010 中，默认状态下“汇总结果显示在数据下方”复选框是处于勾选状态，如果要在数据组之前显示分类汇总的结果，则应取消勾选此复选框。

2. 删除分类汇总

在图 11.14 中单击“全部删除”按钮，或者直接单击“撤销”按钮均可删除分类汇总。不过采用单击“撤销”按钮这种方法，需要在这期间内没有做过其他修改才行。

实训 4 使用数据透视表

数据透视表是一种特殊形式的表，它能从一个数据清单的特定字段中概括出信息。在建立数据透视表时，可以说明对哪些字段感兴趣，包括希望生成的表如何组织，以及工作表执行哪种形式的计算。建立数据透视表后，也可以重新排列表，以便从另一角度查看数据，并且随时可以根据原始数据的改变而更新数据透视表。

下面通过实例来介绍如何建立并使用数据透视表。

1. 创建数据透视表

使用“数据透视表和数据透视图向导”命令，可以对现有的数据源建立交叉制表和进行汇总，并重新布置，且能立即计算出结果。在创建过程中，用户必须考虑该如何汇总数据。

创建数据透视表的具体操作步骤如下。

Step 01 打开"素材\Cha11\考试成绩 2.xls"文件。

Step 02 在要创建数据透视表的数据清单中选择任意一个单元格。

Step 03 选择"数据"选项卡，单击"数据透视表和数据透视图"按钮，打开"数据透视表和数据透视图向导--步骤 1（共 3 步）"对话框，如图 11.16 所示。

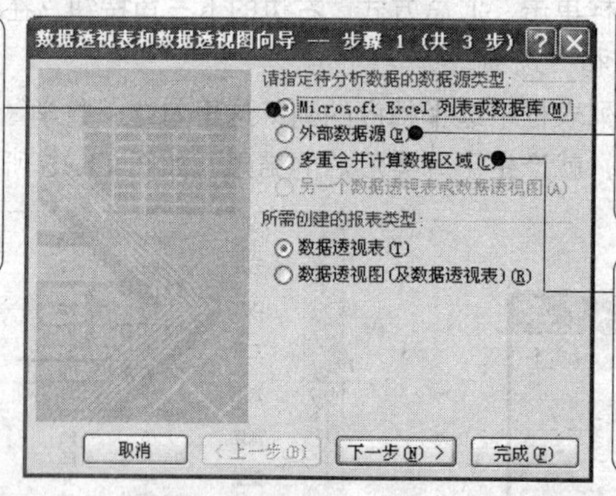

图 11.16 "数据透视表和数据透视图向导--步骤 1（共 3 步）"对话框

Step 04 选择正确的数据源类型，本例选中"Microsoft Excel 列表或数据库"单选按钮，然后选中"数据透视表"单选按钮（通常系统默认为此选项）。

Step 05 单击"下一步"按钮，打开"数据透视表和数据透视图向导--步骤 2（共 3 步）"对话框，如图 11.17 所示。

Step 06 在"选定区域"文本框中输入所选数据的范围，如果数据源不在数据清单中，可以单击"浏览"按钮查找工作簿，本例使用默认的选定区域。

Step 07 选定数据源后，单击"下一步"按钮，打开"数据透视表和数据透视图向导--步骤 3（共 3 步）"对话框，如图 11.18 所示。

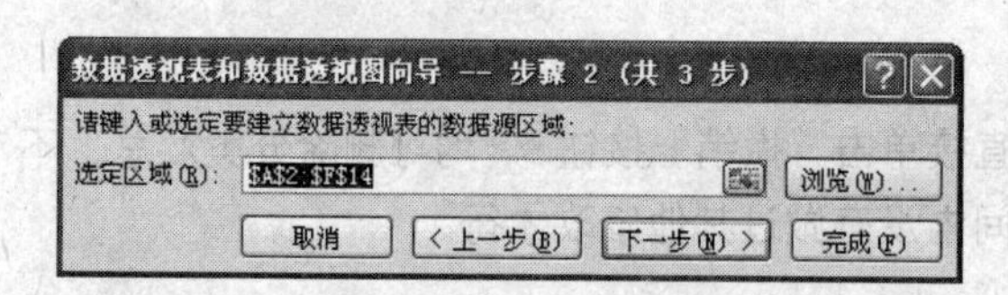

图 11.17 "数据透视表和数据透视图向导--步骤 2（共 3 步）"对话框

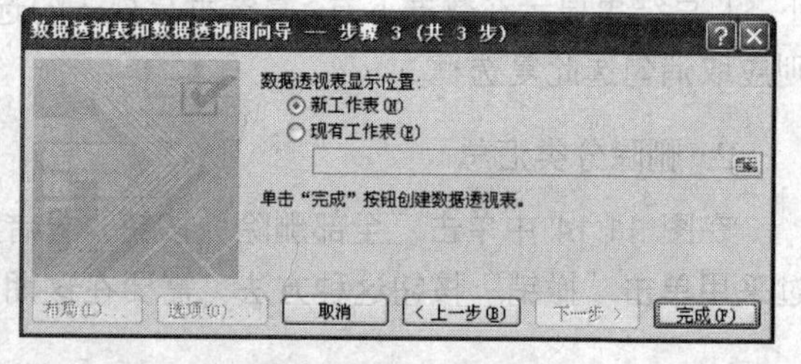

图 11.18 "数据透视表和数据透视图向导--步骤 3（共 3 步）"对话框

Step 08 单击"完成"按钮，会弹出如图 11.19 所示的数据透视表以及数据透视表字段列表。在"数据透视表字段列表"任务窗格的"选择要添加到报表的字段"选项组中选择所需要添加到报表的字段，本例勾选"数学"复选框，结果如图 11.20 所示。

提 示

在 Excel 2010 中，无论是新建工作表或是现有工作表，都可以放置数据透视表，但最好不要把数据透视表放在可能改写数据的地方。

2. 修改和添加透视表中的数据

创建数据透视表以后，如果发现数据透视表中的布局与设想的不同，可以通过重建数据透视表来改变布局，但那样操作太麻烦。在 Excel 2010 中，可以通过修改的方法来建立符合要求的数据透视表。例如，在上一小节新建的数据透视表中发现所需的求和项是“语文”而不是“数学”时，就可以对它进行修改。只需“数据透视表字段列表”任务窗格中，取消勾选“数学”复选框，再次勾选“语文”复选框即可。

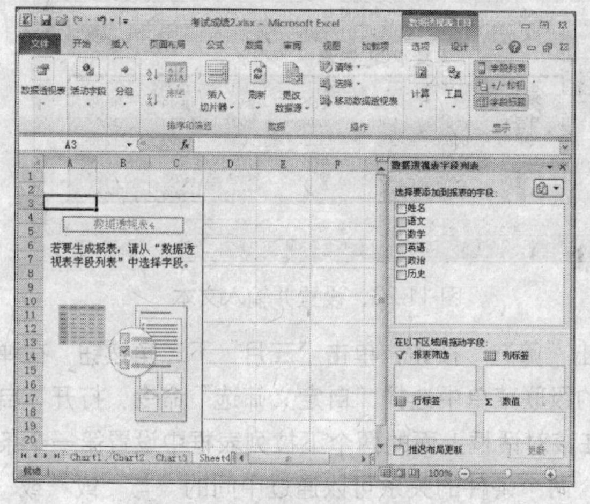

图 11.19　弹出数据透视表以及数据透视表字段列表

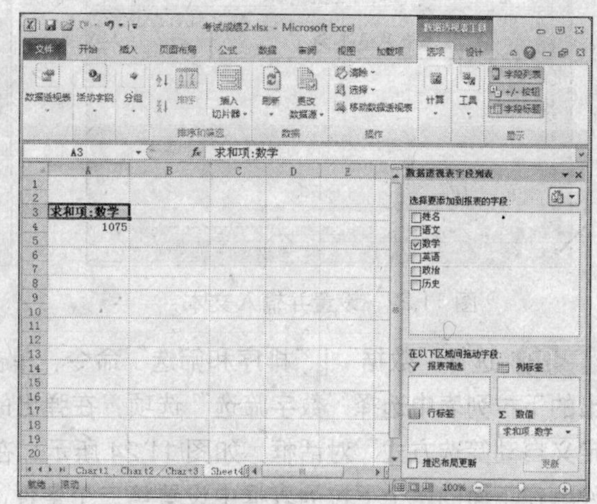

图 11.20　新建数据透视表效果

除了直接在数据透视表字段列表中对字段进行修改外，还可以利用“创建数据透视表”对话框添加字段，其具体操作步骤如下。

Step 01　打开“素材\Cha11\考试成绩.xlsx”文件，在要创建数据透视表的数据清单中选择任意一个单元格。

Step 02　单击“数据”选项卡中的“数据透视表”按钮，弹出“创建数据透视表”对话框，如图 11.21 所示。在该对话框中对其进行设置，完成后单击“确定”按钮。

Step 03　在“数据透视表字段列表”中选择所要添加的字段即可。

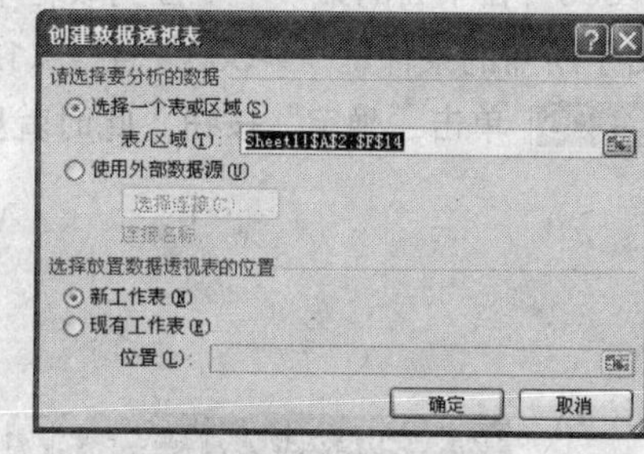

图 11.21　“创建数据透视表”对话框

3. 更新数据透视表

虽然数据透视表是根据源数据清单或表格里的数据建立的，但是如果对源数据进行修改，数据透视表并不会自动随之改变，必须先在数据透视表中选定任一单元格并在“数据透视表工具”的“选项”选项卡下的“数据”组中单击“刷新”按钮以后，数据透视表才会改变。

技 巧

快速返回选中区域：按 Ctrl+Backspace（即退格键）快捷键，可以快速返回到选中区域。

综合案例　快速查询工资

Step 01　启动 Excel 2010，新建一个工作簿，按 Ctrl+S 快捷键，进行保存。

Step 02　选择 A1:E1 中的单元格，单击“合并后并居中”按钮，将“字体”设置为“方正康体简体”，将“字号”设置为 18，并在单元格中输入文本，如图 11.22 所示。

Step 03　输入如图 11.23 所示的内容，选择 A2:G8 单元格，单击“对齐方式”选项组中的“居中”按钮，将内容居中。

图 11.22　设置并输入文本

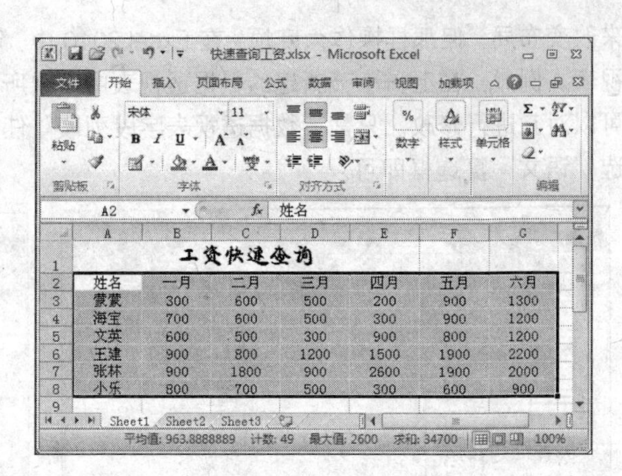

图 11.23　设置并输入文本

Step 04　选择“数据”|“排序和筛选”命令，单击“筛选”按钮，单击“三月”下三角按钮，在弹出的下拉列表中选择“数字筛选”选项，在弹出的级联菜单中选择“自定义筛选”命令，打开“自定义自动筛选方式”对话框，如图 11.24 所示。在该对话框上面的两个下拉列表框中设置第一个条件，在下面的两个下拉列表框中设置第二个条件，两个条件的关系可以通过中间的“与”或“或”单选按钮进行设置。

Step 05　在上面的第一个下拉列表框中选择“大于或等于”选项，在其右侧的下拉列表框中输入“500”；在下面的第一个下拉列表框中选择“小于”选项，然后在其右侧的下拉列表框中输入“1200”。由于所需的条件是“≥500”且“<1200”，所以两者的关系为“与”。

Step 06　单击“确定”按钮，此时就显示出三月经过筛选的数据清单，如图 11.25 所示。

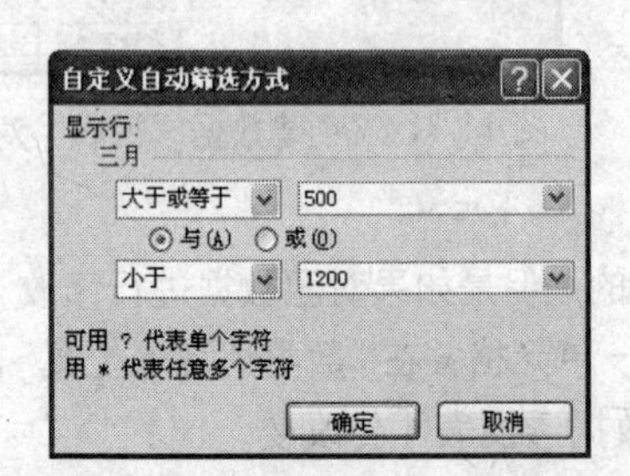

图 11.24　“自定义自动筛选方式”对话框

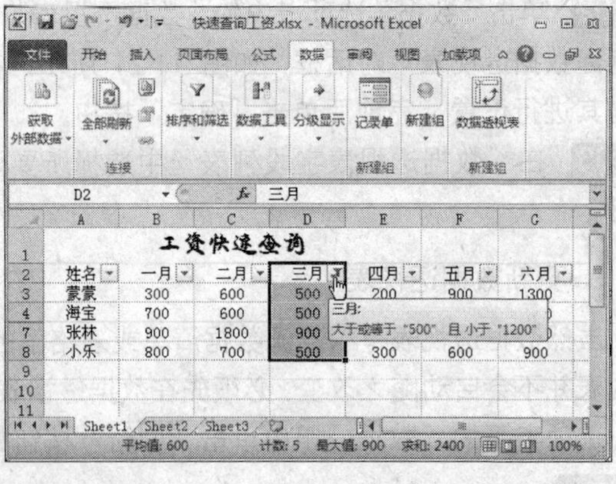

图 11.25　筛选完成后的效果

Step 07　完成后，将场景进行保存。

课后练习与上机操作

一、选择题

1. 按______键，可以在各个字段间相互切换。

　　A. Tab　　B. Ctrl　　C. Shift　　D. Alt

2. 按______快捷键可以进行保存。

　　A. Ctrl+Z　　B. Ctrl+W　　C. Ctrl+S　　D. Alt+S

二、简答题

1. 对数据清单中的数据如何按多列进行排序？
2. 简述在数据清单中使用“自动筛选”功能筛选数据的操作方法。
3. 怎样创建数据透视表？

三、上机实训

1. 打开“素材\Cha11\考试成绩.xlsx”文件，练习记录单的使用。
2. 练习数据的排序和筛选。

项目12

打印工作表

本章导读

当工作表制作完成后，我们需要对其进行打印输出，并设置其页面、页边距以及页眉/页脚等。通过对本章的学习，读者可以熟练地掌握工作表的打印。

知识要点

- ✪ 打开设置
- ✪ 打印预览及打印工作表

任务 打印设置

在 Excel 2010 中，通过改变"页面设置"对话框中的选项，用户可以控制要打印的工作表的外观和版面。

实训 1 设置页面

页面的打印方式包括页面的打印方向、缩放比例、纸张大小以及打印质量。用户可以根据自己的需要进行设置，其具体操作步骤如下。

Step 01 选定需要设置页面打印方式的工作表。如果希望对多张工作表进行设置，需要先选中多张工作表。

Step 02 选择"页面布局"|"页面设置"命令，单击"页面设置"右下角的按钮，打开"页面设置"对话框，选择"页面"选项卡，如图 12.1 所示。

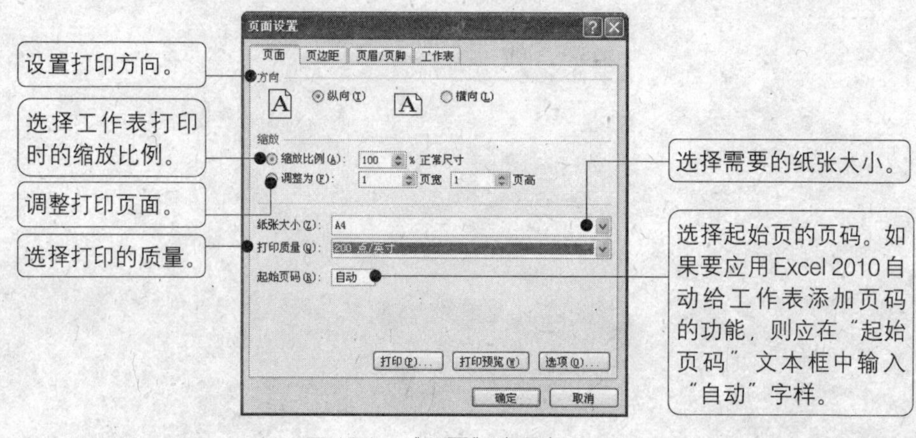

图 12.1 "页面"选项卡

Step 03 相关设置完毕后，单击“确定”按钮即完成操作。

实训 2　设置页边距

页边距是指正文与页面边缘的距离。用户可以通过设置页边距调整文本在页面中的打印区域，其具体操作步骤如下。

Step 01 在图 12.1 所示的“页面设置”对话框中，选择“页边距”选项卡，如图 12.2 所示。

Step 02 分别在“上”、“下”、“左”、“右”四个数值框中输入所需的页边距数值。

注意

页边距的设置值应该大于打印机所要求的最小页边距值。

Step 03 在“页眉”和“页脚”文本框中可以指定页眉和页脚与纸张边缘的距离。

Step 04 如果勾选“水平”复选框，则该工作表在页面上水平居中；如果勾选“垂直”复选框，则该工作表在页面上垂直居中。

Step 05 设置完毕后，单击“确定”按钮，完成操作。

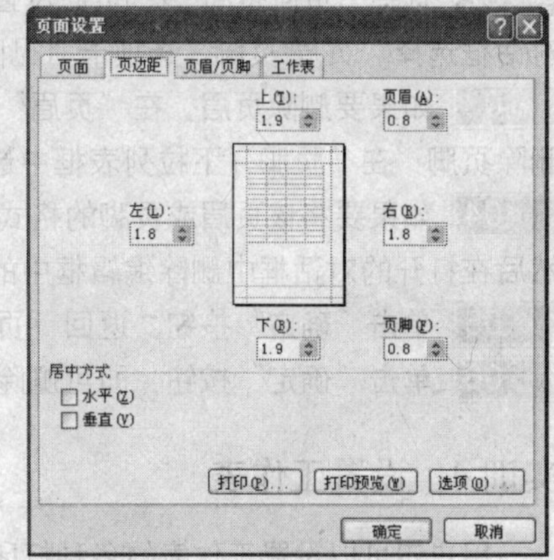

图 12.2　“页边距”选项卡

实训 3　设置页眉和页脚

通常页眉用来显示需在每页的顶部重复显示的信息，例如书名、章节名、文件名、公司的名称或标志等；而页脚用来显示需在每页的底部重复显示的信息，例如文件名、页码、作者以及写作日期等。设置页眉和页脚的操作步骤如下。

Step 01 在图 12.1 所示的“页面设置”对话框中，选择“页眉/页脚”选项卡，如图 12.3 所示。

Step 02 在“页眉”下拉列表框中选择内置的页眉格式，如图 12.4 所示。

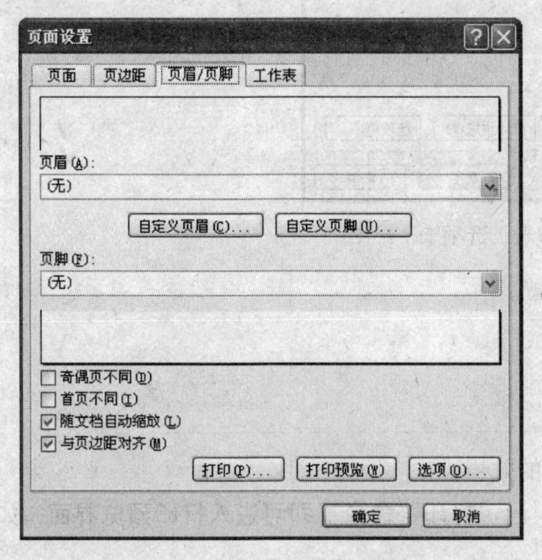

图 12.3　“页眉/页脚”选项卡

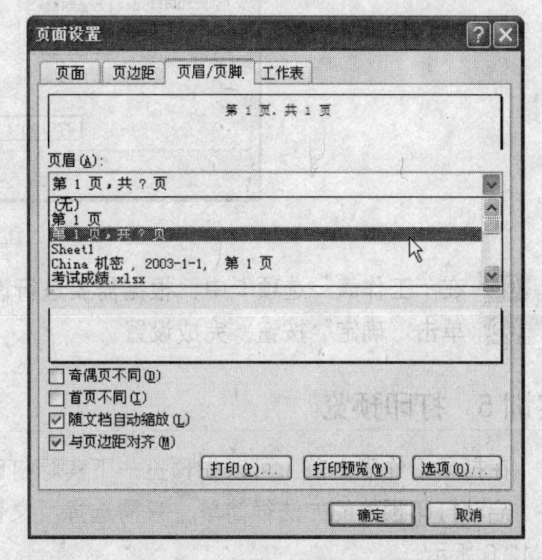

图 12.4　选择内置的页眉格式

Step 03 在“页脚”下拉列表框中选择内置的页脚格式。

Step 04 设置完毕后，单击“确定”按钮以确认操作。

要删除页眉和页脚，具体操作步骤如下。

Step 01 选定要删除页眉和页脚的工作表，如果要删除多张工作表的页眉和页脚，需要先选中多张工作表。

Step 02 选择“页面布局”|“页面设置”命令，单击“页面设置”右下角的按钮，打开“页面设置”对话框选择“页眉/页脚”选项卡（见图 12.3）。

Step 03 如果要删除页眉，在“页眉”下拉列表框中选择“(无)”选项，表明不使用页眉；如果要删除页脚，在“页脚”下拉列表框中选择“(无)”选项，表明不使用页脚。

Step 04 如果要将该页眉或页脚的格式从列表中删除，单击“自定义页眉”或“自定义页脚”按钮，然后在打开的对话框中删除编辑框中的文字。

Step 05 单击“确定”按钮，返回“页面设置”对话框。

Step 06 单击“确定”按钮，即可删除页眉或页脚的设置。

实训 4　设置工作表

用户还可以设置工作表的多种打印格式，具体操作步骤如下。

Step 01 在图 12.1 所示的“页面设置”对话框中选择“工作表”选项卡，如图 12.5 所示。

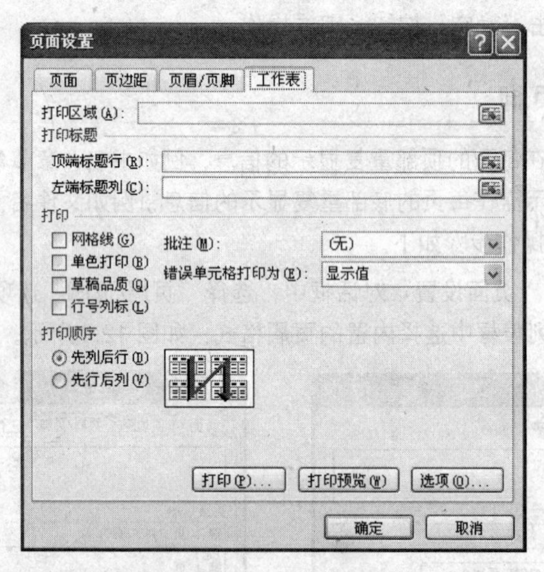

图 12.5　“工作表”选项卡

Step 02 在“工作表”选项卡中，根据需要进行设置。

Step 03 单击“确定”按钮，完成设置。

实训 5　打印预览

在打印工作表之前，可以先预览一下实际打印的效果。

启动打印预览的方法很简单，只需选择“文件”|“打印”命令，即可进入打印预览界面，如图 12.6 所示。

在“打印”选项下，可以设置打印的份数；在“设置”选项下，可以对页数、纸张的大小以及边距等进行设置。

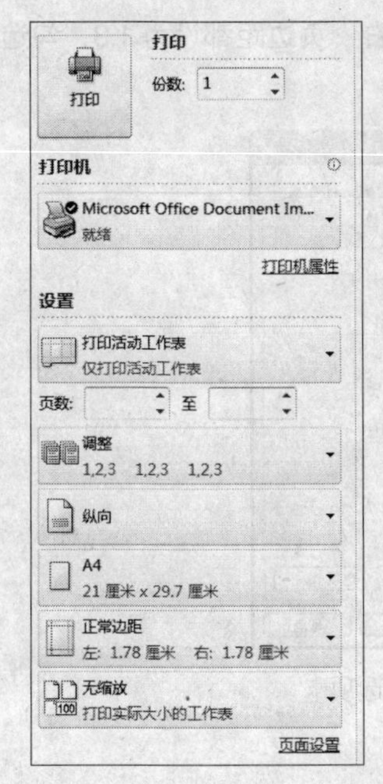

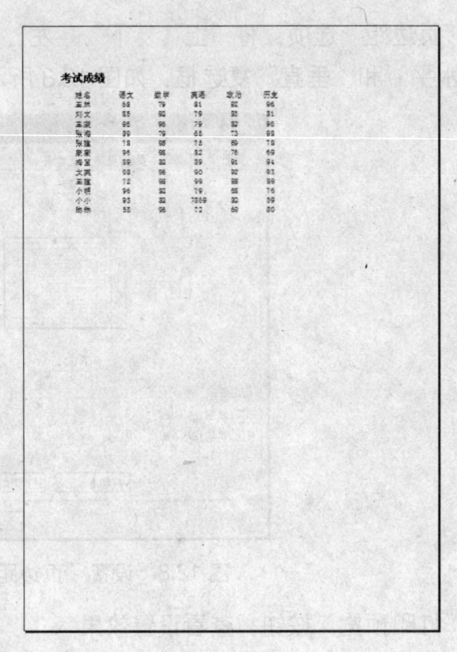

图 12.6　打印预览界面

技 巧

快速改变显示比例：在 Excel 编辑页面状态下，按着 Ctrl 键并滑动鼠标中轮，就可以快速地改变其显示比例。

综合案例　打印家庭明细账

下面主要练习对家庭明细账的页面设置和打印操作，具体操作步骤如下。

Step 01 打开“素材\Cha12\制作简单的家庭明细账.xlsx”文件。

Step 02 选择“页面布局”|“页面设置”命令，单击“页面设置”右下角的按钮，打开“页面设置”对话框，选择“页面”选项卡。

Step 03 在“方向”选项组中选中“横向”单选按钮，将“缩放”选项组中“缩放比例”设置为 95%，如图 12.7 所示。

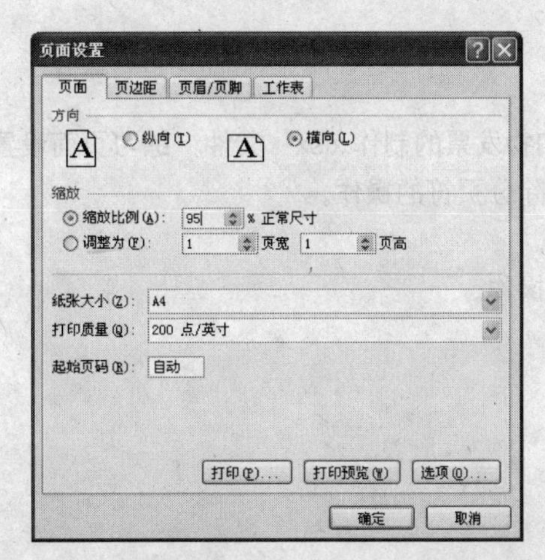

图 12.7　设置“页面”选项卡

Step 04 选择“页边距”选项，将“上”、“下”、“左”、“右”页边距都设为 1.3，勾选“居中方式”选项组中的“水平”和“垂直”复选框，如图 12.8 所示。

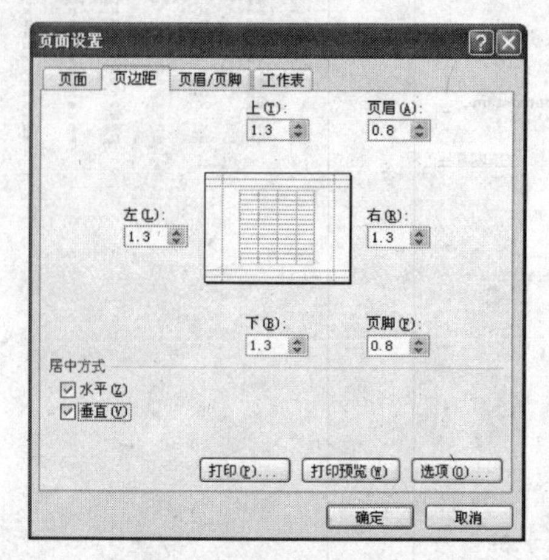

图 12.8 设置“页边距”选项卡

Step 05 单击“打印预览”按钮，查看设置效果。

Step 06 若对以上的设置不满意，可以重复前面的步骤更改设置。

Step 07 若要开始打印，可单击“打印”按钮。

课后练习与上机操作

一、选择题

1．在以下 4 个标签中，不属于“页面设置”对话框的是______。

A．页面　　B．页边距　　C．字体　　D．工作表

2．工作表的打印方向有______和______。

A．横向　　B．纵向　　C．水平　　D．垂直

二、简答题

1．如何设置页边距？

2．怎样删除页眉和页脚？

三、上机实训

1．打开“素材\Cha12\购物发票的制作.xlsx”文件，练习页面设置的各种操作。

2．练习插入、移动和删除分页符的操作。

3．练习打印预览的操作。

4．练习设置打印区域的操作。

项目13

PowerPoint 2010的基本操作

本章导读

本章将介绍PowerPoint 2010基本知识以及打印演示文稿的基本操作。通过对本章的学习，读者可以使用PowerPoint 2010进行基本操作。

知识要点

- 启动PowerPoint 2010
- PowerPoint 2010的窗口组成
- 创建演示文稿
- 保存演示文稿
- 退出PowerPoint 2010
- 打印演示文稿

任务1 了解PowerPoint 2010

在使用PowerPoint 2010之前，首先要了解它的启动、窗口组成、保存及退出等，下面分别介绍。

实训1 启动PowerPoint 2010

启动PowerPoint 2010有多种方法，这里主要介绍3种方法：利用“开始”菜单启动、利用演示文稿文件启动和使用快捷方式图标启动。

1. 使用“开始”菜单启动

在安装了PowerPoint 2010之后，PowerPoint 2010程序名就自动添加到“程序”菜单中。单击Windows任务栏上的“开始”按钮，然后选择“所有程序”|Microsoft Office|Microsoft Office PowerPoint 2010命令，就可以启动PowerPoint 2010。

2. 使用演示文稿文件启动

若要启动PowerPoint 2010并同时打开指定的演示文稿，只需在“Windows资源管理器”或“我的电脑”窗口中双击指定的PowerPoint 2010演示文稿的文件名即可。

3. 使用快捷方式图标启动

用户可以在桌面上为PowerPoint 2010创建一个快捷方式图标，通过双击桌面上的快捷方式图标，也可启动PowerPoint 2010。在桌面上创建快捷方式图标的具体操作步骤如下。

Step 01 在桌面上的空白处右击，将弹出一个快捷菜单。

Step 02 在快捷菜单中选择“新建”|“快捷方式”命令，打开“创建快捷方式”对话框。

Step 03 单击“浏览”按钮，打开“浏览文件夹”对话框，找到所安装的 Office 2010 应用程序的文件夹（通常位于 C:\Program Files\Microsoft Office 中），进一步选择 Office11 子文件夹（这是安装 Office 时默认的文件夹名），并选择其中的 POWERPNT.EXE 文件。

Step 04 单击“确定”按钮，其路径已添加到“创建快捷方式”对话框中的“请输入项目的位置”文本框中。

Step 05 单击“下一步”按钮，在打开的“选择程序标题”对话框中输入快捷方式的名称，然后单击“完成”按钮结束。

如果想删除快捷方式，只需选中图标，然后右击，在弹出的快捷菜单中选择“删除”命令，或者在选中该图标后，按 Delete 键，并在打开的对话框中单击“删除快捷方式”按钮。

实训 2　PowerPoint 2010 的窗口组成

启动 PowerPoint 2010 后，就可以看到 PowerPoint 2010 的窗口，如图 13.1 所示。其中，快速访问工具栏、标题栏、功能区和状态栏，在 Word 2010 和 Excel 2010 中都已做了介绍，这里不再阐述。对于幻灯片窗格、大纲窗格、备注窗格，将在下面的“普通视图”中介绍。

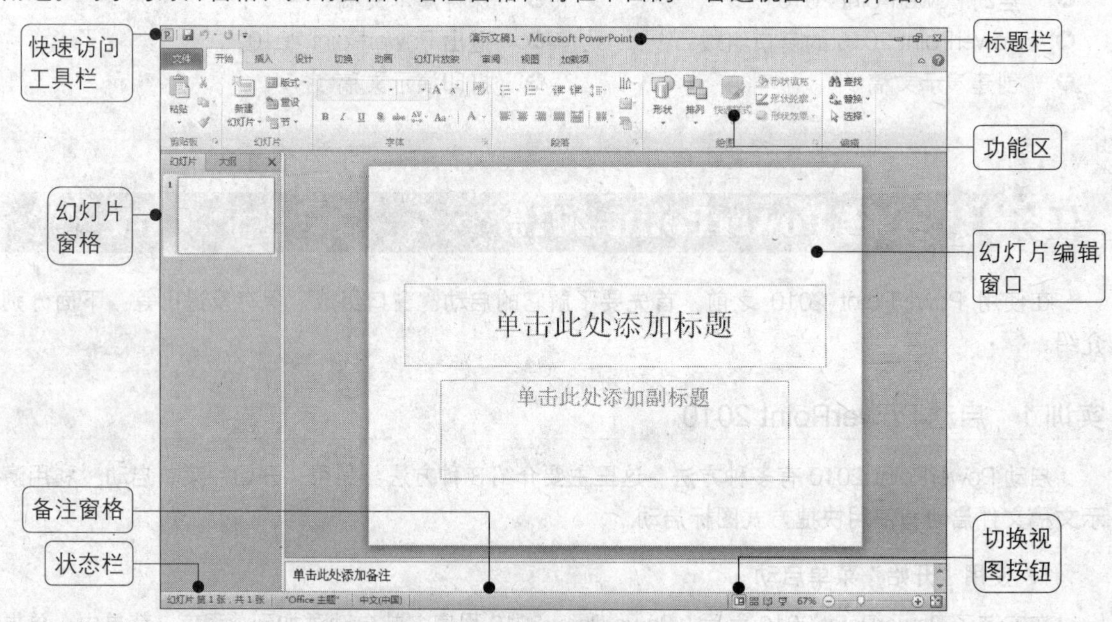

图 13.1　PowerPoint 2010 窗口

PowerPoint 提供了 4 种视图模式，下面对各个视图进行说明。

（1）普通视图

普通视图是主要的编辑视图，如图 13.2 所示。通常认为该视图有 3 个工作区域（关闭右侧的任务窗格后）：左边是幻灯片文本的大纲（即“大纲”窗格）；中间缩略图显示的是幻灯片（即“幻灯片”窗格），可对幻灯片进行简单的操作（例如选择、移动、复制幻灯片等）；右边是幻灯片窗格，用来显示当前幻灯片的一个大视图，可以对幻灯片进行编辑。在大视图的底部是备注窗格，可以对幻灯片添加备注。普通视图是默认的视图，多用于设置单张幻灯片，不但可以处理文本和图形，而且可以处理声音、动画及其他特殊效果。

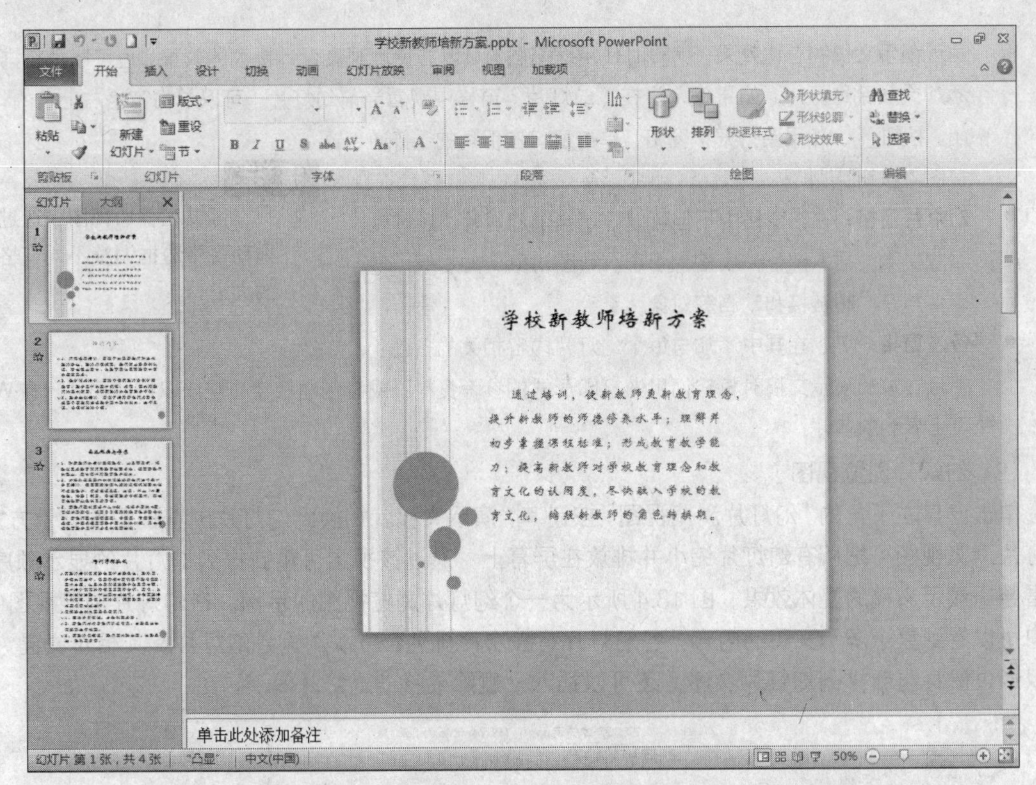

图 13.2　普通视图

通过拖动幻灯片窗格下面的水平分界线，可以显示或隐藏幻灯片备注窗格。

在普通视图中，可以看到整张幻灯片，如果要显示所需的幻灯片，可以选择下面 3 种方法之一进行操作。

方法 1：直接拖动垂直滚动条上的滚动块，系统会提示切换的幻灯片编号和标题。如果已经指到所要的幻灯片时释放鼠标左键，即可切换到该幻灯片中。

方法 2：单击垂直滚动条中的“上一张幻灯片”按钮▲，可以切换到当前幻灯片的上一张；单击垂直滚动条中的“下一张幻灯片”按钮▼，可以切换到当前幻灯片的下一张。

方法 3：按键盘上的 Page Up 键可切换到当前幻灯片的上一张；按 Page Down 键可切换到当前幻灯片的下一张；按 Home 键可切换到第一张幻灯片；按 End 键可切换到最后一张幻灯片。

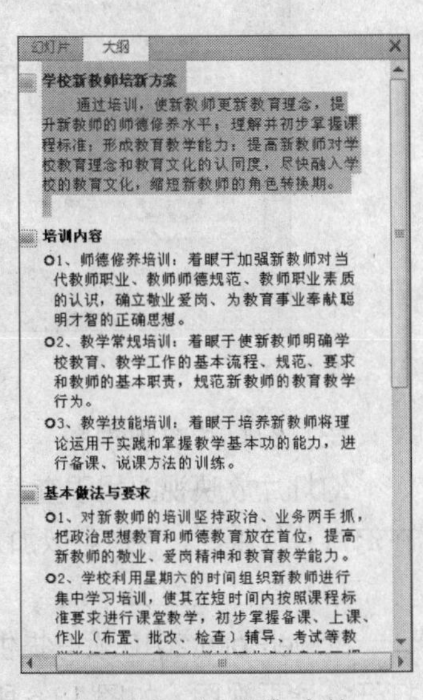

图 13.3　“大纲”窗格

下面分别介绍普通视图的各组成部分。

- **“大纲”窗格：**如图 13.3 所示，在该窗格中，用户可以方便地输入演示文稿要介绍的一系列主题，系统将根据这些主题自动生成相应的幻灯片，且把主题自动设置为幻灯片的标题。在这里，可对幻灯片进行简单的操作（例如选择、移动和复制幻灯片）和编辑（例如添加标题）。在该窗格中，按幻灯片编号由小到大的顺序和幻灯片内容的层次关系，显示演示文稿中的全部幻灯片的编号、图标、标题和主要的文本信息，所以最适合编辑演示文稿的文本内容。
- **“幻灯片”窗格：**在“幻灯片”窗格下则演示文稿中的每张幻灯片都将以缩略图方式整齐地排列在该窗格中（见图 13.2），从而呈现演示文稿的总体效果。编辑时使用缩略图，可以方便地观看设计更改的效果，也可以重新排列、添加或删除幻灯片。如果仅希望在“幻灯片”窗格中观看当前幻灯片，可以单击窗格右上角的“关闭”按钮✕。如果要打开该窗格，单击窗口左下角的“普通视图”按钮即可。

- **幻灯片窗格**：在该窗格中不但可以显示当前幻灯片，还可以添加文本，插入图片、表格、图表、绘图对象、文本框、电影、声音、超链接和动画等对象。
- **备注窗格**：可以在其中添加与每个幻灯片内容相关的备注，并且在放映演示文稿时将它们用做打印形式的参考资料，或者创建希望让观众以打印形式、在Web页上看到的备注。

> **提示**
> 可以在普通视图中通过拖动窗格边框调整不同窗格的大小。

（2）幻灯片浏览视图

单击窗口左下角的“幻灯片浏览视图”按钮，演示文稿就切换到幻灯片浏览视图的显示方式。幻灯片浏览视图可把所有幻灯片缩小并排放在屏幕上，通过该视图可重新排列幻灯片的显示顺序，查看整个演示文稿的整体效果。图13.4所示为一个幻灯片浏览视图的示例。在幻灯片浏览视图中，用户可以看到整个演示文稿的内容，各幻灯片将按次序排列。可以浏览各幻灯片及其相对位置，也可以通过鼠标重新排列幻灯片次序，还可以插入、删除或移动幻灯片等。

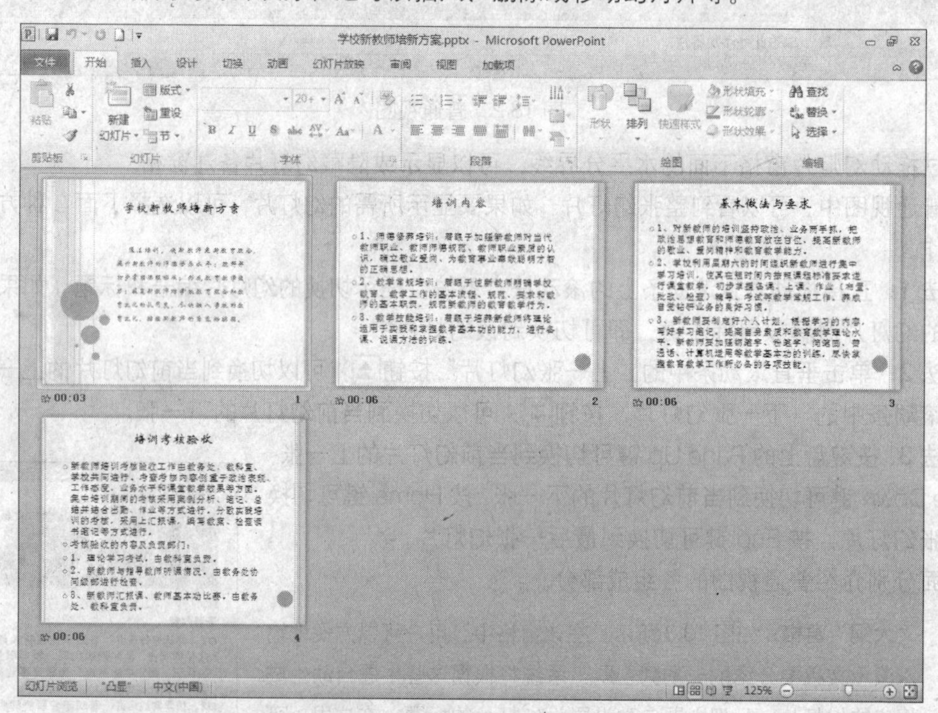

图13.4 幻灯片浏览视图的示例

（3）幻灯片放映视图

幻灯片放映视图用于查看幻灯片的播放效果，如图 13.5 所示为一个幻灯片放映视图的示例。在幻灯片放映时，用户可以加入许多特效，使得演示过程更加有趣。这将在后面的章节中加以介绍。

（4）备注页视图

PowerPoint 2010 没有提供“备注页视图”按钮，但可以通过选择“视图”|“备注页”命令来打开备注页视图，如图 13.6 所示。在这个视图中，用户可以添加与幻灯片相关的说明内容。

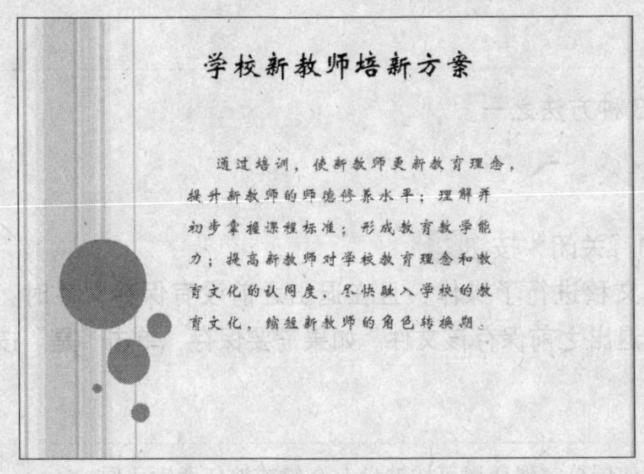

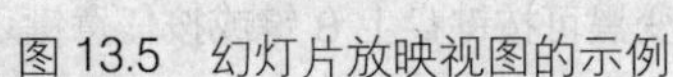
图 13.5　幻灯片放映视图的示例

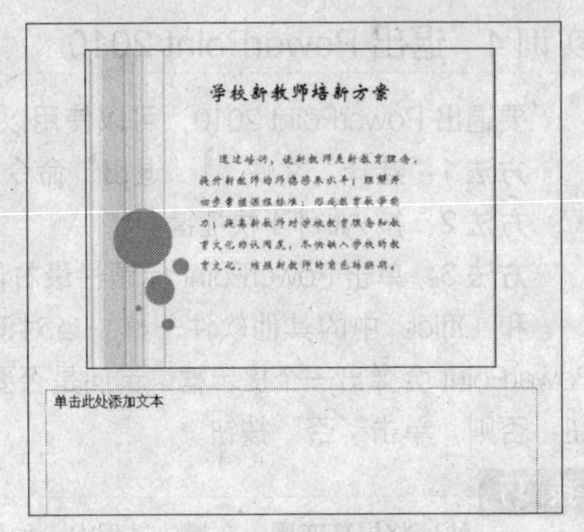

图 13.6　备注页视图

（5）切换 PowerPoint 视图

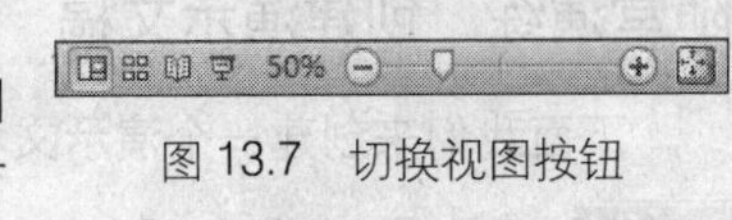

图 13.7　切换视图按钮

在 PowerPoint 2010 窗口（见图 13.1）的左下方，有切换视图按钮，如图 13.7 所示。按钮从左向右依次为“普通视图”、“幻灯片浏览视图”、“阅读视图”和“幻灯片放映视图”。

如果要在这些视图模式下工作，只需单击它们即可进入相应的视图模式。也可以选择“视图”菜单中的“普通”、“幻灯片浏览”、“幻灯片放映”等命令。另外，还可以通过选择“视图”|“备注页”命令来打开备注页视图。

实训 3　保存演示文稿

在幻灯片制作过程中，一定要时常保存自己的工作成果；完成一张幻灯片的制作后，应立即保存。

1. 保存新的演示文稿

新建一个演示文稿后，如果还未保存，那么在 PowerPoint 2010 工作窗口的标题栏中，显示的默认名称是“演示文稿 1”。此时，保存新建的文稿，具体操作步骤如下。

Step 01　选择“文件”|“保存”命令，打开如图 13.8 所示的“另存为”对话框。

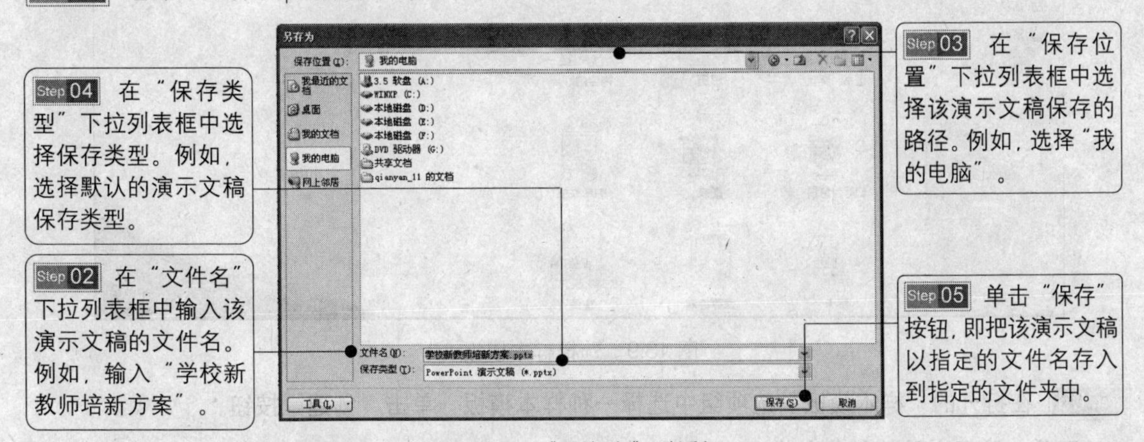

图 13.8　“另存为”对话框

2. 保存已有的演示文稿

保存已有演示文稿的方法为：单击“快速访问工具栏”中的“保存”按钮，或按 Ctrl+S 快捷键进行保存。

实训 4　退出 PowerPoint 2010

要退出 PowerPoint 2010，可以使用以下 3 种方法之一。

方法 1：选择“文件”|“退出”命令。

方法 2：按 Alt+F4 快捷键。

方法 3：单击 PowerPoint 标题栏最右侧的“关闭”按钮。

和 Office 中的其他软件一样，当对演示文稿进行了操作，且在退出之前没有保存文件时，PowerPoint 会弹出一个提示框，询问是否要在退出之前保存该文件。如果需要保存，单击“是”按钮；否则，单击“否”按钮。

技 巧

快速将屏幕变黑：在播放过程中，如果要使屏幕突然变黑可按键盘上 B 键或按任意键还原。

随堂演练　创建演示文稿

下面我们来创建一个演示文稿，具体操作步骤如下。

Step 01 启动 PowerPoint 2010。

Step 02 单击“文件”|“新建”按钮，在右侧选项组中选择“样本模板”命令，如图 13.9 所示。

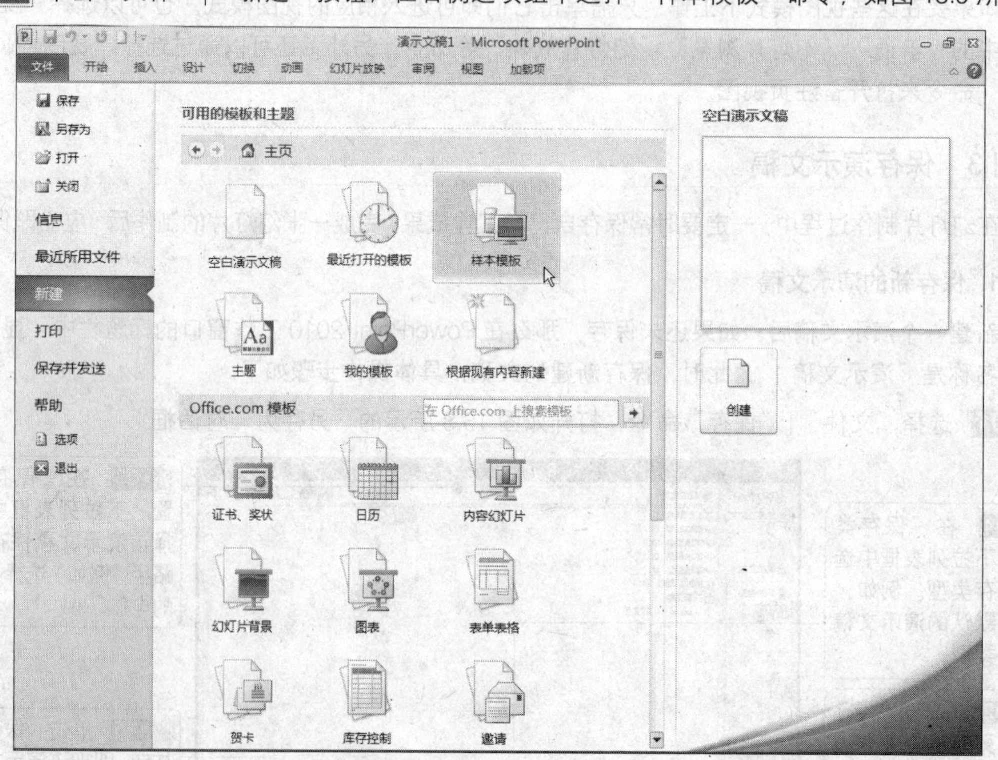

图 13.9　选择样本模板

Step 03 在打开的“样本模板”选项组中选择一种样本模板，单击“创建”按钮。

至此，演示文稿就创建完成了。

任务 2　打印演示文稿

在演示文稿制作完毕后，不但可以在计算机上进行幻灯片放映，也可以将幻灯片打印出来供浏览和保存。

实训 1　页面设置

要进行页面设置，可以在“设计”选项卡的“页面设置”组中单击“页面设置”按钮，打开如图 13.10 所示的“页面设置”对话框，在此可以设置幻灯片的宽度和高度、幻灯片编号起始值、幻灯片的打印方向，以及备注、讲义和大纲的打印方向等选项。

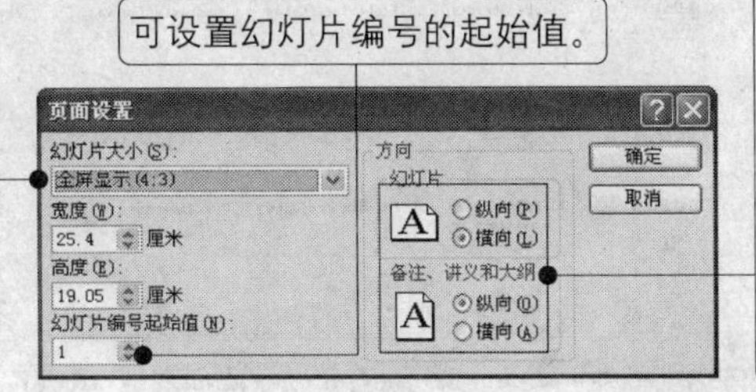
可以选择幻灯片大小，其中包括“全屏显示”、“分类账纸张”、“A3 纸张”、“A4 纸张”、“B4 纸张”、“B5 纸张”、“35 毫米幻灯片”、“投影机”、“横幅”和“自定义”等。
可设置幻灯片编号的起始值。
在幻灯片的打印设置中，可以设置两种不同的方向：一种是设置幻灯片的方向，另一种是设置备注、讲义和大纲页面的方向。由于是两种设置，因此即使在横向打印幻灯片时，用户也可以纵向打印备注、讲义和大纲等。
页面设置
幻灯片大小(S):
全屏显示(4:3)
宽度(W):
25.4
厘米
高度(E):
19.05
厘米
幻灯片编号起始值(N):
1
方向
幻灯片
纵向(P)
横向(L)
备注、讲义和大纲
纵向(O)
横向(A)
确定
取消

图 13.10　“页面设置”对话框

实训 2　打印讲义和备注页

讲义是指一页演示文稿中有 1 张、2 张、3 张、4 张、6 张或 9 张幻灯片，这样观众既可以在进行演示时观看到相应的文稿，也可以在将来参考该文稿。

对于讲义，首先要安排讲义的内容，可在打印预览中实现。可以指定将页面设置为横向或纵向，指定每页显示的幻灯片数；可以添加、预览和编辑页眉和页脚（如页码）。在每页一张幻灯片的版式中，如果不希望页眉和页脚文本、日期或幻灯片号显示在幻灯片上，可以只将页眉和页脚应用于讲义而不应用于幻灯片。

打印讲义和备注页的具体操作步骤如下。

Step 01　打开要打印讲义的演示文稿。

Step 02　选择“文件”|“打印”命令，打开“打印”对话框。

Step 03　在“设置”选项组中单击“自定义范围”命令，在“幻灯片”文本框中可以输入幻灯片编号或者幻灯片范围，例如“1,3”或“5-12”。

Step 04　单击“打印”按钮，进行打印。

实训 3　打印大纲

如果要打印大纲视图中显示的演示文稿的大纲，则可从“打印”对话框的“打印内容”下拉列表框中选择“大纲视图”选项。在打印大纲时，所有“大纲”窗口中显示的细节都能打印出来，但不打印折叠项。

综合案例　制作工作简报

下面我们根据上面所学的内容制作一个工作简报，具体操作步骤如下。

Step 01 打开 PowerPoint 2010，新建一个幻灯片，将版式设置为“标题幻灯片”。

Step 02 在幻灯片的空白处右击，在弹出的快捷菜单中选择“设置背景格式”命令，然后在打开的对话框中选择左侧的“填充”选项，在右侧的“填充”区域中选中“图片或纹理填充”单选按钮，再单击“插入自”下的“文件”按钮，则打开如图 13.11 所示的“插入图片”对话框，打开“素材\Cha13\3.jpg”素材文件，单击“插入”按钮，将其插入。返回到“设置背景格式”对话框，单击关闭。

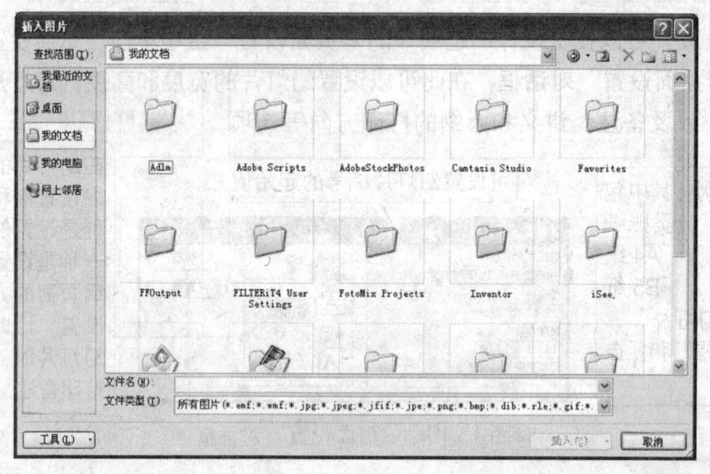

图 13.11 “插入图片”对话框

Step 03 插入完成后，单击标题栏，输入标题“2011 年 2 月份工作简报”，选择“开始”选项卡，在“字体”组中将字体设置为“汉仪魏碑简”、字号为 44。

Step 04 将标题选中，选择“绘图工具”下的“格式”选项卡，单击“艺术字样式”组中的“文字效果”按钮，在弹出的下拉列表中选择“映像”|“紧密映像，8pt 偏移量”样式，如图 13.12 所示。

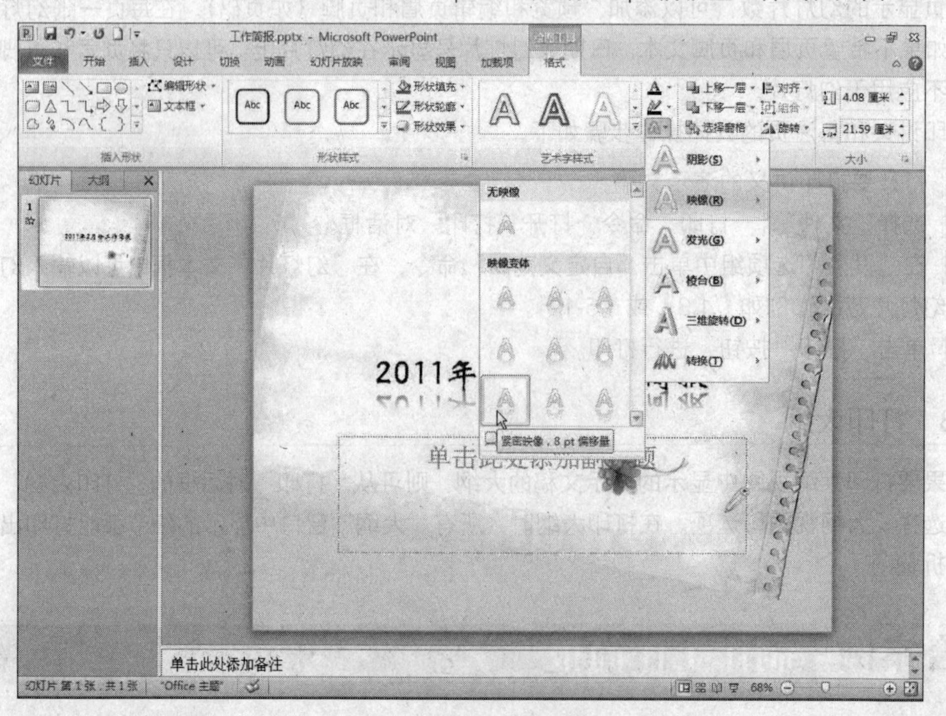

图 13.12 设置艺术字样式

Step 05 在副标题占位符中输入“李健，学习部”，将文字选中，选择“开始”选项卡，将文字的字体设置为“方正行楷简体”，设置字号为“32”。

Step 06 下面为标题页设置动画。选择“2011 年 2 月份工作简报”占位符，选择“动画”选项卡，单击“动画”组中的▾按钮，在弹出的下拉列表中选择“更多进入效果”选项，则会打开出如图 13.13 所示的对话框。

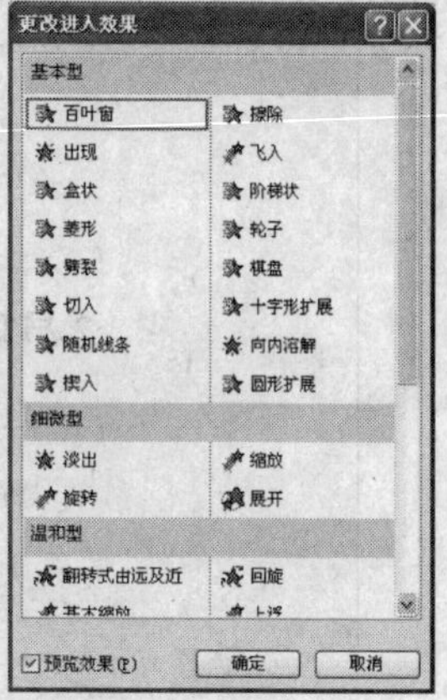

图 13.13 “更改进入效果”对话框

Step 07 在对话框中选择“挥鞭式”效果，单击“确定”按钮。

Step 08 选择副标题“李健，编辑部”占位符，在“动画”组中单击▾按钮，在弹出的下拉列表中选择“更多进入效果”选项，再在打开的对话框中选择“楔入”效果，单击“确定”按钮，如图 13.14 所示。

Step 09 选择“开始”选项卡，单击“幻灯片”组中的“新建幻灯片”命令，在弹出的下拉列表中选择“标题幻灯片”选项。

Step 10 在新建幻灯片的标题栏中输入“2 月份工作简报”，并将字体设置为“方正隶书简体”，设置字号为“48”。

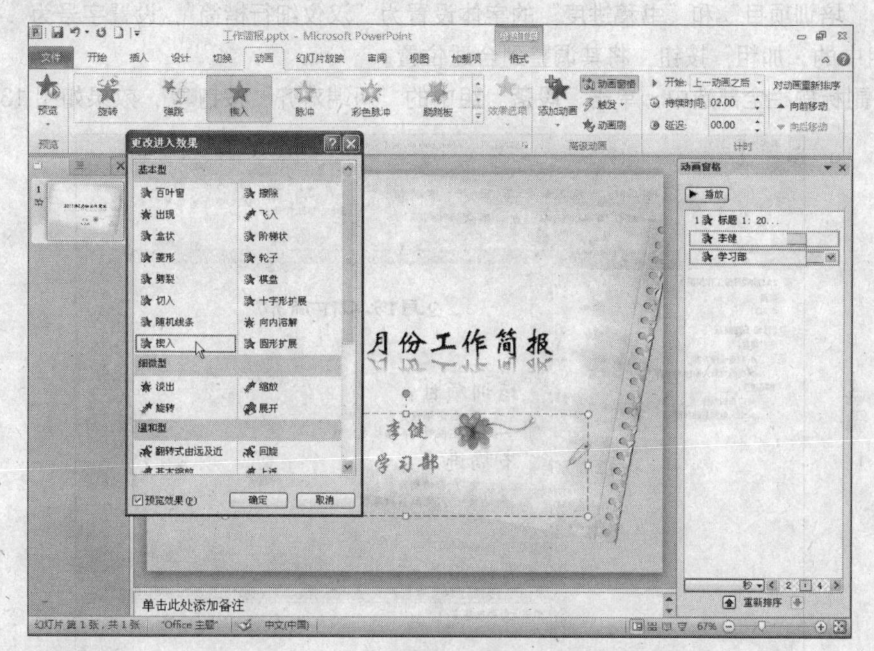

图 13.14 设置副标题的进入效果

Step 11 在新建幻灯片的空白处右击，再在弹出的快捷菜单中选择“设置背景格式”命令，然后在打开的对话框中选择左侧的“填充”选项，在右侧的“填充”区域中选中“图片或纹理填充”单选按钮，再单击“插入自”下的“文件”按钮，打开“插入图片”对话框，在该对话框中打开“素材\Cha13\3.jpg”素材文件，单击“插入”按钮将其插入，返回到“设置背景格式”对话框，单击“关闭”按钮。

Step 12 单击副标题文本框，在该文本框中输入本月的工作项目，如图 13.15 所示。

Step 13 选择“大纲”视图，选中“培训项目”下的工作事项并右击，在弹出的快捷菜单中选择“降级”命令，将文字再次选中，将字体设置为“汉仪细行楷简”，设置字号为“22”，单击“字体”组中的“加粗”按钮，以同样的方法设置“书稿进度”下的字体。

Step 14 设置完成后，在副标题文本框中将“培训项目”下的工作事项选中并右击，在弹出的快捷菜单中选择“项目符号”命令，在弹出的级联菜单中选择一种项目符号，如图 13.16 所示。并以同样的方法设置“书稿进度”下的文字。

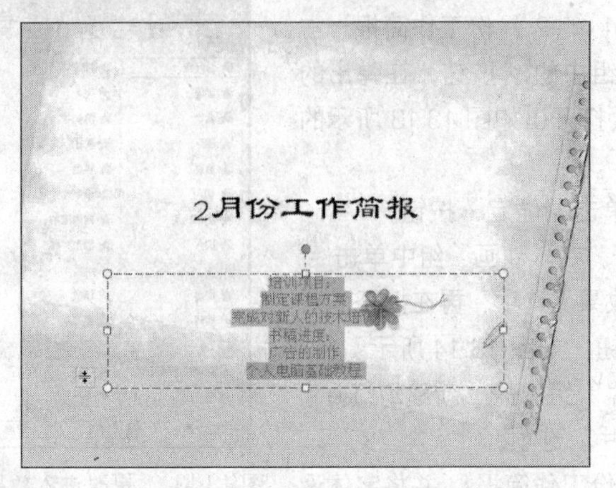

图 13.15　在副标题栏中输入内容

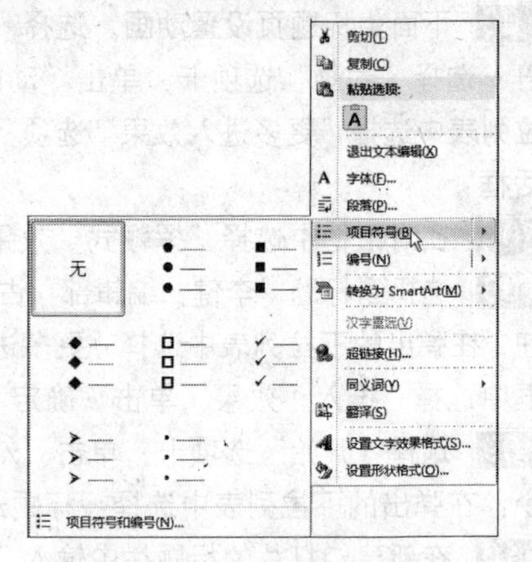

图 13.16　选择项目符号

Step 15 将“培训项目”和“书稿进度”的字体设置为“汉仪细行楷简”，设置字号为“43”，单击“字体”组中的“加粗”按钮，将其调整到合适位置。

Step 16 将副标题栏全部选中，单击“段落”组中的“两端对齐”按钮，效果如图 13.17 所示。

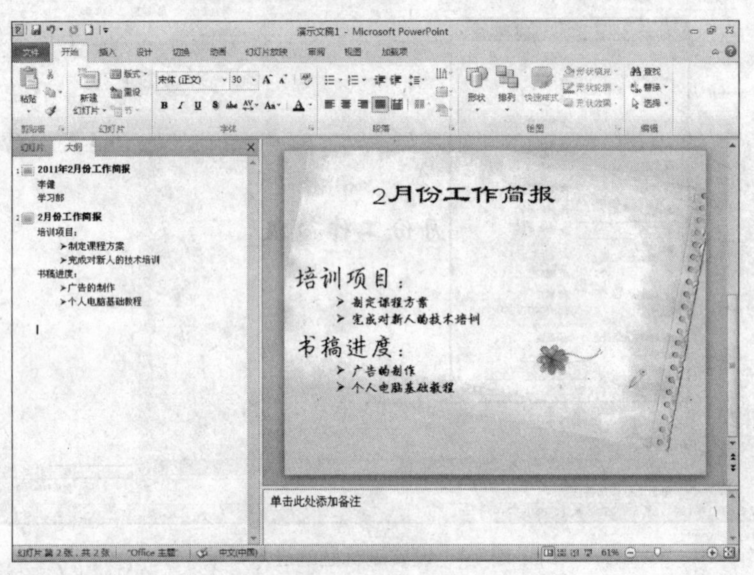

图 13.17　设置段落对齐

Step 17 选择工作项目占位符，在“动画”选项卡下单击“动画”组中的按钮，在弹出的下拉列表中选择“更多进入效果”选项，在打开的对话框中选择“下拉”效果，在“计时”组中单击“开始”右侧的下三角按钮，在弹出的下拉列表中选择“上一动画之后”选项。

至此，工作简报就制作完成了，将完成后的场景文件进行保存。

课后练习与上机操作

一、选择题

1．在 PowerPoint 工作窗口最顶部的是________。

A．标题栏　　B．菜单栏　　C．工具栏　　D．状态栏

2．没有显示在切换视图按钮中的是________按钮。

A．普通视图　　B．幻灯片浏览视图

C．幻灯片放映视图　　D．备注页视图

3．PowerPoint 演示文稿的扩展名是________。

A．.ppt　　B．.ppz　　C．.pot　　D．.pps

4．PowerPoint 提供了________类型的自动版式。

A．2 种　　B．3 种　　C．4 种　　D．5 种

5．如果要打印幻灯片的第 1、3、4、5、7 张，在“打印”对话框的“幻灯片”文本框中可以输入_______。

A．1-3-4-5-7　　B．1，3，4，5，7

C．1-3，4，5-7　　D．1，3-5，7

二、简答题

1．如何利用设计模板创建演示文稿？

2．PowerPoint 2010 有哪几种视图方式？

3．保存新的演示文稿与保存已有的演示文稿的方法有何不同？

4．有哪些方法可以退出 PowerPoint 2010？

三、上机实训

1．练习启动和退出 PowerPoint 2010 的方法。

2．熟悉 PowerPoint 2010 的工作窗口。

3．熟悉 PowerPoint 2010 各种视图方式的功能。

4．利用内容提示向导的方法创建一个贺卡演示文稿。

5．如果你的电脑连接有打印机，试着将创建的贺卡演示文稿打印出来。

项目14

格式化幻灯片

本章导读

本章主要介绍如何在幻灯片中输入文本、调整文本区域的大小和位置以及设置文本的字体、对齐方式和行距等，使我们的幻灯片更加美观。

知识要点

- ✪ 在幻灯片中输入文本
- ✪ 格式化文本
- ✪ 添加备注

任务1 在幻灯片中输入文本

在每张幻灯片中，最重要的内容就是文本。本节主要介绍如何输入文本、调整文本区的大小和位置以及如何使用“大纲”窗格。

实训1 输入文本

在幻灯片中输入文本的方法有两种：直接将文本输入到占位符中；利用“绘图”工具栏中的“文本框”按钮或“竖排文本框”按钮。

1. 在占位符中输入文本

当选定一个幻灯片之后，占位符中的文本是一些提示性的内容，用户可以用实际所需要的内容去替换占位符中的文本。如图 14.1 所示，其中包括两个文本占位符：一个是标题占位符，另一个是副标题占位符。

在占位符中输入标题文本的具体操作步骤如下。

Step 01 单击标题占位符，将插入点置于该占位符内。

Step 02 直接输入标题文本。例如在标题区输入“幻灯片”，如图 14.2 所示。

Step 03 输入完毕后，单击幻灯片的空白区域，即可结束文本输入并取消对该占位符的选择，此时占位符的虚线边框将消失。

2. 使用“文本框”或“竖排文本框”按钮输入文本

当需要在幻灯片的占位符外的位置添加文本时，可单击“插入”选项卡中的“文本”组，其具体操作步骤如下。

图 14.1　占位符

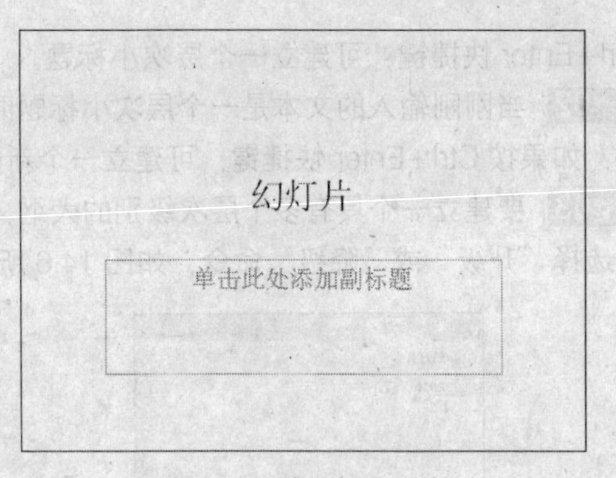

图 14.2　输入标题文本

Step 01 选择“插入”选项卡，单击“文本”组中的“文本框”按钮，在弹出的下拉列表中选择“横排文本框”或“垂直文本框”选项。

Step 02 在要添加文本的位置处按住鼠标左键不放并拖动鼠标，则在幻灯片上出现一个具有实线边框的方框。选择合适的大小，释放鼠标左键，则幻灯片上出现一个可编辑的文本框，如图 14.3 所示。

Step 03 此时在该文本框中会出现一个闪烁的插入点，表示用户可以输入文本内容。

Step 04 输入完毕后，单击文本框以外的任何位置即可。

图 14.3　可编辑的文本框

实训 2　调整文本区的大小和位置

新建幻灯片后，在幻灯片上可以看到文本区（见图 14.1），该文本区的大小和位置是可以改变的。其具体操作步骤如下。

Step 01 单击文本区，显示文本区控制点。

Step 02 将鼠标指针移到除控制点以外的任一边框上，此时鼠标指针变为带双箭头的十字形，按住鼠标左键不放并拖动鼠标，可改变文本区的位置。

Step 03 将鼠标指针移到任一控制点上，此时鼠标指针变为带双箭头的指针，如图 14.4 所示。

Step 04 按住鼠标左键不放并拖动鼠标，即可调整文本区大小。

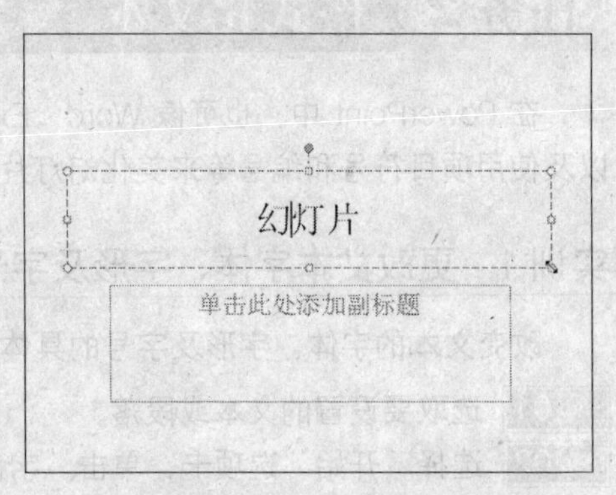

图 14.4　鼠标指针变为双箭头指针

实训 3　使用“大纲”窗格

在“大纲”窗格（见图 14.5）中，主要显示幻灯片的标题和文本信息，因此，很容易看出幻灯片的结构和主要内容。用户在此可以任意改变幻灯片的顺序和层次关系。使用“大纲”窗格，可帮助用户将自己的观点条理化，同时也能帮助观众更有效地理解作者的观点。

使用“大纲”窗口的具体操作步骤如下。

Step 01 当刚刚输入的文本是一个幻灯片标题时，按 Enter 键，可建立一张新幻灯片；如果按

Ctrl+Enter 快捷键，可建立一个层次小标题。

Step 02 当刚刚输入的文本是一个层次小标题时，按 Enter 键，可建立一个与当前标题一致的新段落；如果按 Ctrl+Enter 快捷键，可建立一个新的幻灯片。

Step 03 要建立一个具有多个层次级别的大纲，可右击“大纲”窗格中的文本，在弹出的快捷菜单中选择“升级”或“降级”命令，如图 14.6 所示。

图 14.5 “大纲”窗格

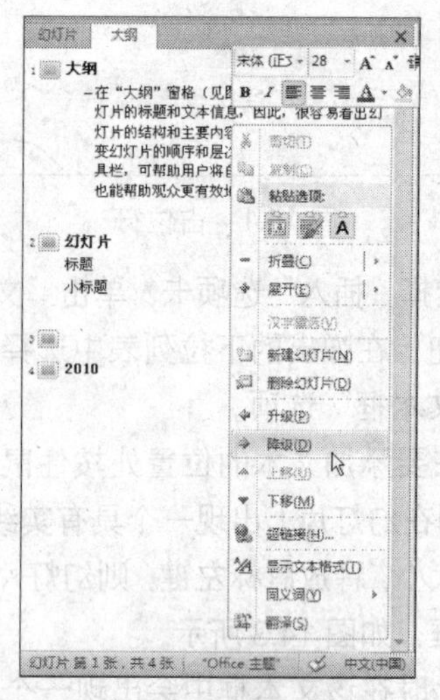

图 14.6 建立层次级别

Step 04 如果想调整幻灯片的位置，可右击大纲中的标题，在弹出的快捷菜单中选择“上移”或“下移”命令。

任务 2 格式化文本

在 PowerPoint 中，也可像 Word、Excel 那样修改文本的字体、字号及颜色，设置段落的格式以及使用项目符号和编号等来美化幻灯片。

实训 1 更改文本字体、字形及字号

改变文本的字体、字形及字号的具体操作步骤如下。

Step 01 选取要设置的文本或段落。

Step 02 选择“开始”选项卡，单击“字体”组右下角的 按钮，打开如图 14.7 所示的“字体”对话框。

Step 03 在“字体”对话框中选择所需的中文字体、西文字体、字形、字号以及颜色，还可在“效果”选项组中选择所需的效果（例如下划线、阴影等），然后单击“确定”按钮。

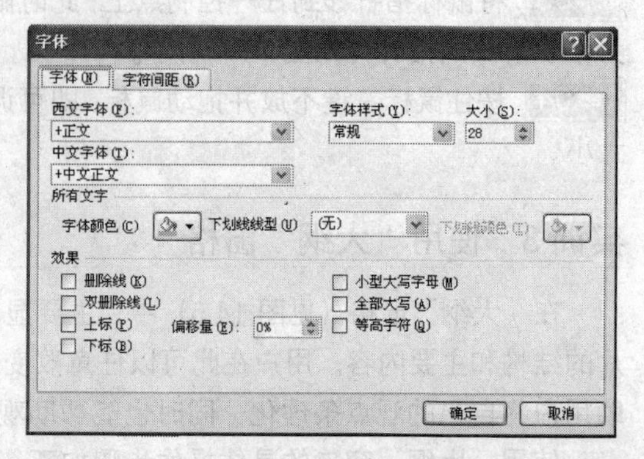

图 14.7 “字体”对话框

实训 2　设置文本对齐方式

设置文本对齐方式的具体操作步骤如下。

Step 01　选取要对齐的文本。

Step 02　选择“开始”选项卡，单击“段落”组右下角的按钮，或右击文本，在弹出的快捷菜单中选择“段落”命令则会打开“段落”对话框。

Step 03　在该对话框中选择需要对齐的方式，如图 14.8 所示。单击“确定”按钮，完成设置。

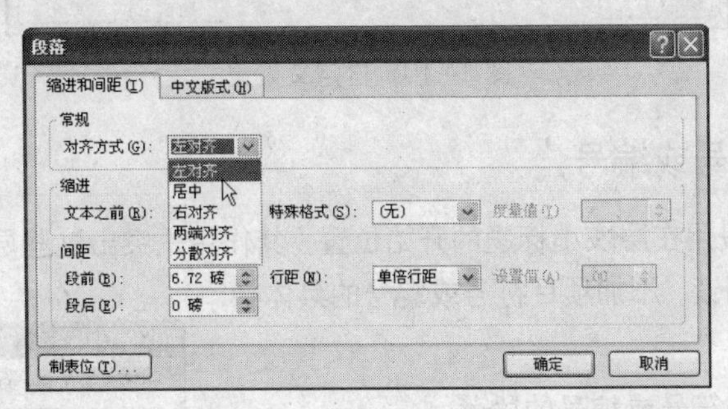

图 14.8　选择对齐方式

实训 3　设置行距

用户可以设置段落与段落之间的距离，也可以设置段落中行与行之间的距离，具体操作步骤如下。

Step 01　选取要设置行间距的段落文本。

Step 02　选择“开始”选项卡，在“段落”组中单击“行距”按钮，在弹出的下拉列表中选择“行距选项”选项，如图 14.9 所示。

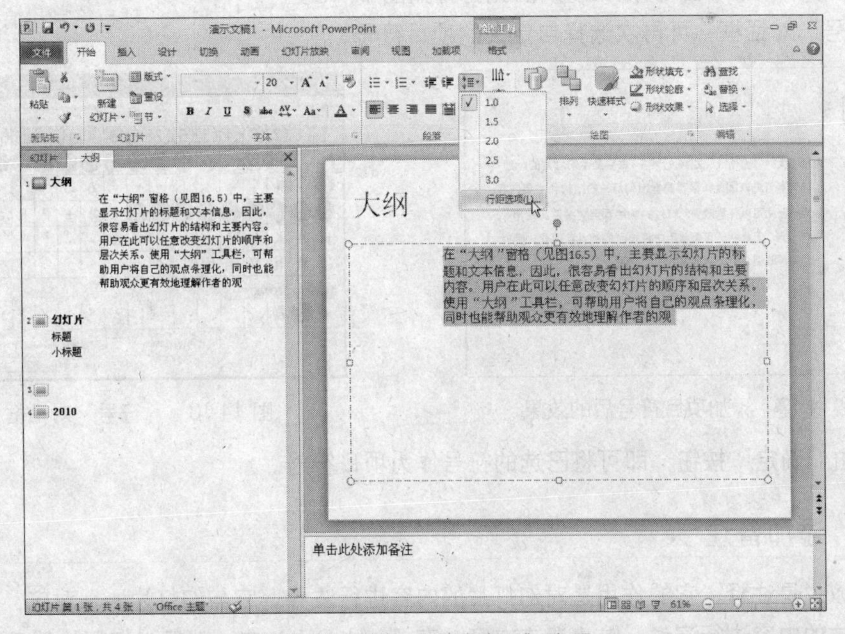

图 14.9　选择“行距选项”选项

Step 03　在打开的对话框中选择“行距”为“多倍行距”选项，并自定义设置行距值，如图 14.10 所示。

Step 04　单击“确定”按钮，完成设置。

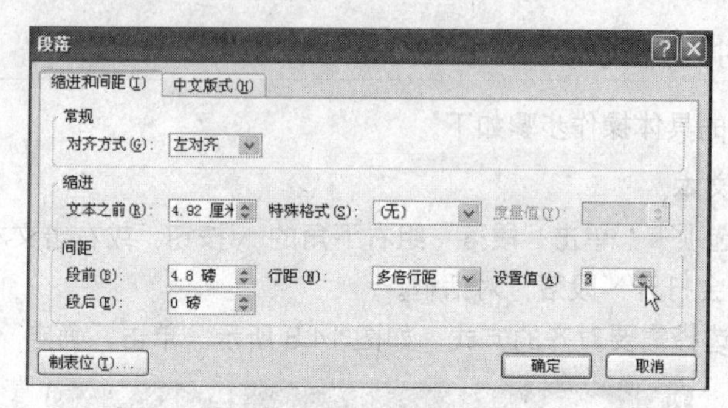

图 14.10 自定义设置

实训 4 添加项目符号或编号

项目符号和编号一般用在层次小标题的开始位置，其作用是突出这些层次小标题，使得幻灯片更加具有条理性，易于阅读。添加项目符号或编号的具体操作步骤如下。

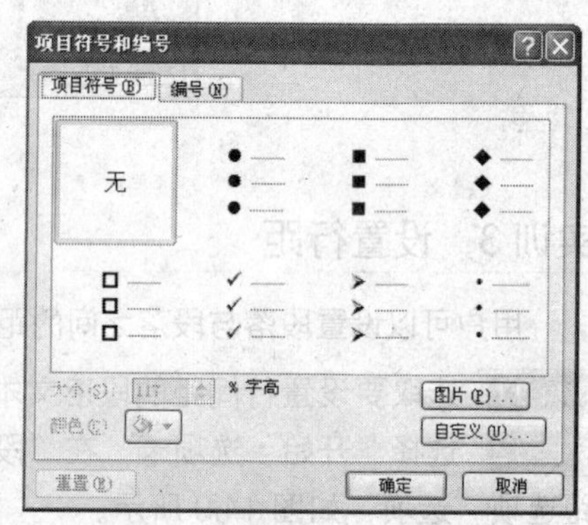

图 14.11 “项目符号和编号”对话框

Step 01 选取要添加项目符号或编号的段落。

Step 02 右击文本，在弹出的快捷菜单中选择“项目符号”命令，在弹出的级联菜单中选择“项目符号和编号”命令，打开如图 14.11 所示的对话框。

Step 03 在“项目符号”选项卡中选择所需的项目符号。

Step 04 单击“确定”按钮，即可为段落添加项目符号或编号，如图 14.12 所示为添加项目符号后的效果。

Step 05 在图 14.11 中单击“自定义”按钮，则打开如图 14.13 所示的“符号”对话框，可再次选择自定义的项目符号。

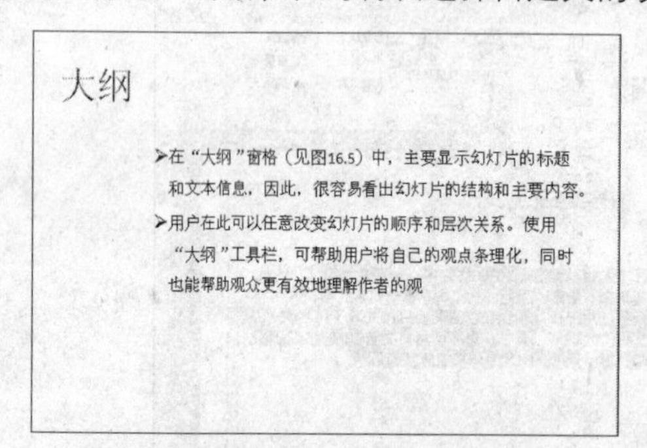

大纲
➢在“大纲”窗格（见图16.5）中，主要显示幻灯片的标题和文本信息，因此，很容易看出幻灯片的结构和主要内容。
➢用户在此可以任意改变幻灯片的顺序和层次关系。使用“大纲”工具栏，可帮助用户将自己的观点条理化，同时也能帮助观众更有效地理解作者的观

图 14.12 添加项目符号后的效果

图 14.13 “符号”对话框

Step 06 单击“确定”按钮，即可将已选的符号作为项目符号。

随堂演练 添加备注

备注可以说是注释，它的作用是对幻灯片的内容进行注释。它与幻灯片一一对应，在演讲时，可以对照备注的内容进行演说，防止遗忘内容。在 PowerPoint 中，对每张幻灯片都有一个专门用于输入注释的备注窗口。

Step 01 打开 PowerPoint 2010，创建新的幻灯片。

Step 02 在幻灯片中输入内容。

Step 03 若要添加备注，只需在普通视图的备注窗格中单击，然后输入文本即可，如图 14.14 所示为添加备注后的效果。

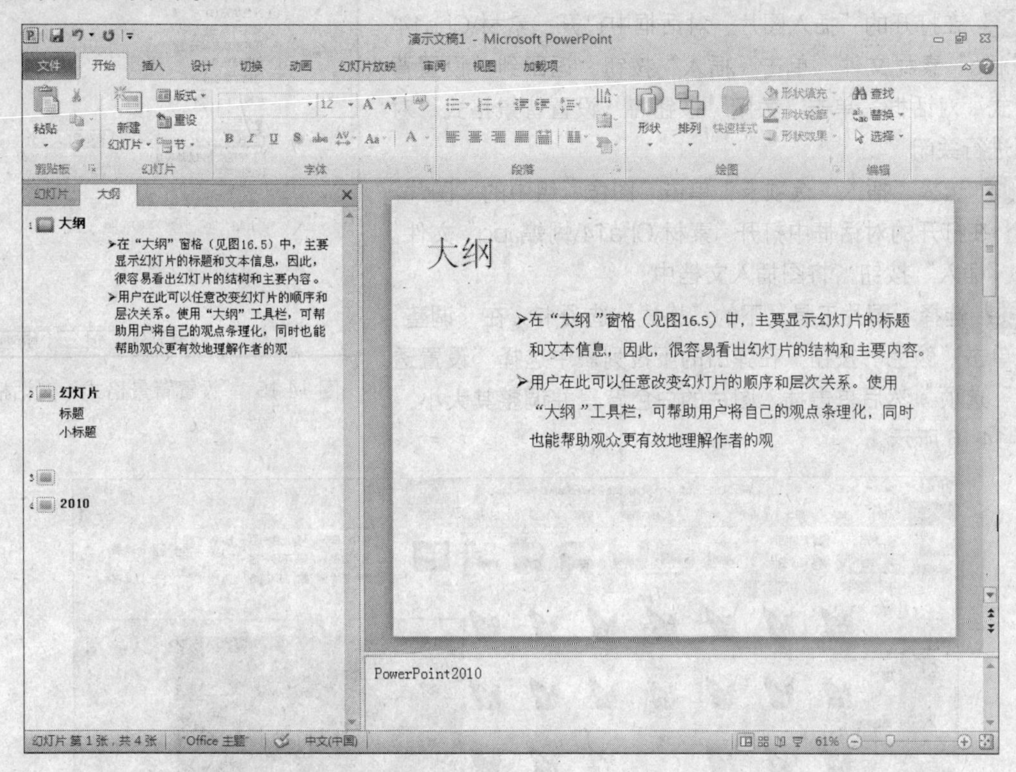

图 14.14 添加备注后的效果

Step 04 添加完成后对幻灯片进行保存。

技 巧

添加特殊符号和批注：

（1）特殊符号

特殊符号可以让您选择所需的中文符号插入到编辑的句子中。特殊符号包括了单位符号、标点符号、数字序号、特殊符号、拼音以及数学符号等 6 大种类。

可选择“插入”选项卡，在“符号”组中单击“符号”按钮，在打开的对话框中选择要添加的特殊符号。

（2）批注

批注是一个比较简单的使用功能，用户可用在幻灯片的任意位置添加批注，这些批注大多是帮助阅读者或者撰写者，特别是在合作撰写一个演示文稿时便于作者之间相互沟通。在放映幻灯片时，批注并不会显示出来。

批注的使用方法非常简单，选择“审阅”选项卡，在“批注”组中单击“新建批注”按钮，即可添加或编辑一个批注。

综合案例 制作明月幻灯片

根据上面所学的内容，来创建一个幻灯片，其具体操作步骤如下。

Step 01 启动 PowerPoint 2010，创建新的幻灯片，将版式设置为空白。

Step 02 在空白界面中右击，在弹出的快捷菜单中选择“设置背景格式”命令，再在打开的对话框中选中“图片或纹理填充”单选按钮，然后单击“文件”按钮，如图 14.15 所示。

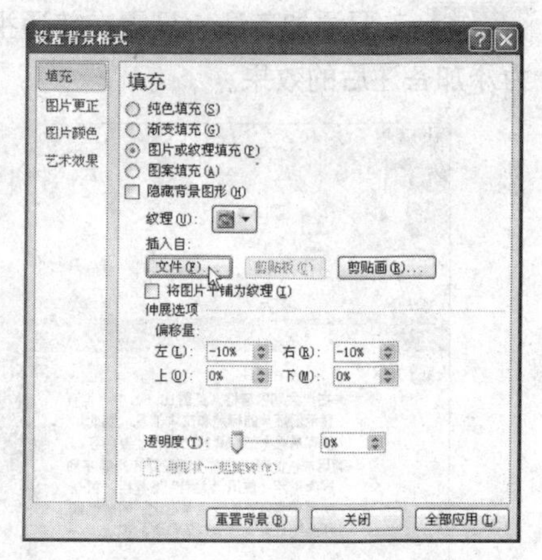

图 14.15 “设置背景格式”对话框

Step 03 在打开的“插入图片”对话框中打开“素材\Cha14\月亮.jpg”素材文件，单击“插入”按钮，返回到“设置背景格式”对话框，单击“关闭”按钮将“设置背景格式”对话框进行关闭。

Step 04 选择“插入”选项卡，单击“图像”组中的“图片”按钮，在打开的对话框中打开“素材\Cha14\蝴蝶.jpg”文件，单击“插入”按钮，将图插入文档中。

Step 05 选择“图片工具”下的“格式”选项卡，在“调整”组中单击“颜色”按钮，在弹出的下拉列表中选择“设置透明色”选项，然后单击插入图片的白色背景并调整其大小，如图 14.16 所示。

图 14.16 设置透明色

Step 06 选择“插入”选项卡，单击“文本”组中的“文本框”按钮，在弹出的下拉列表中选择“垂直文本框”选项，在页面中绘制文本框。

Step 07 在文本框中输入文字，将文字选中，选择“开始”选项卡，在“字体”组中将字体设置为“方正舒体”，设置字号为 36，将颜色设置为“淡紫”。

Step 08 再选择“蝴蝶”图片，选择“动画”选项卡，单击“动画”组中的 按钮，在弹出的下拉列表中单击“更多进入效果”选项，打开“更改进入效果”对话框，在对话框中选择“基本旋转”特效，单击“确定”按钮，为该图片添加效果。

Step 09 将背景选中，选择“切换”选项卡，在“切换到此幻灯片”组中单击 按钮，在弹出的下拉列表中选择“溶解”特效，并在“计时”组中单击“声音”右侧 按钮，在弹出的下拉列表中选择“风铃”特效。

Step 10 将文字选中，选择“动画”选项卡，单击“动画”组中的按钮，在弹出的下列表中选择“更多进入效果”选项，弹出“更改进入效果”对话框，选择“向内溶解”特效，单击“确定”按钮，可单击“预览”按钮进行查看。

至此，幻灯片就制作完成了，将场景文件保存。

课后练习与上机操作

一、选择题

1. 在应用了版式后，幻灯片中的占位符________。

A. 不能添加，也不能删除　　B. 不能添加，但可以删除

C. 可以添加，也可以删除　　D. 可以添加，但不能删除

2. 按_______快捷键可建立一个新的幻灯片。

A. Ctrl+Enter　　B. Ctrl+Shift　　C. Ctrl　　D. Ctrl+Alt

二、简答题

1. 在幻灯片窗格中输入文本的方式有哪几种？

2. 文本对齐方式有哪几种？可通过什么途径设置文本对齐方式？

三、上机实训

1. 打开“素材\Cha14\大纲.pptx”文件。

2. 接上题，对输入的文本进行编辑，包括字体和字号的设置、对齐方式的设置、行距的设置以及查找和替换的应用。

3. 接上题，为文本幻灯片“大纲”窗格下的内容添加项目符号或编号。

4. 练习在“大纲”窗格中编辑文本幻灯片，包括文本的插入、文本的删除、文本的复制和文本的移动。

5. 为文本幻灯片添加批注和备注。

项目15

处理幻灯片

本章导读

本章将介绍如何对幻灯片进行插入、删除、移动操作以及设置演示文稿的外观等，使之更加具有条理性。

知识要点

- ✪ 幻灯片的选定
- ✪ 插入、复制、删除、移动幻灯片
- ✪ 使用设计模板统一演示文稿外观
- ✪ 幻灯片母版和配色方案的使用

任务1 管理幻灯片

制作完一个演示文稿后，就可以在幻灯片浏览视图中观看幻灯片的布局、检查前后幻灯片是否符合逻辑、有没有前后矛盾或重复的内容。通过对幻灯片的调整，使之更加具有条理性。

实训1 选定幻灯片

根据当前使用的视图不同，选定幻灯片的方法也各不相同，下面分别加以介绍。

1. 在普通视图的“大纲”窗格中选定幻灯片

在普通视图的“大纲”窗格中显示了幻灯片的标题及正文。此时，单击幻灯片标题前面的图标▣，即可选定该幻灯片。

如果要选定一组连续的幻灯片，需先单击第一张幻灯片图标，然后在按住 Shift 键的同时单击最后一张幻灯片图标，即可全部选定。

2. 在幻灯片缩略图中选定幻灯片

在幻灯片浏览视图中，只需单击相应幻灯片的缩略图，即可选定该幻灯片，被选定的幻灯片的边框处于高亮显示。如图 15.1 所示，第 2 张幻灯片被选定。

如果要选定一组连续的幻灯片，可以先单击第一张幻灯片的缩略图，然后在按住 Shift 键的同时单击最后一张幻灯片的缩略图。

如果要选定多张不连续的幻灯片，在按住 Ctrl 键的同时分别单击需要选定的幻灯片的缩略图。

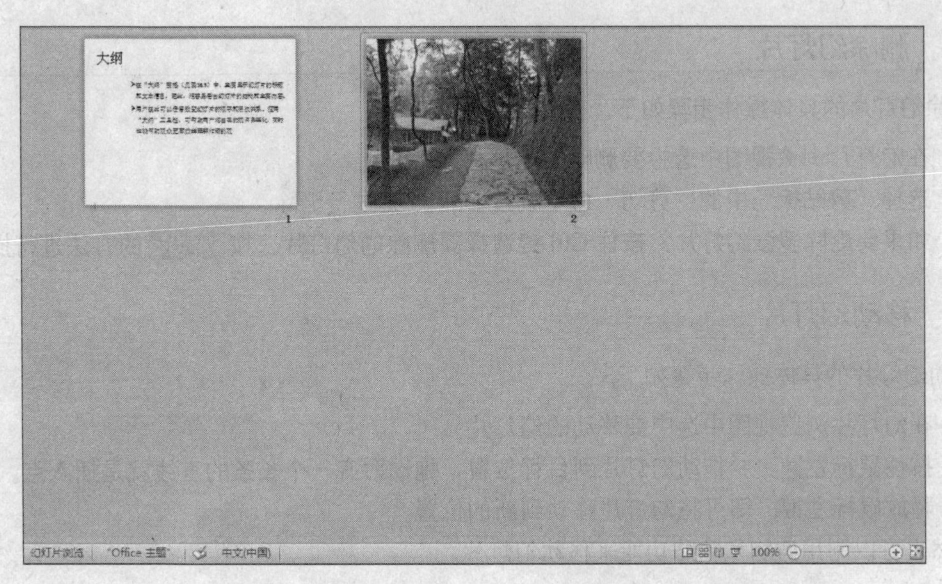

图 15.1　第 2 张幻灯片被选定

实训 2　插入新幻灯片

在各种视图中插入新幻灯片的方法是不同的，在普通视图中插入新幻灯片的操作步骤如下。

Step 01 单击选中要插入新幻灯片位置处的前一张幻灯片，或按 Page Up 键或 Page Down 键。例如，要在第 2 张和第 3 张幻灯片之间插入新幻灯片，则先选中第 2 张幻灯片。

Step 02 选择“开始”选项卡，单击“幻灯片”组中的“新建幻灯片”按钮，在 PowerPoint 工作窗口中将出现新插入的等待编辑的幻灯片。

Step 03 选中新创建的幻灯片，单击“幻灯片”组中的“版式”按钮，在弹出的下拉列表中选择一种需要的版式，便可在新插入的幻灯片中输入内容。

实训 3　复制幻灯片

复制幻灯片有多种方法，用户可以使用以下任何一种方法来复制幻灯片。

1. 使用“复制”与“粘贴”按钮复制幻灯片

使用“复制”按钮与“粘贴”按钮复制幻灯片的操作步骤如下。

Step 01 选中要复制的幻灯片。

Step 02 选择“开始”选项卡，单击“剪贴板”组中的“复制”按钮。

Step 03 将插入点置于想要插入幻灯片的位置，然后单击“剪贴板”组中的“粘贴”按钮进行粘贴。

2. 使用鼠标拖动复制幻灯片

使用鼠标拖动复制幻灯片的操作步骤如下。

Step 01 单击窗口右下方的“幻灯片浏览视图”按钮，切换到幻灯片浏览视图。

Step 02 选中想要复制的幻灯片。

Step 03 按住 Ctrl 键不放，然后按住鼠标左键，将幻灯片拖到目标位置，再释放鼠标左键和 Ctrl 键，即可完成幻灯片的复制。

实训4 删除幻灯片

删除幻灯片的具体操作步骤如下。

Step 01 在幻灯片浏览视图中选中要删除的幻灯片。

Step 02 选择“剪贴板”中的“剪切”命令或按Delete键进行删除。

Step 03 如果要删除多张幻灯片，按住Ctrl键选择要删除的幻灯片，按Step 02的方法进行操作。

实训5 移动幻灯片

移动幻灯片的具体操作步骤如下。

Step 01 在幻灯片浏览视图中选中要移动的幻灯片。

Step 02 按住鼠标左键，并拖动幻灯片到目标位置，拖动时有一个长条的直线就是插入点。

Step 03 释放鼠标左键，即可将幻灯片移动到新的位置。

当然也可以利用剪切和粘贴功能来移动幻灯片。

任务2 统一演示文稿外观

创建完演示文稿后，通常要求演示文稿具有统一的外观。PowerPoint 2010的一大特点就是可以使演示文稿中的所有幻灯片具有统一的外观。统一演示文稿外观的方法有3种：母版、配色方案和设计模板。

实训1 使用幻灯片母版

幻灯片母版决定着所有幻灯片的外观。如果要切换到幻灯片母版中，可选择“视图”|“母版”|“幻灯片母版”命令，出现如图15.2所示的“幻灯片母版”编辑窗口。下面分别介绍如何更改文本格式，更改幻灯片背景颜色，添加页眉、页脚，关闭“幻灯片母版”视图等操作。

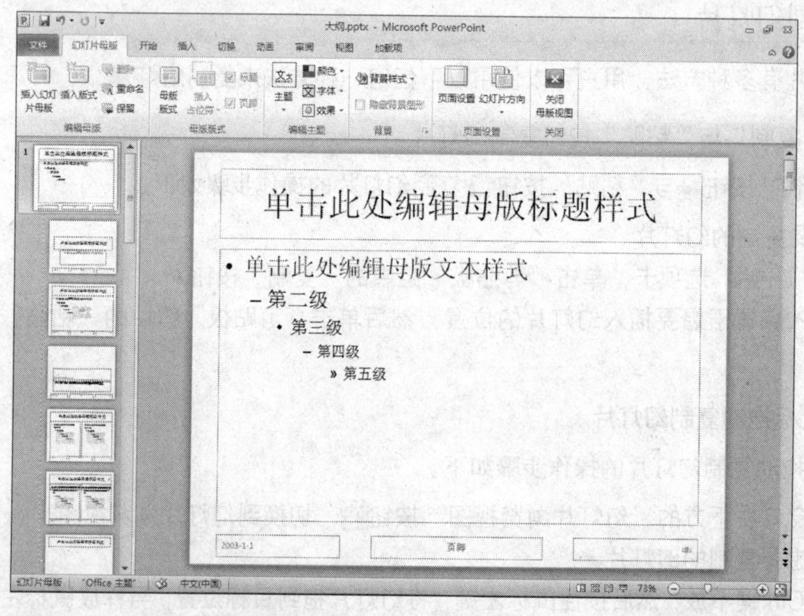

图15.2 “幻灯片母版”编辑窗口

1. 更改文本格式

如果要对所有文本格式进行统一的修改，先选定对应的占位符，再设置文本的字体、字号、颜色、加粗、倾斜、下划线和段落对齐方式等。

如果只改变某一级的文本格式，先在母版的正文区中选定该层次的文本，再选择“格式”|“字体”命令，即可对其进行格式化。

2. 更改幻灯片背景颜色

更改幻灯片背景颜色的具体操作步骤如下。

Step 01 如果要设置单张幻灯片背景，在普通视图中选择该幻灯片；如果要设置所有幻灯片的背景，则需要在“幻灯片母版”视图中进行相应的操作。

Step 02 选择“视图”选项卡，在“背景”组中单击“背景样式”按钮，在弹出的下拉列表中选择“设置背景格式”选项，将会打开如图 15.3 所示的对话框。

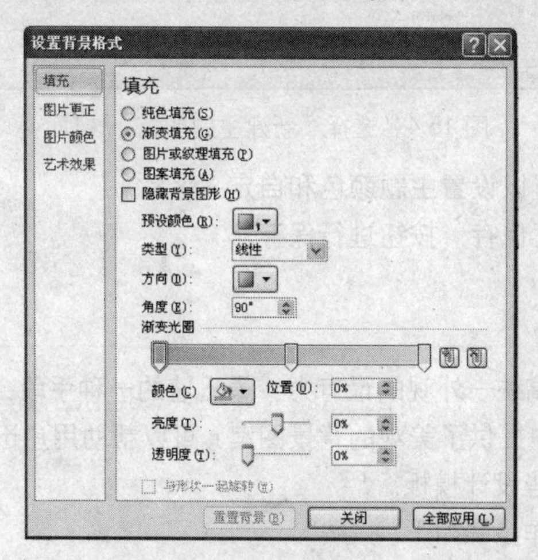

图 15.3 “设置背景格式”对话框

Step 03 在该对话框中，可以设置渐变填充、纹理填充、图案填充及图片填充效果。

Step 04 在该对话框中单击“颜色”下三角按钮，在弹出的下拉列表中选择背景颜色，选择完成后即可将当前颜色应用于当前幻灯片。如果要将更改的背景应用到所有的幻灯片中，则单击“全部应用”按钮。

3. 关闭幻灯片母版视图

单击“幻灯片母版视图”中的“关闭母版视图”按钮即可关闭幻灯片母版视图，返回到普通视图。

实训 2　使用配色方案

幻灯片的配色方案是指在 PowerPoint 中，各种颜色设定了其特定的用途。每一个默认的配色方案都是系统精心制作的，一般在套用演示文稿设计模板时也套用了一种配色方案。当然，用户可以自己创建新的配色方案。

使用配色方案的具体操作步骤如下。

Step 01 在普通视图中，选择要应用配色方案的幻灯片。

Step 02 选择“设计”选项卡，在“主题”组中单击“颜色”按钮，在弹出的下拉列表中选择“新建主题颜色”选项，如图 15.4 所示。

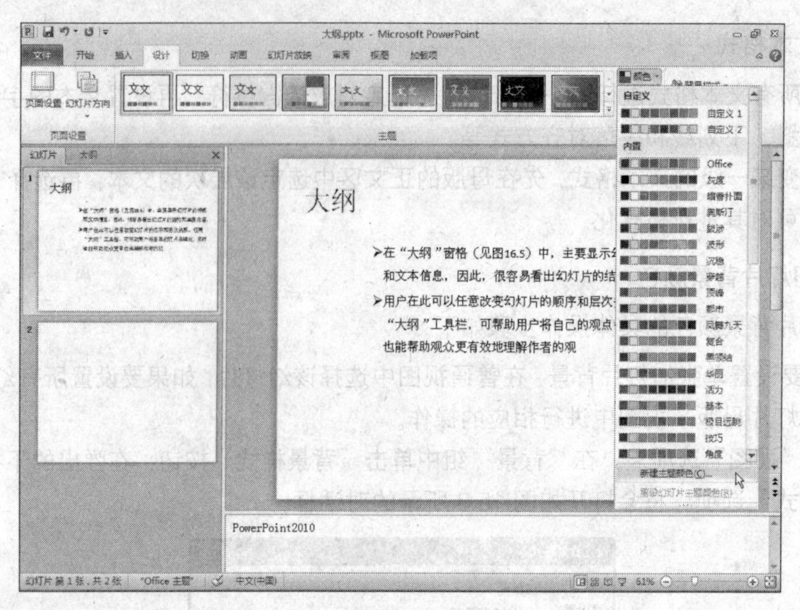

图 15.4　选择“新建主题颜色”选项

Step 03　在打开的对话框中可以设置主题颜色和自定义名称。

Step 04　设置完成后，单击“保存”按钮进行保存。

实训 3　应用设计模板

设计模板是控制演示文稿统一外观的最有力、最迅速的一种手段，PowerPoint 2010 提供了许多设计模板，这些模板为用户提供了美观的背景图案，可以帮助用户迅速地创建完美的幻灯片。在任何时候都可以直接应用这些设计模板。

应用设计模板的具体操作步骤如下。

Step 01　选择“文件”｜“新建”命令，在“可用的模板和主题”中选择“样本模板”选项，如图 15.5 所示。

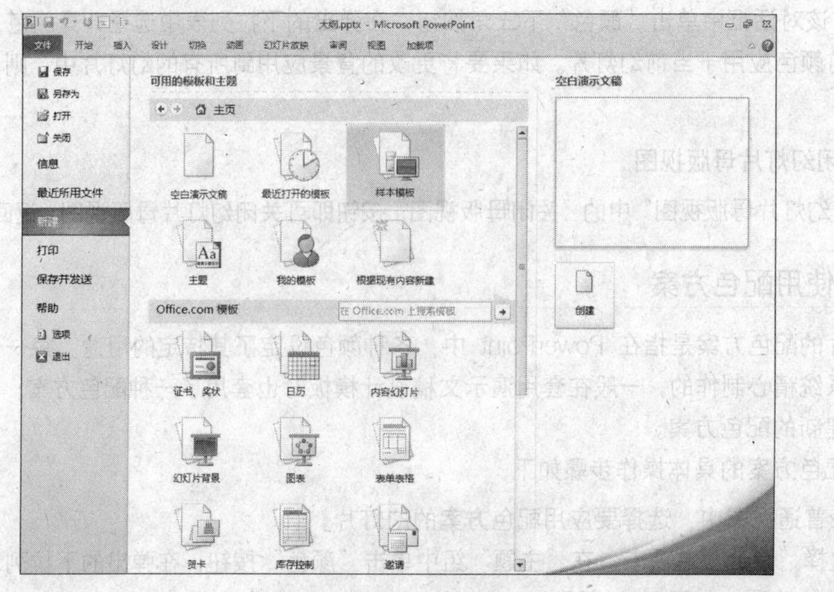

图 15.5　选择样本模板

Step 02 在弹出的面板中选择需要创建的模板，单击“创建”按钮。

Step 03 对新建的幻灯片进行编辑与修改。

技 巧

调整幻灯片位置：当演示文稿中每张幻灯片制作完成后，如果发现其顺序不合适，可对其顺序进行调整。切换到“幻灯片浏览视图”状态下，即可实现幻灯片顺序的自由调整和排定。具体方法是：选择需要移动的幻灯片，按住鼠标将幻灯片移动到合适的位置，释放鼠标，幻灯片就按照新的顺序排列好了。

综合案例 制作销售行情表

为了让读者对 PowerPoint 的功能和操作有更进一步的了解，本例将一个“护肤品的销售行情”演示文稿。

Step 01 打开 PowerPoint 2010，创建一个空白的演示文稿，删除文稿中的占位符。

Step 02 选择“开始”选项卡，单击“幻灯片”组中的“版式”按钮，在弹出的下拉列表中选择“标题幻灯片”选项，插入幻灯片，如图 15.6 所示。

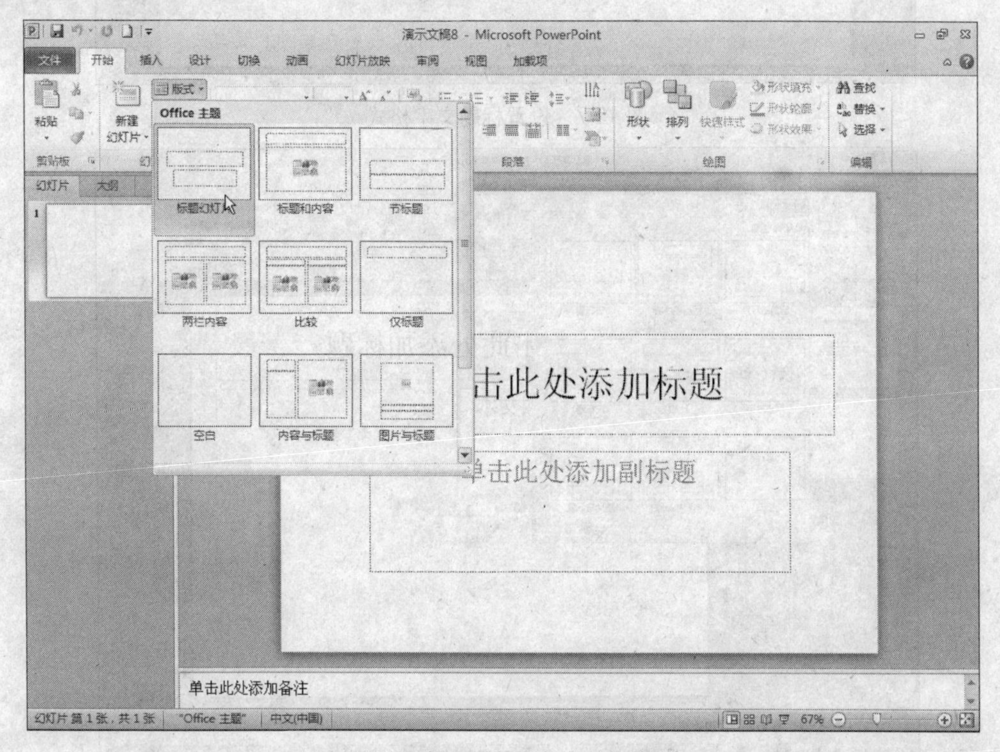

图 15.6 插入“标题幻灯片”版式

Step 03 单击标题栏，在标题栏中输入内容，选择“开始”选项卡，在“字体”组中将文字的字体设置为“方正粗圆简体”，字号设置为 40，将字体颜色设置为“蓝色”，如图 15.7 所示。

Step 04 选择副标题，在副标题栏中输入内容，将内容选中，并设置内容的字体为“宋体”，字号设置为 24 号。

Step 05 选择“开始”选项卡，单击“幻灯片”组中的“新建幻灯片”按钮，在弹出的下拉列表中选择“标题和内容”选项，如图 15.8 所示。

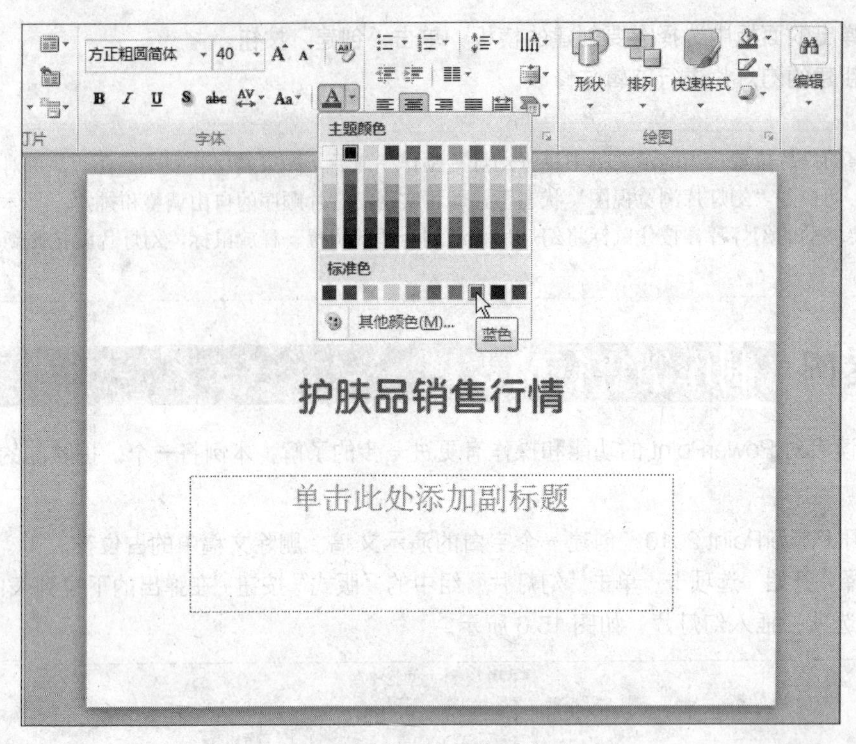

图 15.7　设置标题文字格式

图 15.8　新建标题和内容

Step 06　在标题栏中输入内容，字体的设置与 Step 03 相同，并单击空白文本中的“插入表格”按钮，在打开的“插入表格”对话框中设置“列数”为 3、“行数”为 8，然后单击“确定”按钮，如图 15.9 所示。

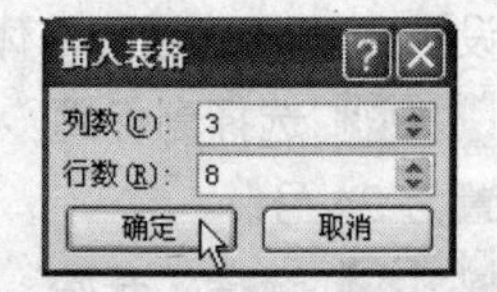

图 15.9　设置插入表格

Step 07　在插入的表格中输入内容，选择“表格工具”中的“设计”选项卡，单击“表格样式”组中的“其他”按钮，在弹出的下拉列表中选择“浅色样式 3-强调 6”表格样式，如图 15.10 所示。

2006年护肤品销售排行榜

排行	名称	销量
1	法国LANCOME（兰蔻）	68
2	、美国ESTEE LAUDER（雅诗兰黛）	63
3	日本SHISEIDO（资生堂）	55
4	法国DIOR（迪奥）	52
5	法国CHANEL（香奈尔）	47
6	美国CLINIQUE（倩碧）	44
7	日本SK－II	43

图 15.10 输入内容

Step 08 选择“开始”选项卡，单击“新建幻灯片”按钮，在弹出的下拉列表中选择“标题和内容”选项，在标题栏中输入内容，字体的设置于 Step 03 相同，在空白文本中单击“插入表格”按钮，在打开的对话框中设置“列数”为 5、“行数”为 6，在表格中输入内容，如图 15.11 所示。

兰蔻产品销售列表

兰蔻产品名称	2007	2008	2009	2010
小黑瓶精华眼膜霜15ml	356元	392元	428元	560元
精华肌底液（小黑瓶）30ml	596元	632元	654元	780元
青春优氧日霜50ml	563元	628元	644元	720元
柔和爽肤水200ml	185元	238元	263元	320元
全新柔皙清透防晒乳30ml	348元	398元	432元	495元

图 15.11 输入文字后的表格

Step 09 选择“文件”选项卡，单击“另存为”按钮，在打开的对话框中将文件名改为“销售行情.pptx”，单击“确定”按钮进行保存。

课后练习与上机操作

一、选择题

1．按住________键可以选择多张不连续的幻灯片。

A．Shift　　B．Ctrl　　C．Alt　　D．Ctrl+Shift

2．按住鼠标左键，并拖动幻灯片到其他位置是进行幻灯片的_______操作。

A．移动　　B．复制　　C．删除　　D．插入

3．插入新幻灯片的位置位于________。

A．当前幻灯片之前　　B．当前幻灯片之后

C．整个文档的最前面　　D．整个文档的最后面

4．演示文稿与幻灯片的关系是________。

A．演示文稿和幻灯片是同一个对象　　B．幻灯片由若干个演示文稿组成

C．演示文稿由若干个幻灯片组成　　D．演示文稿和幻灯片没有关系

5．关于修改母版，以下说法正确的是________。

A．母版不能修改　　B．编辑演示文稿时就可以修改

C．需要进入母版编辑状态修改　　D．以上说法都不对

二、简答题

1．在幻灯片浏览视图中怎样插入新幻灯片？

2．复制幻灯片有哪几种方法？

3．统一演示文稿外观的方法有几种？分别是什么？

4．在幻灯片母版中如何更改文本格式和背景颜色？

三、上机实训

1．打开“幻灯片母版”视图，练习移动、删除和恢复占位符的操作。

2．制作一张幻灯片，为幻灯片填充蓝色背景，然后再为所有幻灯片定义一种“新闻纸”纹理背景。

3．自定义一种配色方案，将其存为标准配色方案，并应用于上一题中打开的演示文稿。

项目16

在幻灯片中插入对象

本章导读

本章将介绍如何将图形和多媒体插入到幻灯片中及对插入的内容进行设置，使幻灯片更加美观。

知识要点

- ✪ 在幻灯片中插入图片、表格和图表
- ✪ 插入组织结构图
- ✪ 绘制图形对象
- ✪ 多媒体对象的插入与设置

任务 1　在幻灯片中插入图形

在 PowerPoint 2010 中，用户可以将图片或图标插入到幻灯片中。下面分别加以介绍。

实训 1　插入图片

在幻灯片中插入来自文件的图片，具体操作步骤如下。

Step 01 在“幻灯片”窗格中选择要插入图片的幻灯片。

Step 02 选择“插入”选项卡，在“图像”组中单击“图片”按钮，打开“插入图片”对话框，如图 16.1 所示。

图 16.1　“插入图片”对话框

Step 03 在“查找范围”下拉列表框中选择图形文件所在的位置，或者在“文件名”文本框中输入文件的路径，并选择要插入的图形文件。

注 意

如果要预览插入的图形文件，可以单击“视图”图标右边的下三角按钮，从其下拉列表中选择“预览”选项。

Step 04 单击对话框右下角“插入”按钮旁边的下三角按钮，会弹出一个下拉列表，其中有两个选项。

- **插入：**可将选定的图形文件直接插入到演示文稿的幻灯片中，成为演示文稿的一部分。当图形文件发生变化时，演示文稿不会自动更新。
- **链接文件：**可以将图形文件以链接的方式插入到演示文稿中。当图形文件发生变化时，演示文稿会自动更新。保存演示文稿时，图形文件仍然保存在原来保存的位置，这样不会增加演示文稿的长度。

Step 05 单击“插入”按钮，即可插入所需的图形文件。

实训 2 插入表格

PowerPoint 2010 有自己的表格制作功能，不必依靠 Word 来制作表格，而且其方法跟 Word 表格的制作方法是一样的。插入表格的具体操作步骤如下。

Step 01 打开一个演示文稿，并切换到要插入表格的幻灯片中。

Step 02 选择“插入”选项卡，单击“表格”组中的“表格”按钮，在弹出的下拉列表中选择“插入表格”选项，则会打开如图 16.2 所示的对话框。

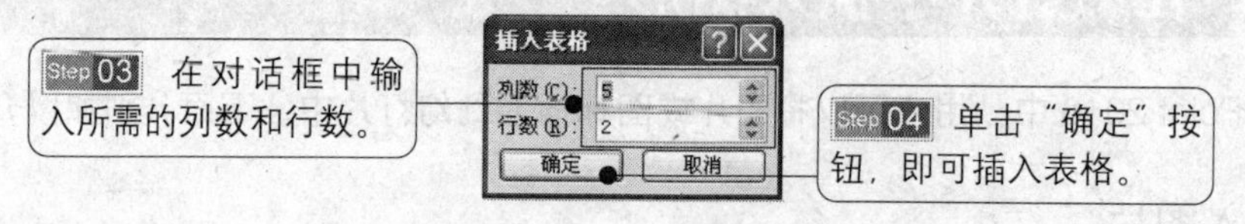
Step 03 在对话框中输入所需的列数和行数。
插入表格
列数(C): 5
行数(R): 2
确定
取消
Step 04 单击“确定”按钮，即可插入表格。

图 16.2 “插入表格”对话框

实训 3 插入图表

PowerPoint 2010 中包含了 Microsoft Graph 提供的 14 种标准图表类型和 20 种用户自定义的图表类型，在自定义的图表中则包含了更多的变化。使用 Microsoft Graph 可以简单、快捷地插入图表。

1. 在幻灯片中插入图表

插入图表的具体操作步骤如下。

Step 01 打开一个演示文稿，并切换到要插入图表的幻灯片中。

Step 02 选择“插入”选项卡，单击“插图”组中的“图表”按钮，在打开的对话框中选择一种图表，在插入表格的同时 Microsoft Excel 窗口会与 PowerPoint 窗口一起弹出，如图 16.3 所示。

2. 插入来自 Microsoft Excel 中的图表

可以直接将 Excel 中的表格数据复制到演示文稿中作为表格，具体操作步骤如下。

Step 01 打开一个演示文稿，并切换到要插入图表的幻灯片中。

Step 02 选择“插入”选项卡，单击“插图”组中的“图表”按钮，在打开的对话框中选择一种图表，在插入表格的同时 Microsoft Excel 窗口会与 PowerPoint 窗口一起弹出。

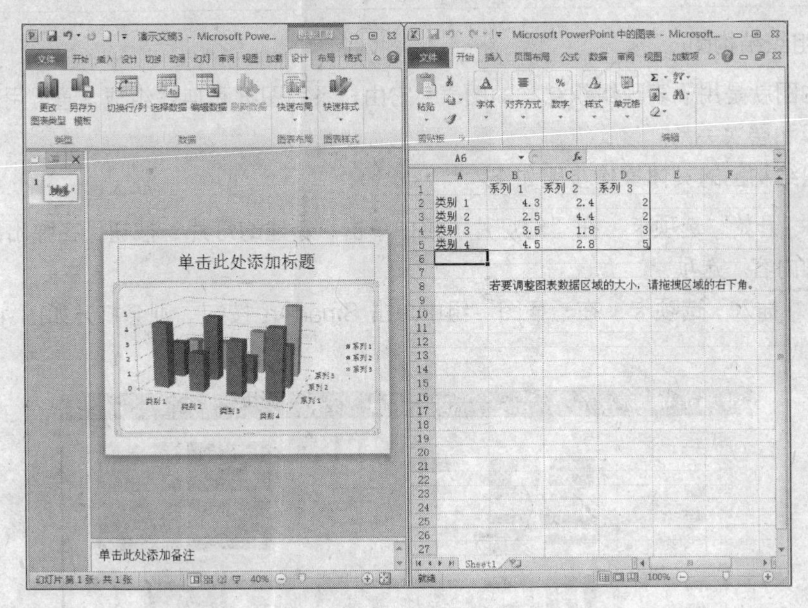

图 16.3　插入的图表

Step 03 在 Microsoft Excel 窗口中选择要复制的 Excel 单元格区域，再单击“剪贴板”组中的“复制”按钮，如图 16.4 所示。

Step 04 切换到 PowerPoint 2010 中，然后选择要插入单元格区域的幻灯片或备注页，选择“开始”选项卡，单击“剪贴板”组中“粘贴”按钮下方的下三角按钮，在弹出的下拉列表中选择“选择性粘贴”选项，打开“选择性粘贴”对话框，如图 16.5 所示。

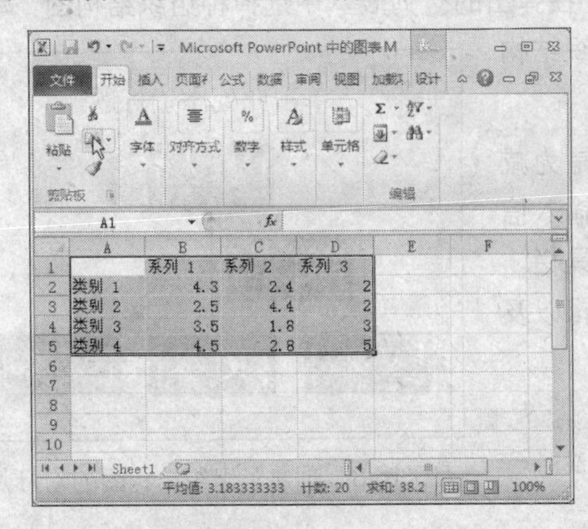

图 16.4　选择并复制 Excel 单元格

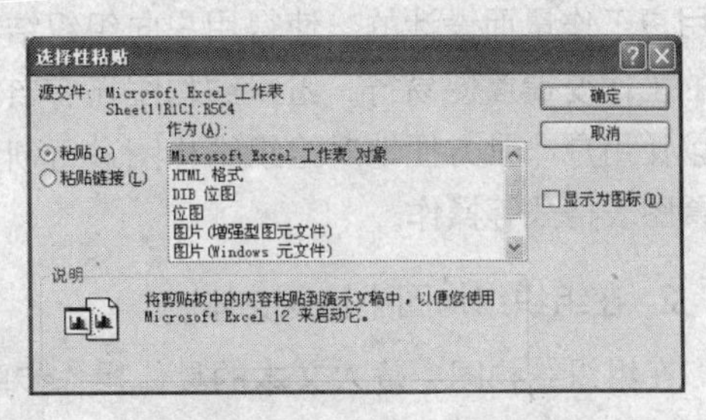

图 16.5　“选择性粘贴”对话框

Step 05 在该对话框中选择“Microsoft Excel 工作表 对象”，单击“确定”按钮，将 Excel 单元格插入 PowerPoint 中。

Step 06 双击插入的对象会发现，在 PowerPoint 中可以像在 Excel 中一样编辑表格，如图 16.6 所示。

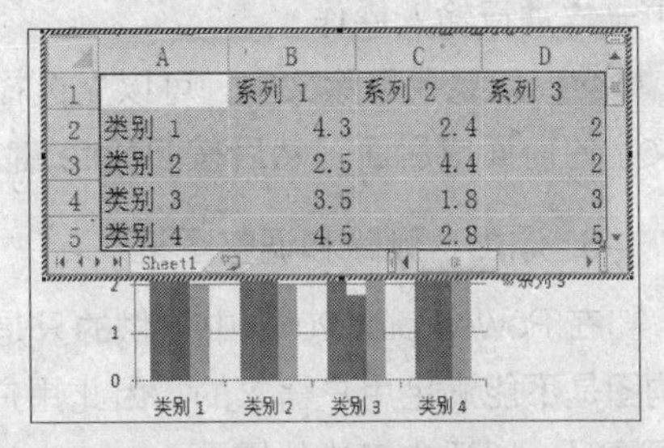

图 16.6　在 PowerPoint 中编辑 Excel 表格

实训 4　插入组织结构图

1. 添加组织结构图

组织结构图就是用于表现组织结构的图表，它由一系列图框和连线组成，通常用来显示一个组织机构的等级和层次关系。

添加组织结构图的具体操作步骤如下。

Step 01 选择“开始”选项卡，在“幻灯片”组中单击“新建幻灯片”按钮，在弹出的下拉列表中选择“标题和内容”选项。

Step 02 选择“插入”选项卡，在“插图”组中单击 SmartArt 按钮，则会打开如图 16.7 所示的对话框。

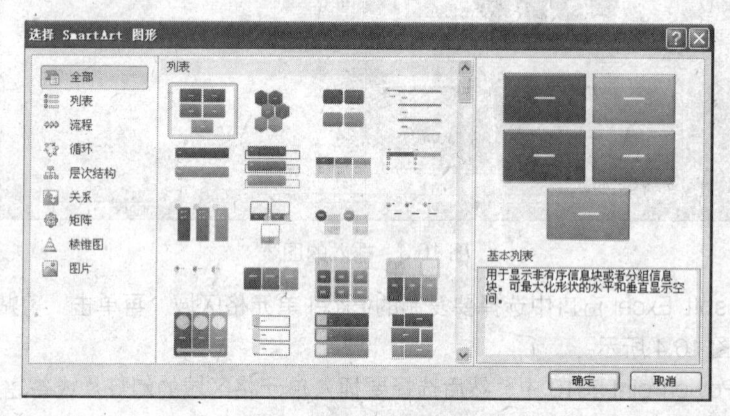

图 16.7　选择组织结构图

Step 03 在打开的对话框中选择“层次结构”选项，在弹出的“列表”中选择种组织结构图，单击“确定”按钮，就为该幻灯片创建了一个基本的组织结构图，如图 16.8 所示。

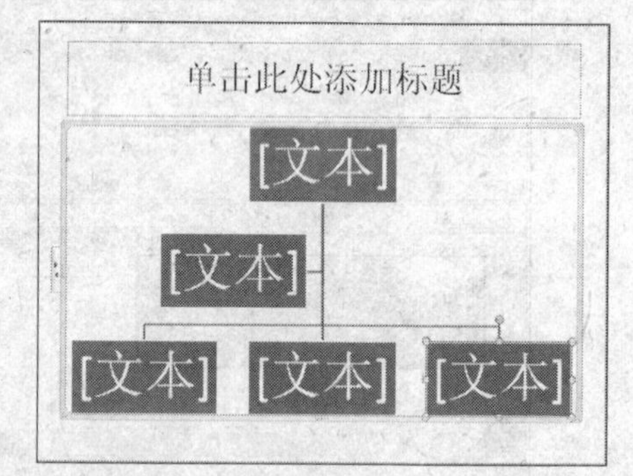

图 16.8　创建了组织结构图的幻灯片

可以看到，组织结构图中包含一些占位符，这是为减少用户工作量而设计的，使得用户向组织结构图中输入信息的工作变得简便易行。组织结构图还有自己的工具栏，可以让用户非常方便地对组织结构图进行创建、编辑以及设置图表格式等操作。

2. 在组织结构图中输入文本

在组织结构图中输入文本的具体操作步骤如下。

Step 01 单击图框中的文字，将插入点置入其中相应的位置。这时，用户就可以像在其他编辑软件中一样进行输入操作。

Step 02 如果要删除文字，可以先选择它们，然后按 Delete 键。此外，也可以移动插入点到要删除文字的前面或后面，然后按 Delete 键或 Backspace 键进行删除。

3. 添加、删除和调整图框

在 PowerPoint 2010 中提供的只是一个简单的组织结构图。在实际工作中，这样简单的组织结构图是不能满足用户需求的，因此用户必须对组织结构图作进一步的修改，例如增加、删除和移动图框等，以适应工作的需要。

若要添加图框，请选择要在其下方或旁边添加新图框的图框，然后选择“SmartArt 工具”下的“设计”选项卡，在“创建图形”组中选择“添加形状”按钮，在弹出的下拉列表中选择添加的位置。

若要删除某个图框，先选择该图框，然后按 Delete 键即可。如果该图框下还有分支，其分支将上升一级，连接到删除的图框的上级图框下。

如果不调整组织结构图的版式，图框的位置在组织结构图中一般是相对固定的，不能进行移动。但如果将一个图框拖动到另一个图框上，则该图框将成为另一个图框的分支。

实训 5　绘制图形对象

PowerPoint 2010 为用户提供了功能强大的“插入”选项卡下的功能区，如图 16.9 所示。

图 16.9　“插入”选项卡下的功能区

功能区中的工具如下所示。

- **“表格”按钮**：在文档中插入或绘制表格。
- **“图片”按钮**：插入来自文件的图片。
- **“剪贴画”按钮**：将剪贴画插入文档，包括绘图、影片、声音或库存照片，以展示特定的概念。
- **“屏幕截图”按钮**：选择要截的图片，按下键盘上的 PrintScreenSysRq 键，按下鼠标左键并拖动到适当位置释放鼠标即可。
- **“相册”按钮**：根据一组图片新建一个演示文稿，每个图片占用一张幻灯片。
- **“形状”按钮**：可插入现成的形状，如矩形和圆、线条、流程图等。
- **SmartArt 按钮**：插入 SmartArt 图形，以直观的方式交流信息。
- **“图表”按钮**：插入图表用于演示和比较数据，可用类型包括条形图、饼形图、曲面图等。
- **“超链接”按钮**：创建指向网页、图片、电子邮件地址或程序的超链接。
- **“动作”按钮**：为所选对象添加一个操作，已指定单击该对象时或者鼠标在其上悬停时应执行的操作。
- **“文本框”按钮**：单击该按钮可绘制横排文本框或竖排文本框。
- **“页眉和页脚”按钮**：单击该按钮可编辑页眉或页脚，页眉或页脚中的信息将会显示在每个打印页的顶端或低端。
- **“艺术字”按钮**：可在文档中插入装饰文字。
- **“日期和时间”按钮**：将当前的日期或时间插入当前文档。
- **“幻灯片编号”按钮**：可插入幻灯片的编号，幻灯片编号反映了幻灯片在演示文稿中的位置。
- **“对象”按钮**：插入嵌入对象。
- **“公式”按钮**：可插入常见的数学公式，或者使用数学符号库构造自己的公式。
- **“符号”按钮**：插入键盘上没有的字符，如版权符号、商标符号等。
- **“视频”按钮**：可在幻灯片中插入视频剪辑。
- **“音频”按钮**：可在幻灯片中插入音频剪辑。

任务 2 插入与设置多媒体对象

在幻灯片中不仅可以插入各种图形、图片，还可以添加多媒体效果，如插入剪辑库中的影片、插入外部文件的影片、插入声音、设置影片和声音的播放方式、插入 CD 音乐、录制旁白等。插入多媒体效果后的幻灯片将更为生动有趣。

实训 1 插入剪辑库中的影片

插入剪辑库中的影片的具体操作步骤如下。

Step 01 在普通视图中，选中要插入影片的幻灯片。

Step 02 选择“插入”选项卡，单击“媒体”组中的“视频”按钮，在弹出的下拉列表中选择“剪贴画”选项，弹出如图 16.10 所示的任务窗格。

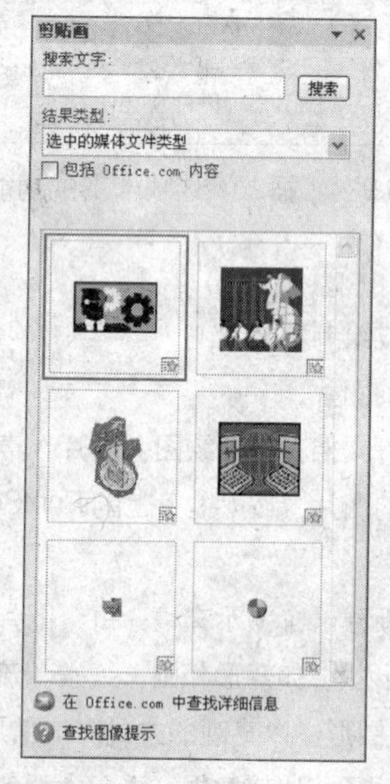

图 16.10 “剪贴画”任务窗格

Step 03 选择“剪贴画”任务窗格中要插入的影片并右击，在弹出的快捷菜单中选择“插入”命令，或单击鼠标，将影片直接导入。

Step 04 幻灯片上会出现剪辑的片头图像，这些视频对象插入到幻灯片后是静止的，在“幻灯片放映”选项卡下，单击“开始放映幻灯片”组中的“从当前幻灯片开始”按钮，如图 16.11 所示。

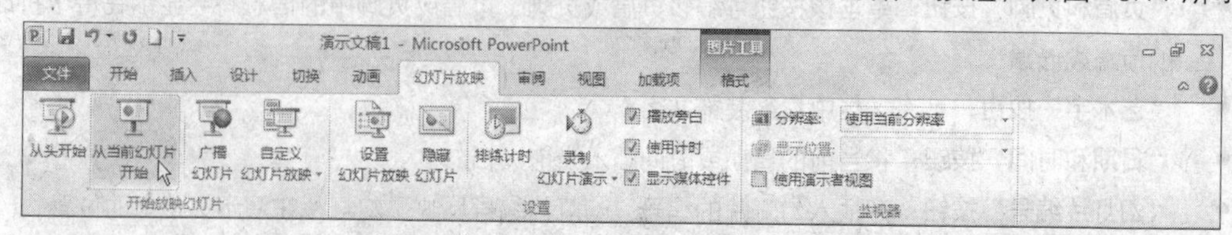

图 16.11 单击“从当前幻灯片开始”按钮

实训 2 插入外部文件的影片

插入外部文件的影片的具体操作步骤如下。

Step 01 在“幻灯片”窗格中，选中要插入影片的幻灯片。

Step 02 选择“插入”选项卡，单击“媒体”组中的“视频”按钮，在弹出的下拉列表中选择“文件中的视频”选项，打开如图 16.12 所示的对话框。

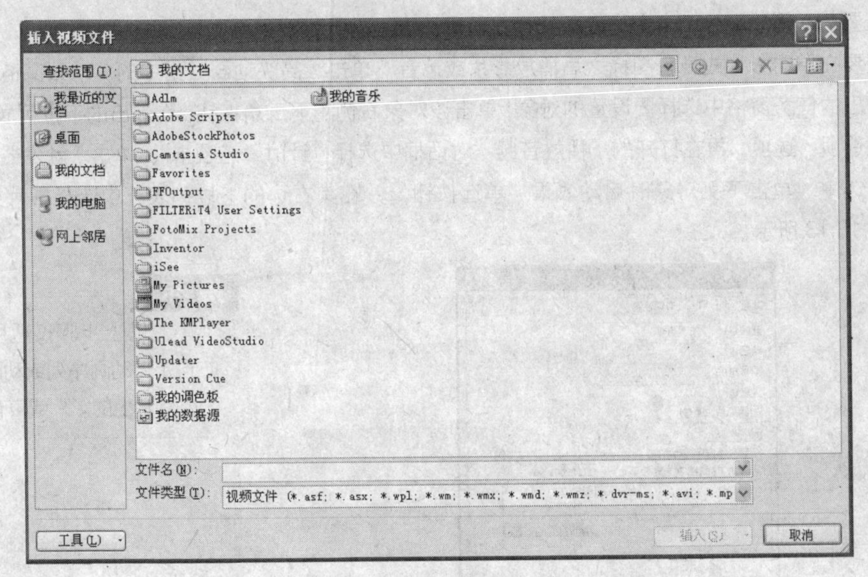

图 16.12 “插入视频文件”对话框

Step 03 选择要插入的影片的文件名，然后单击“插入”按钮。

影片插入完毕后，幻灯片中的影片自动保持为被选中状态，此时影片四周有尺寸句柄，可以通过拖动尺寸句柄调节影片的大小。

实训 3 插入声音

插入声音的方法和插入影片相同。将音乐或声音插入幻灯片后，会显示一个代表该声音文件的声音图标。如果要隐藏该图标，可以将它拖出幻灯片并将声音设置为自动播放。要删除插入的声音，选择声音图标后按 Delete 键即可。

提 示

如果 PowerPoint 2010 不支持某种特殊的媒体类型或特性，而且不能播放某个声音文件，请尝试用 Windows Media Player 播放它。Windows Media Player 是 Windows 的一部分，当把声音作为对象插入时，它能播放 PowerPoint 2010 中的多媒体文件。

如果声音文件大于 100KB，默认情况下会自动将声音链接到文件，而不是嵌入文件。演示文稿链接到文件后，如果要在另一台计算机上播放此演示文稿，则必须在复制该演示文稿的同时复制它所链接的文件。

实训 4 设置影片和声音的播放方式

插入影片或声音后，还可以根据需要对其播放方式进行设置。

1. 设置影片和声音的开始播放方式

除了在插入时设置影片或声音的开始播放方式之外，还可以在插入后进行调整，其具体操作步骤如下。

Step 01 在幻灯片上，单击影片或声音图标以选择它们。

Step 02 选择“动画”选项卡，单击“计时”组中“开始”右侧的下三角按钮，打开下拉列表，然后执行下列操作之一。

- 若要自动播放影片或声音，选择“从上一项开始”选项。
- 若要在单击影片或声音图标之后播放影片或声音，单击“高级动画”组中的“动画窗格”按钮，在弹出的任务窗格中选择要设置的对象，单击该对象右侧的下三角按钮，在弹出的下拉列表中选择“效果选项”选项，再在打开的“播放音频”对话框中选择“计时”选项卡，单击“触发器”按钮，然后选中“单击下列对象时启动效果”单选按钮，并在其右边的下拉列表框中选择影片或声音，如图 16.13 所示。

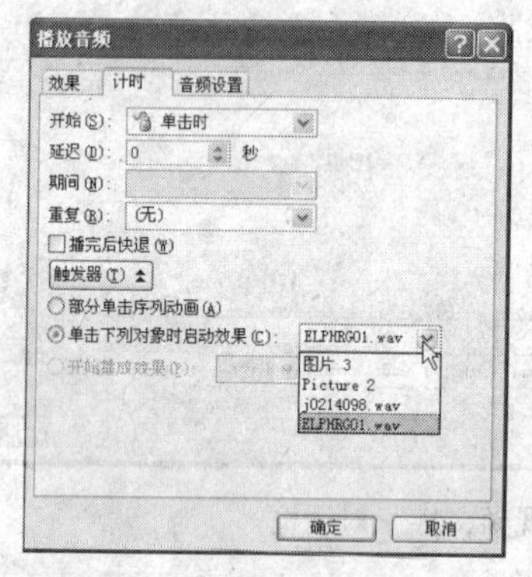

图 16.13 “播放音频”对话框中的“计时”选项卡

提示

以上步骤仅适用于没有自定义动画序列或动画方案的幻灯片上的影片或声音文件。

2. 设置循环播放影片和声音

如果已经添加了影片，而希望修改其选项，可以选择“音频工具”下的“播放”选项卡，在“音频选项”组中勾选“循环播放，直到停止”或“播完返回开头”复选框，如图 16.14 所示。

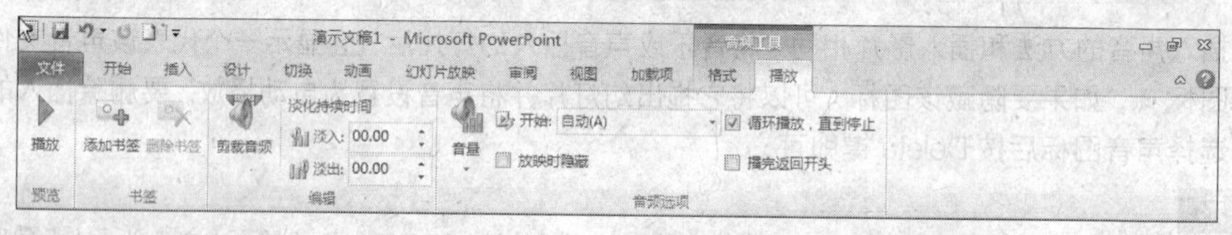

图 16.14 勾选“循环播放，直到停止”复选框

技 巧

使用快捷键打开绘图笔：播放时若要快速调出绘图笔，可按 Ctrl+P 快捷键。

综合案例 制作公司人员配置图

根据上面所学的内容来制作一张公司人员配置图，操作步骤如下。

Step 01 选择“开始”选项卡，单击“幻灯片”组中的“新建幻灯片”按钮，在弹出的下拉列表中选择“仅标题”选项，如图 16.15 所示。

Step 02 在幻灯片的标题栏中输入标题，将标题的字体设置为“方正宋黑简体”，字号设置为 44，单击“字体”组中的“文字阴影”按钮 S，为文字添加阴影效果。

Step 03 设置完成后，选择“插入”选项卡，单击“插图”组中的 SmartArt 按钮，在打开的对话框中选择“层次结构”选项，再在右侧的“选项”框中选择一种组织结构图图形，单击“确定”按钮即可。

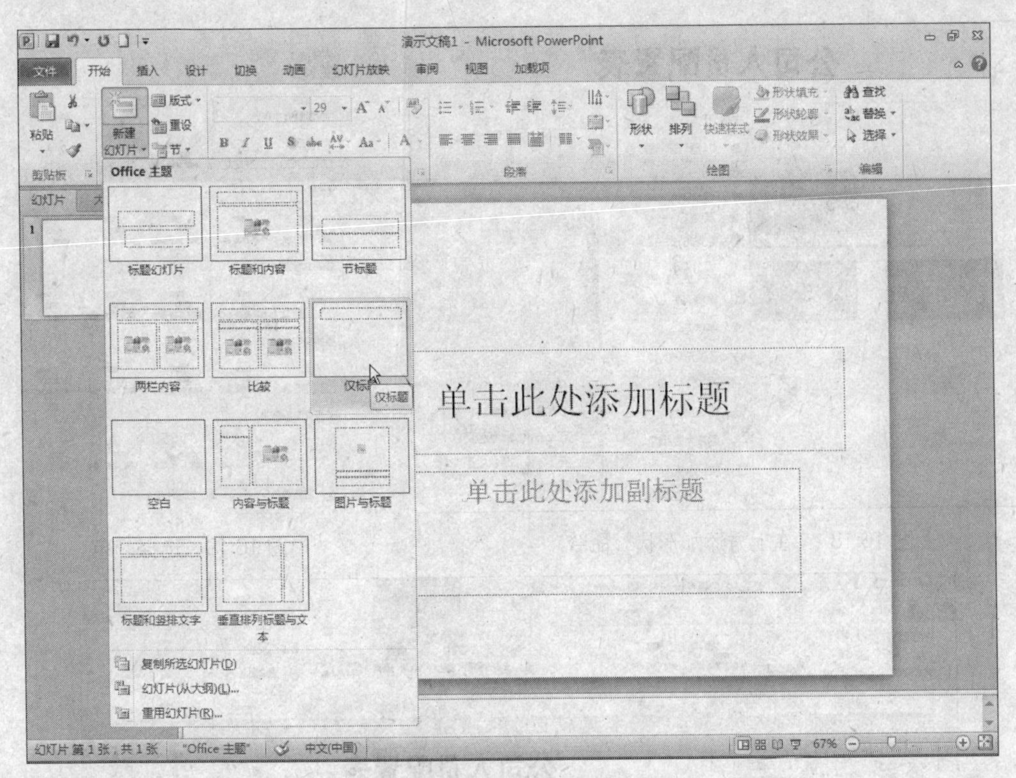

图 16.15　新建幻灯片

Step 04 选择如图 16.16 所示的图框，按 Delete 键进行删除。

Step 05 选择“SmartArt 工具”下的“设计”选项卡，单击“创建图形”组中的“文本窗格”按钮，则会打开如图 16.17 所示的对话框，在该对话框中输入文字，结构图中的图框中就会出现文字。

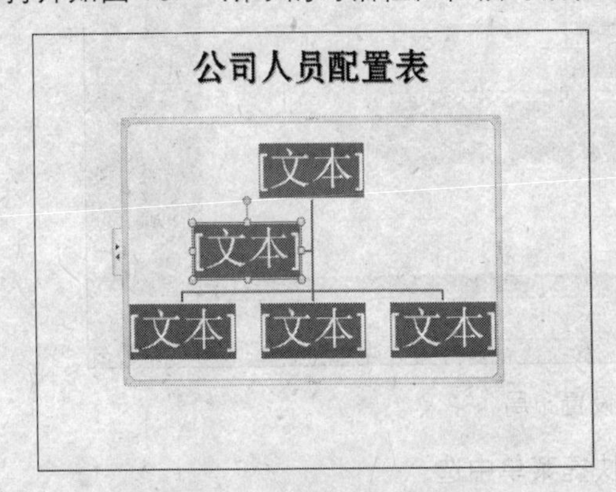

图 16.16　删除所选的图框

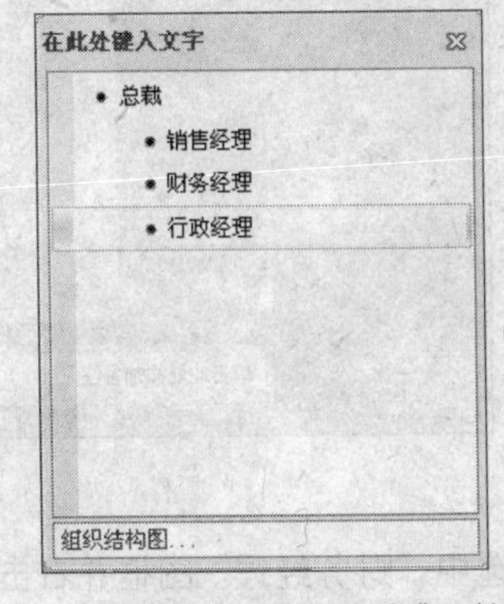

图 16.17　“在此处输入文字”对话框

Step 06 右击“总裁”图框，在弹出的快捷菜单中选择“添加形状”命令，再在弹出的级联菜单中选择“在上方添加形状”命令，如图 16.18 所示。选择刚添加的图框，然后输入“董事长”文字。

Step 07 再次右击“总裁”图框，在弹出的快捷菜单中选择“添加形状”命令，再在弹出的级联菜单中选择“添加助理”命令，并输入内容。

Step 08 选择“SmartArt 工具”下的“设计”选项卡，在“SmartArt 样式”组中单击“更改颜色”按钮，在弹出的下拉列表中选择“彩色”中的“强调文字颜色”，如图 16.19 所示。

Step 09 选中整个图框，再选择“设计”选项卡，单击“创建图形”组中的“布局”按钮，在弹出的下拉列表中选择“标准”选项，如图 16.20 所示。

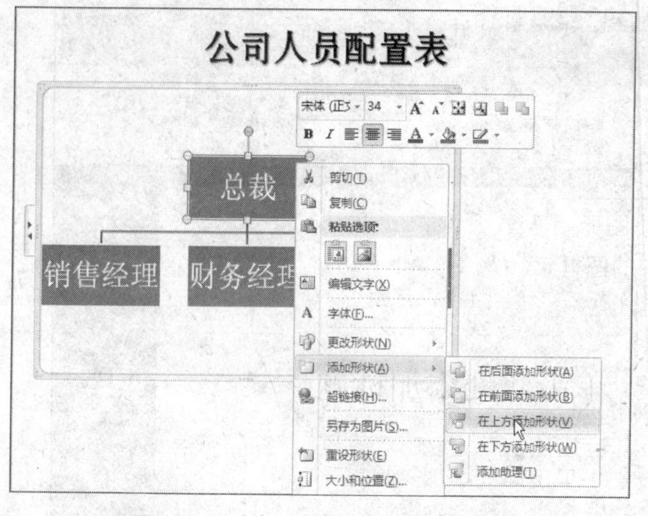

图 16.18 “在上方添加形状”命令

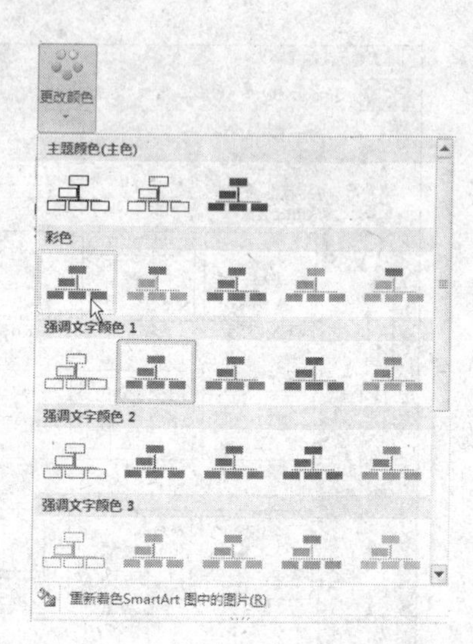

图 16.19 选择颜色

图 16.20 设置布局

Step 10 选中“财务经理”图框并右击，在弹出的快捷菜单中选择“添加图形”按钮，再在弹出的子菜单中选择“在下方添加图形”命令，即可在“财务经理”图框下新建一个图框；使用同样的方法，再次在“财务经理”图框和“行政经理”图框下各新建一个图框，并在所有新建的图框中添加文字，如图 16.21 所示。

至此，对公司人员配置表的制作完成，将完成后的场景进行保存。

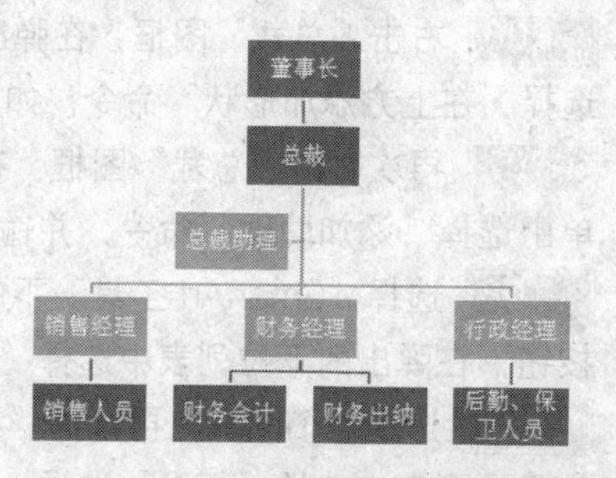

图 16.21 公司人员配置表最终效果

课后练习与上机操作

一、选择题

1. 在“插入图片”对话框中，以________视图模式显示图片文件可以直接浏览到图片效果。
   A. 大图标　　B. 小图标　　C. 预览　　D. 缩略图
2. 按键盘上的_____键可以将选中的图框删除。
   A. Ctrl+D　　B. Ctrl+W　　C. Delete　　D. Shift+A

二、简答题

1. 如何在 PowerPoint 2010 中插入来自文件的图片？
2. 如何设置影片和声音的播放方式？

三、上机实训

1. 创建一个空演示文稿，在第 1 张幻灯片中插入艺术字“欢迎光临”。
2. 在第 2 张幻灯片中画出 4 个大红灯笼，上面分别写有“新年快乐”4 个字。
3. 分别为两张幻灯片插入一首 CD 音乐并录制一段旁白。
4. 利用自动版式创建班级或公司的组织结构图。
5. 在班级或公司的组织结构图中，练习改变组织结构图的结构。

项目 17

设计和放映幻灯片

本章导读

本章将介绍怎样设计已经创建好的幻灯片以及如何根据演示文稿的用途和放映环境的需要来设定放映方式，使演示者随心所欲地控制放映过程。

知识要点

- ✪ 使用动画方案
- ✪ 自定义动画效果
- ✪ 设置放映方式
- ✪ 幻灯片的放映
- ✪ 幻灯片的隐藏

任务 1 设置幻灯片动画

实训 1 使用动画方案

PowerPoint 2010 提供了多种动画方案，在其中设定了幻灯片的切换效果和幻灯片中各对象的动画显示效果。使用这些预设的动画方案，能快速地为演示文稿中的一个或所有幻灯片设置动画效果。

要使用动画方案时，首先选择要应用动画的幻灯片、幻灯片中要应用动画方案的文本或对象，在“动画”选项卡的“高级动画”组中单击“添加动画”按钮，在弹出的下拉列表中选择需要的动画方案，如图 17.1 所示。或者在“动画”选项卡中单击“动画”组中的 (其他) 按钮，在弹出的下拉列表中选择需要的动画方案。

如果为图设置了动画方案，可单击“高级动画”组中的“动画窗格”按钮，在弹出的“动画窗格”中说明了该动画的信息，单击“动画窗格”中的“播放”按钮，即可播放动画。

提 示

如果要删除为幻灯片设置的动画方案，按 Delete 键即可进行删除。

图 17.1 动画列表

实训 2　自定义动画效果

除了使用预定义的动画方案外，用户还可以为幻灯片中的对象应用自定义的动画效果，从而使幻灯片更具个性化。

1. 添加动画效果

用户能为幻灯片中的对象设置进入、强调、退出和路径等动画效果。由于设置进入、强调和退出 3 种动画效果的方法基本相同，所以这里只介绍为幻灯片的对象添加进入动画效果。

添加进入动画效果的具体操作步骤如下。

Step 01 在普通视图中，显示要设置动画效果的文本或对象的幻灯片。

Step 02 选择幻灯片中要设置动画效果的对象。

Step 03 选择“动画”选项卡，单击“动画”组中的“其他”按钮▾，打开“添加进入效果”对话框，如图 17.2 所示。

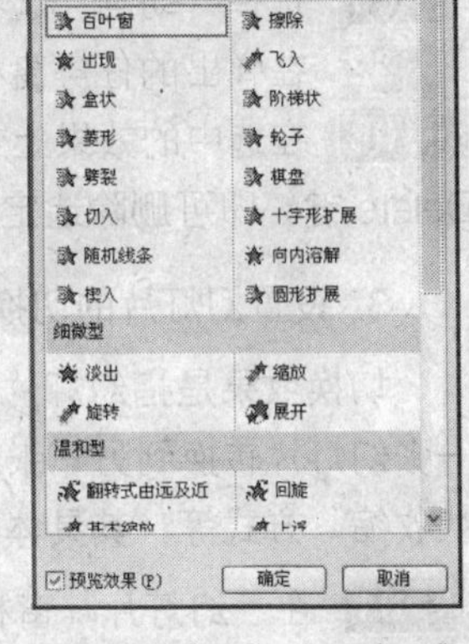

图 17.2 “添加进入效果”对话框

Step 04 在其中选择一种效果，然后单击“确定”按钮，即可将该效果应用于幻灯片中所选的对象。这时，在“幻灯片”窗格中的幻灯片对象上出现了动画效果标记，例如 1 、 2 等。

Step 05 如要更改动画效果的开始方式，可以单击“计时”组中的“开始”下拉列表框右边的下三角按钮，从打开的下拉列表中选择一种方式。

- **单击时**：选择此选项，则当幻灯片放映到动画效果序列中的该动画时，单击鼠标才开始动画显示幻灯片中的对象，否则将一直停在此位置以等待用户单击鼠标来激活。
- **同时**：选择此选项，则该动画效果和前一个动画效果同时发生，这时其序号将和前一个用单击来激活的动画效果的序号相同。

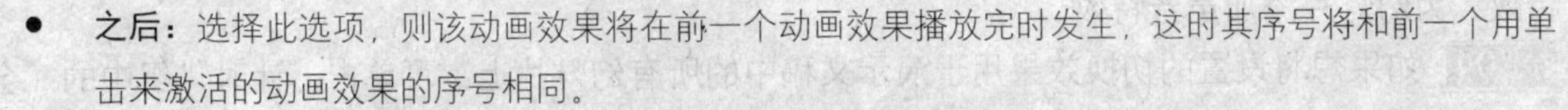

- **之后**：选择此选项，则该动画效果将在前一个动画效果播放完时发生，这时其序号将和前一个用单击来激活的动画效果的序号相同。

设置完后，可以单击“幻灯片放映”按钮来预览动画效果。

提 示

添加动作路径和添加其他动画效果的方法基本相同。只是在添加后，会出现动作路径的路径控制点，如图 17.3 所示。

如果要改变路径的长短，拖动尺寸控制点即可。如要改变路径的旋转角度，向左或向右拖动方向控制点即可。如要改变路径的位置，移动鼠标指针到路径上，当鼠标指针变成十字形箭头时，按住鼠标左键并拖动到合适的位置后释放即可。

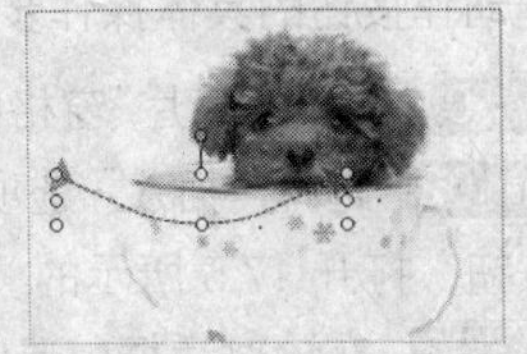

图 17.3　动作路径

如果要改变路径的形状，移动鼠标指针到路径上，当鼠标指针变成十字形箭头时，右击，在弹出的快捷菜单中选择“编辑顶点”命令进入路径节点编辑状态，这时就可以开始编辑路径了。

2. 编辑动画效果

设置了动画效果后，还可以根据需要对其进行修改。

（1）更改动画序列

更改动画序列的具体操作步骤如下。

Step 01 在普通视图中，显示要重新排序动画的演示文稿。

Step 02 选择“动画”选项卡，单击“高级动画”组中的“动画窗格”按钮，弹出如图 17.4 所示的任务窗格。

Step 03 在弹出的“动画窗格”中选择要移动的项目，单击鼠标将其拖到其他位置即可，或单击“动画窗格”下方的[↑]和[↓]按钮来调整动画的序列。

提 示

如果在列表中没有发现要选择的动画，单击动画组中的 按钮可以展开动画序列中没显示出来的动画效果。

（2）删除动画效果

删除动画效果的具体操作步骤如下。

Step 01 选择“动画”选项卡，单击“高级动画”组中的“动画窗格”按钮。

Step 02 在弹出的任务窗格中选择需要删除的效果。

Step 03 在选中的效果上右击，在弹出的快捷菜单中选择“删除”命令，或按 Delete 键，即可删除选定的动画效果。

图 17.4 “动画窗格”任务窗格

3. 设置幻灯片的切换效果

切换效果是指幻灯片之间衔接的特殊效果。在幻灯片放映的过程中，由一张幻灯片转换到另一张幻灯片时，可以设置多种不同的切换方式，如“垂直百叶窗”方式或“盒状收缩”方式等，其具体操作步骤如下。

Step 01 在“幻灯片”窗格中打开要添加切换效果的幻灯片。

Step 02 选择“切换”选项卡，在“切换到此幻灯片”组中选择一种切换的效果，设置完成后单击“预览”按钮进行预览。

Step 03 单击“计时”组中的“声音”按钮右侧的下三角按钮，在弹出的下拉列表中选择一种声音特效，为幻灯片添加声音特效。

Step 04 如果想将设置的切换效果用于演示文稿中的所有幻灯片上，可单击“计时”组中的“全部应用”按钮。

4. 设置动作按钮

用户可以将某个动作按钮添加到演示文稿中，然后定义如何在幻灯片的放映过程中使用它。创建动作按钮的具体操作步骤如下。

Step 01 在“幻灯片”窗格中打开要建立动作按钮的幻灯片。

Step 02 选择“插入”选项卡，单击“链接”组中的“动作”按钮，打开 17.5 所示的“动作设置”对话框。

Step 03 在该对话框中选中“超链接到”单选按钮，并在其下拉列表框中选择要链接到的幻灯片选项。

Step 04 再在该对话框中勾选“播放声音”复选框，并在“播放声音”下拉列表框中选择一种声音，为幻灯片添加声音特效。

Step 05 设置完成后，单击“确定”按钮，单击“幻灯片”选项卡中的“从头开始”按钮，浏览设置完成的幻灯片。

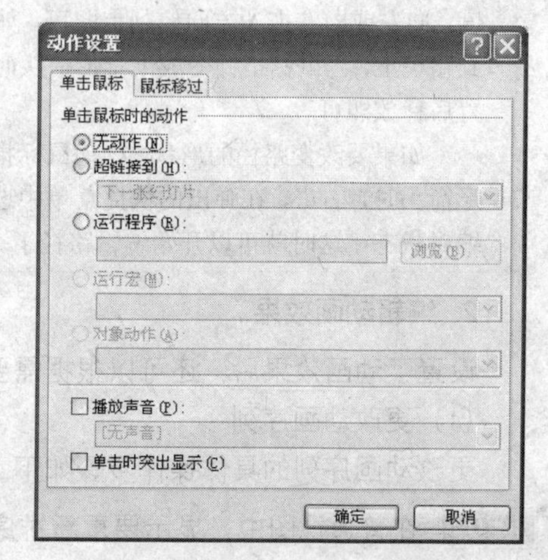

图 17.5 “动作设置”对话框

任务 2 放映幻灯片

用户在对幻灯片进行修饰并设置了一些特殊的效果之后，就可以对演示文稿进行放映了。在本节中，将介绍如何根据演示文稿的用途和放映环境的需要来设定放映方式，使演示者随心所欲地控制放映过程。

实训 1 设置放映方式

设置幻灯片的放映方式的具体操作步骤如下。

Step 01 选择“幻灯片放映”选项卡，单击“设置”组中的“设置幻灯片放映”按钮，则打开如图 17.6 所示的“设置放映方式”对话框。

Step 02 在“放映类型”选项组中选择适当的放映类型。

Step 03 在“放映幻灯片”选项组中设置要放映的幻灯片。

Step 04 在“放映选项”选项组中设定幻灯片放映时的一些设置，如放映时不加动画。

Step 05 在“换片方式”选项组中指定幻灯片放映时是采用人工换片，还是采用排练时间定时自动换片。

Step 06 设置完成后，单击“确定”按钮，即可完成放映设置。

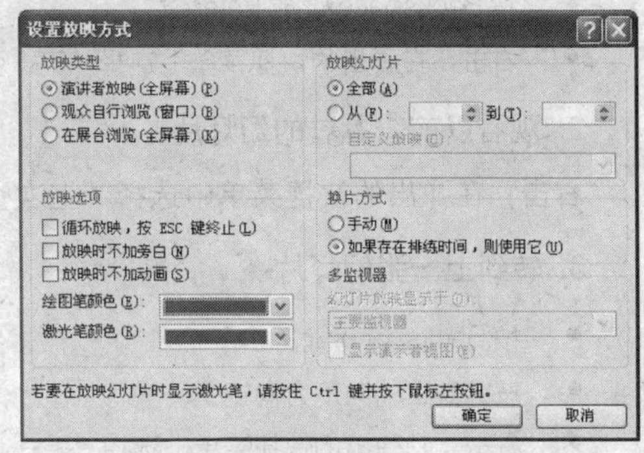

图 17.6 “设置放映方式”对话框

实训 2 设置放映时间

通过对幻灯片进行排练，可精确分配每张幻灯片放映的时间。用户既可使用排练计时，也可人工设置放映时间。

使用排练计时可以在排练时自动设置幻灯片放映的时间间隔。使用排练计时的具体操作步骤如下。

Step 01 打开要进行排练计时的演示文稿。

Step 02 选择“幻灯片放映”选项卡，单击“设置”组中的“排练计时”按钮，进行预演。

Step 03 单击“预演”工具栏上的“暂停录制”按钮，则可暂停计时；单击“下一项”按钮，可排练下一张幻灯片；单击“重复”按钮时，可重新排练该幻灯片，排练完成后，则会弹出如图 17.7 所示的提示框提示是否保留新的幻灯片排练时间。

Step 04 单击“是”按钮，确认应用排练计时。此时，会在幻灯片浏览视图中的每张幻灯片的左下角显示该幻灯片的放映时间。

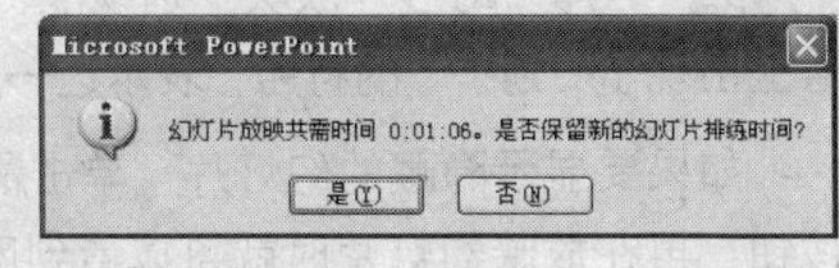

图 17.7 提示框

用户还可以人工设置幻灯片放映的时间间隔，这样放映时就会自动换片，节省演讲者的时间和精力。人工设置放映时间的方法就是在设置幻灯片切换效果的同时设置时间。

实训 3 启动幻灯片放映

放映演示文稿的方法很简单，具体操作步骤如下。

Step 01 在 PowerPoint 2010 中打开要放映的幻灯片。

Step 02 选择“幻灯片放映”选项卡，单击“开始放映幻灯片”组中的“从头开始”按钮，或按 F5 键开始放映幻灯片。

Step 03 如果想停止幻灯片放映，按 Esc 键即可；或右击，在弹出的快捷菜单中选择“结束放映”命令。

实训 4　放映时切换幻灯片

对于每种切换类型，在幻灯片放映过程中都有几种可选的方法。

1. 转到下一张幻灯片

- 单击鼠标。
- 按 Backspace 键或 Enter 键。
- 右击，在弹出的快捷菜单上选择“下一张”命令。

2. 观看以前查看过的幻灯片

右击，在弹出的快捷菜单中选择“上次查看过的”命令即可。

3. 转到上一张幻灯片

- 按 Backspace 键。
- 按键盘上的向下方向键。
- 右击，从弹出的快捷菜单上选择“上一张”命令。

4. 观看指定的幻灯片

转到指定的幻灯片上的具体操作步骤如下。

Step 01 输入幻灯片编号，再按 Enter 键。

Step 02 右击，在弹出的快捷菜单中选择“定位至幻灯片”命令，然后选择所需的幻灯片即可。

实训 5　隐藏幻灯片

在制作演示文稿时，可能会做几张备用的幻灯片，放映时再根据需要决定是否放映这几张，这时就可以利用幻灯片隐藏功能。若要隐藏幻灯片，具体操作步骤如下。

Step 01 在“幻灯片”选项卡中，选择要隐藏的幻灯片，例如选择第 3 张幻灯片。

Step 02 选择“幻灯片放映”选项卡，单击“设置”组中的“隐藏幻灯片”按钮，则在幻灯片的编号上出现了“划去”的符号，表示这一张幻灯片已被隐藏了，在放映幻灯片时则看不到该幻灯片了。

如果要显示隐藏的幻灯片，单击需要隐藏的幻灯片，然后单击“设置”组中的“隐藏幻灯片”按钮，再在放映幻灯片时就可以看到刚刚被隐藏的幻灯片。

技 巧

快速隐藏鼠标：在播放幻灯片时若想将鼠标快速隐藏，可按 Ctrl+H 快捷键将鼠标进行隐藏。

综合案例　制作情人节幻灯片

下面我们根据上面所学的内容，制作一张情人节幻灯片。

Step 01 打开 PowerPoint 2010，新建幻灯片，将版式设置为“空白”。

Step 02 选择“设计”选项卡，单击“背景”组中的“背景样式”按钮，在弹出的下拉列表中选择“设置背景格式”命令，则打开如图 17.8 所示的“设置背景格式”对话框。

Step 03 选择左侧的“填充”选项，在右侧的“填充”区域中选中“图片或纹理填充”单选按钮，再单击“插入自”下的“文件”按钮，打开“插入图片”对话框。在对话框中打开“素材\Cha17\背景.jpg”素材文件，单击“插入”按钮，将其插入。返回到“设置背景格式”对话框，单击“关闭”按钮。

Step 04 设置完成后，选择“切换”选项卡，单击“切换到此幻灯片” 组中的按钮，在弹出的下拉列表中选择“蜂巢”特效，如图 17.9 所示。将“计时”组中的声音设置为“风铃”特效。

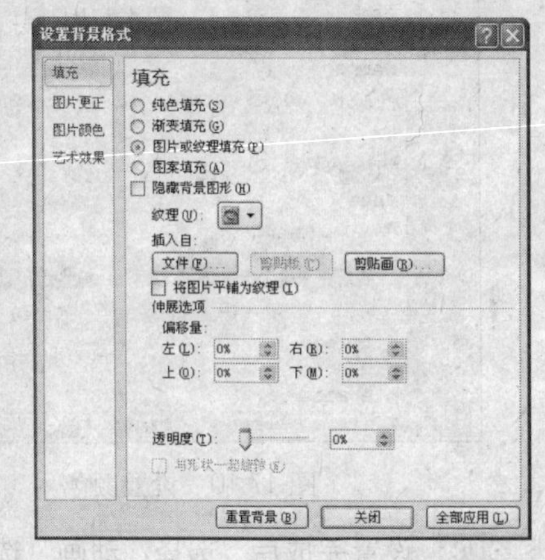

图 17.8 “设置背景格式”对话框

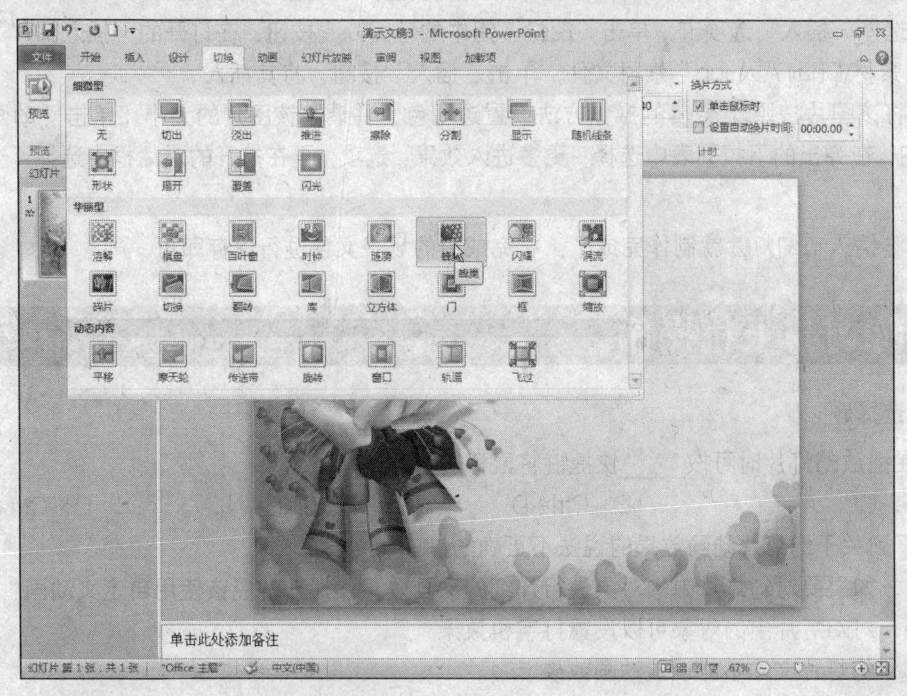

图 17.9 选择切换效果

Step 05 选择“插入”选项卡，单击“文本”组中的“文本框”按钮，在弹出的下拉列表中选择“横排文本框”按钮，在幻灯片中绘制横排文本框，并在文本框中输入文字，将“字体”设置为“汉仪雪君体简”，将“字号”设置为 18，并调整其位置。

Step 06 选择“插入”选项卡，单击“图像”组中的“图片”按钮，在打开的“插入图片”对话框中打开“素材\Cha17\字.jpg”素材文件，单击“插入”按钮，将其插入。

Step 07 选择“图片工具”下的“格式”选项卡，单击“调整”组中的“颜色”按钮，在弹出的下拉列表选择“重新着色”选项组中的“紫色，强调文字颜色 4 浅色”选项，如图 17.10 所示。

Step 08 再次选择“图片工具”下的“格式”选项卡，单击“调整”组中的“颜色”按钮，在弹出的下拉列表选择“设置透明色”命令，当鼠标变为时，在所选图片的空白处单击，并调整其位置，如图 17.11 所示。

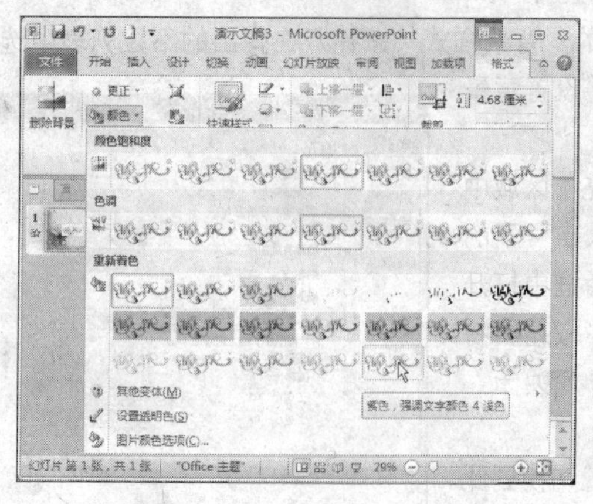
图 17.10　设置颜色

图 17.11　设置透明色

Step 09 设置完成后，选择“动画”选项卡，单击“动画”组中的按钮，在弹出的下拉列表中选择“圆形扩展”特效，将“计时”组中的“开始”设置为“在上一动画之后”。

Step 10 选择“插入”选项卡，单击“图像”组中的“图片”按钮，在打开的“插入图片”对话框中打开“素材\Cha17\人.jpg”素材文件，单击“插入”按钮，将其插入。

Step 11 将该图片按照 Step 07 的操作方法设置透明色，并调整该图片的大小。单击“动画”组中的按钮，在弹出的下拉列表中选择“更多进入效果”选项，再在打开的对话框中选择“十字形扩展”特效。

至此，情人节幻灯片就制作完成了，将完成后的场景文件进行保存即可。

课后练习与上机操作

一、选择题

1. 在播放幻灯片时可按_____快捷键将鼠标进行隐藏。

   A．Ctrl+A　　B．Ctrl+D　　C．Shift+N　　D．Ctrl+H

2. 下列关于幻灯片动画效果的说法不正确的是________。

   A．如果要对幻灯片中的对象进行详细的动画效果设置，就应该使用自定义动画

   B．对幻灯片中的对象可以设置打字机效果

   C．幻灯片文本不能设置动画效果

   D．动画顺序决定了对象在幻灯片中出场的先后次序

3. 按________键可以启动幻灯片放映。

   A．Enter　　B．F5　　C．F6　　D．Backspace

4. 在幻灯片放映过程中，能正确切换到下一张幻灯片的操作是________。

   A．单击鼠标左键　　B．按 F5 键

   C．按 Page Up 键　　D．以上都不正确

二、简答题

1. 如何为幻灯片中的对象添加进入动画效果？
2. 如何设置幻灯片的切换效果？
3. 如何为幻灯片设置动作按钮？

4．如何设置放映时间？

5．试述放映时切换幻灯片的多种方法。

6．如何隐藏幻灯片？

三、上机实训

1．打开“素材\Cha17\景点简介.ppt”文件，为每张幻灯片上的对象添加不同的自定义动画效果。

2．适当地更改或删除某些自定义动画，并更改某些动画序列的顺序。

3．分别为 3 张幻灯片设置不同的切换效果。

4．为最后一张幻灯片添加一个跳转到第一张幻灯片的动作按钮。

5．设置幻灯片以窗口的方式重复放映后两张幻灯片。

6．为整个演示文稿设置排练计时。

7．启动幻灯片的放映，并利用多种操作方法切换幻灯片。

项目18

综合案例应用

本章导读

通过对前面章节的学习，本章使用 Word、Excel、PowerPoint 来制作 3 个案例，以巩固前面所学的知识。

知识要点

- ✪ 使用 Word 制作成绩图表
- ✪ 使用 Excel 制作建筑预算审批
- ✪ 使用 PowerPoint 制作培训方案幻灯片

综合案例 1 使用 Word 制作成绩图表

在一些统计报表中，经常见到如图 18.1 所示的数据表格。

科目 成绩 姓名	张晴	王建	文英	海宝	蒙蒙
语文	96	82	78	69	53
数学	82	79	68	59	82
外语	96	89	72	98	69
政治	82	79	68	98	79
历史	82	96	96	62	98
地理	96	78	82	73	86
总计	534	503	464	459	467

图 18.1　成绩表格

虽然是以数据说话，但是数据的意义显示得比较隐晦，不能直接地看出数据之间的联系和对比。若是能以更加形象的图表说话，含义的说明要清楚得多。

首先仿照上面表格的样式把表格制作出来。下面将介绍插入表格的方法，然后逐个完成成绩图表的制作。

Step 01 新建一个 Word 文档，选择“插入”选项卡，在“表格”组中单击“表格”按钮，在弹出的下拉列表中选择“插入表格”选项，打开“插入表格”对话框，将“列数”设置为 6，将“行数”设置为 8，单击“确定”按钮，如图 18.2 所示。

Step 02 在表格的上方输入“成绩统计表”，将其选中，将“字体”设置为“汉仪行楷简”，将“字号”设置为“三号”，并单击“段落”选项组中的“居中”按钮，如图 18.3 所示。

Step 03 选择第一行单元格，选择“布局”选项卡，在“单元格大小”选项组中将“高度”设置为 1.4 厘米，如图 18.4 所示。

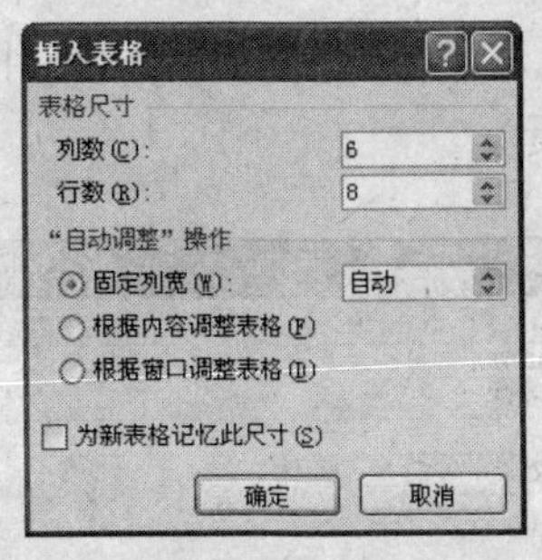

图 18.2 “插入表格”对话框

图 18.3 输入并设置文本

Step 04 选择“插入”选项卡，单击“插图”组中的“形状”按钮，在弹出的下拉列表中选择直线形状，绘制如图 18.5 所示的图形。

图 18.4 设置表格行高

图 18.5 绘制直线

Step 05 选择“插入”选项卡，单击“文本”组中的“文本框”按钮，在弹出的下拉列表中选择“绘制文本框”选项，在表格中绘制文本框，并在文本框中输入“姓名”，选择该文本框，将“形状样式”选项组中的“形状填充”设置为“无填充颜色”，将“形状轮廓”设置为“无轮廓”，调整其位置，如图 18.6 所示。使用同样的方法，绘制并设置文本框，然后输入文本，调整其位置，如图 18.7 所示。

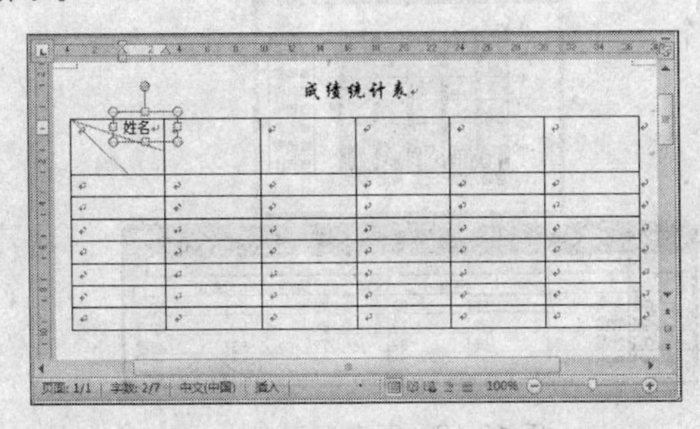

图 18.6 绘制文本框并设置文本（一）

图 18.7 绘制文本框并设置文本（二）

Step 06 绘制完成后，在单元格中输入文本，输入完成后，选中整个单元格并右击，在弹出的快捷菜单中选择“单元格对齐方式”命令，在弹出的级联菜单中单击“水平居中”命令，设置完成后的效果如图 18.8 所示。

Step 07 将光标定位到张晴的“总计”单元格中，然后在“表格工具”下的“布局”选项卡中单击“数据”组中的“公式”按钮，打开“公式”对话框，在“公式”文本框中已经显示了一个函数“=SUM(ABOVE)”，它就是计算当前表格列数据求和的函数，直接单击“确定”按钮即可完成当前列数据的求和，如图 18.9 所示。使用同样的方法依次将光标定位到"总计"行的其他单元格，把 5 个人的各科成绩总分数统计出来，完成表格的制作，如图 18.10 所示。

成绩统计表

姓名/成绩/科目	张晴	王建	文英	海宝	蒙蒙
语文	96	82	78	69	53
数学	82	79	68	59	82
外语	96	89	72	98	69
政治	82	79	68	98	79
历史	82	96	96	62	98
地理	96	78	82	73	86
总计					

图 18.8　输入并设置文本

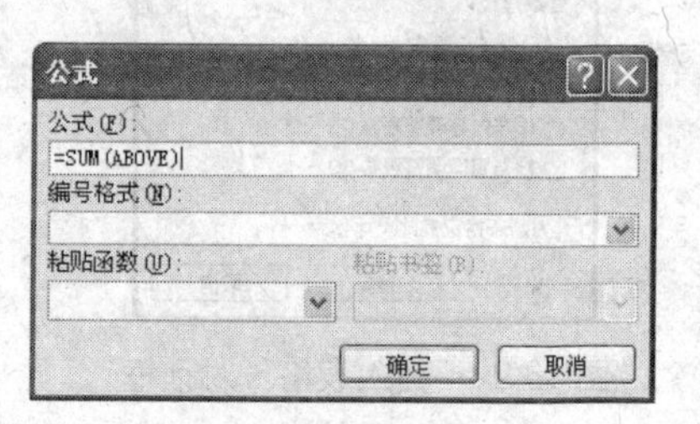

图 18.9　"公式"对话框

Step 08　选中表格中需要用来制作图表的数据，这里选择的是整个表格，如图 18.11 所示。

成绩统计表

姓名/成绩/科目	张晴	王建	文英	海宝	蒙蒙
语文	96	82	78	69	53
数学	82	79	68	59	82
外语	96	89	72	98	69
政治	82	79	68	98	79
历史	82	96	96	62	98
地理	96	78	82	73	86
总计	534	503	464	459	467

图 18.10　表格制作完成

成绩统计表

姓名/成绩/科目	张晴	王建	文英	海宝	蒙蒙
语文	96	82	75	69	53
数学	82	79	68	59	82
外语	96	89	72	98	69
政治	82	79	68	98	79
历史	82	96	96	62	98
地理	96	78	82	73	86
总计	534	503	464	459	467

图 18.11　选择整个表格

Step 09　选择"插入"选项卡，在"文本"选项组中单击"对象"按钮，打开"对象"对话框，在"对象类型"列表框中选择"Microsoft Graph 图表"选项，单击"确定"按钮，如图 18.12 所示。

Step 10　Microsoft Graph 启动后，进入图表视图，一张按默认选项制成的图表出现在视图上，如图 18.13 所示。

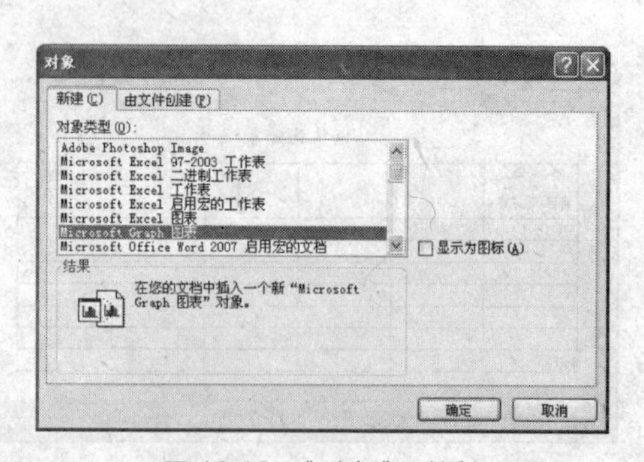

图 18.12　"对象"对话框

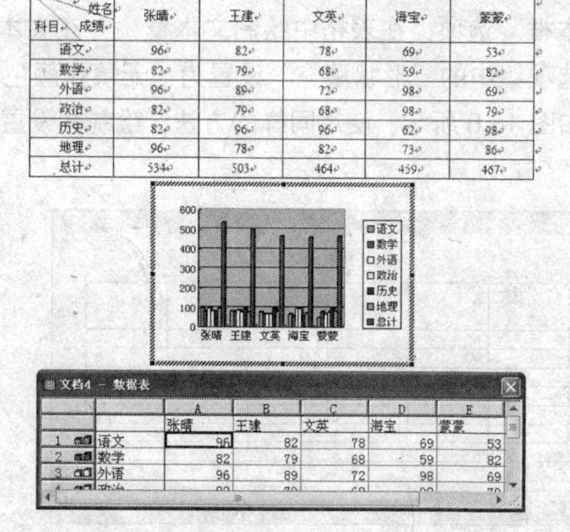

图 18.13　图表视图

Step 11　移动鼠标指针到生成图表的右下角的控制点上，按住鼠标左键不放将图表向右拖动，使内容完整显示，如图 18.14 所示。完成后的图表如图 18.15 所示。

Step 12　如果不喜欢此图表类型，可以在图表中右击，在弹出的快捷菜单中选择"'图表'对象"|"编辑"命令，进入图表编辑状态，如图 18.16 所示。

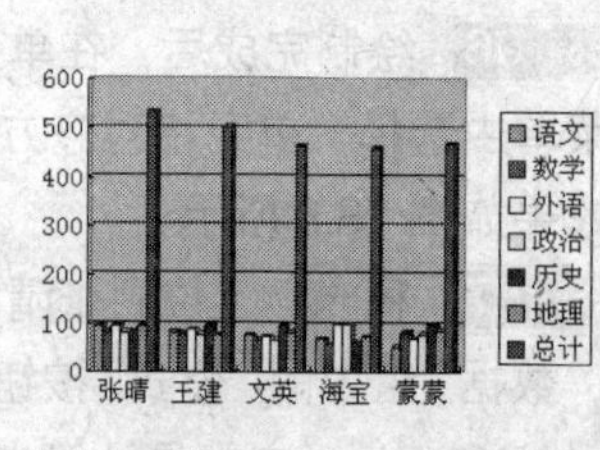

图 18.14　调整图表

科目 成绩 姓名	张晴	王建	文英	海宝	蒙蒙
语文	96	82	78	69	53
数学	82	79	68	59	82
外语	96	89	72	98	69
政治	82	79	68	98	79
历史	82	96	96	62	98
地理	96	78	82	73	86
总计	534	503	464	459	467

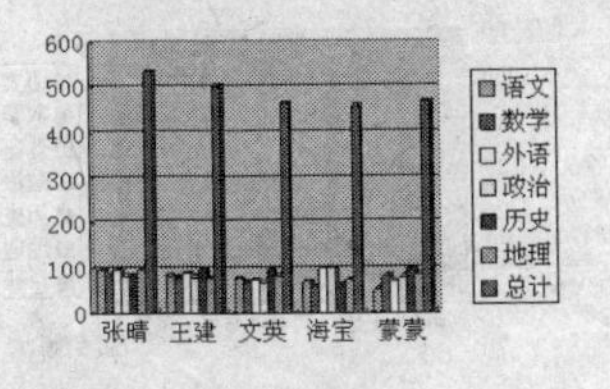

图 18.15　完成后的图表

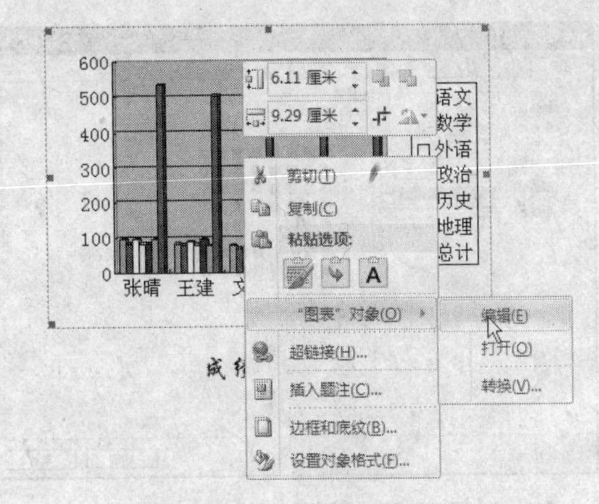

图 18.16　选择“编辑”命令

Step 13 在图表区柱形图上右击，在弹出的快捷菜单中选择“图表类型”命令，如图 18.17 所示。

Step 14 打开“图表类型”对话框，选择“标准类型”选项卡，在“图表类型”列表框中选择一种图表类型，在“子图表类型”列表中选择一种类型，用户可以根据自己的喜好进行选择，然后单击“确定”按钮，如图 18.18 所示。定义完新类型后的效果如图 18.19 所示。

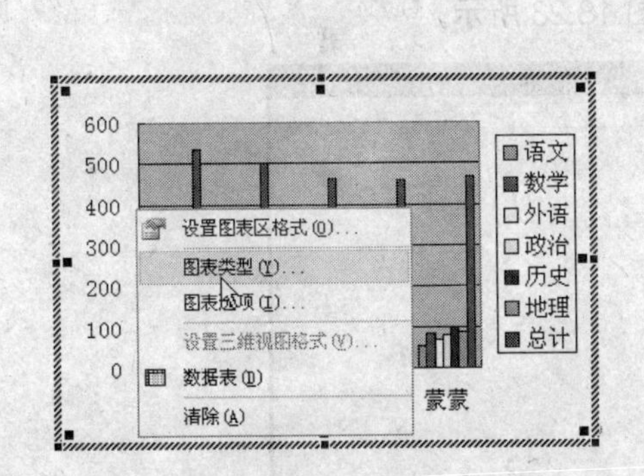

图 18.17　选择“图表类型”命令

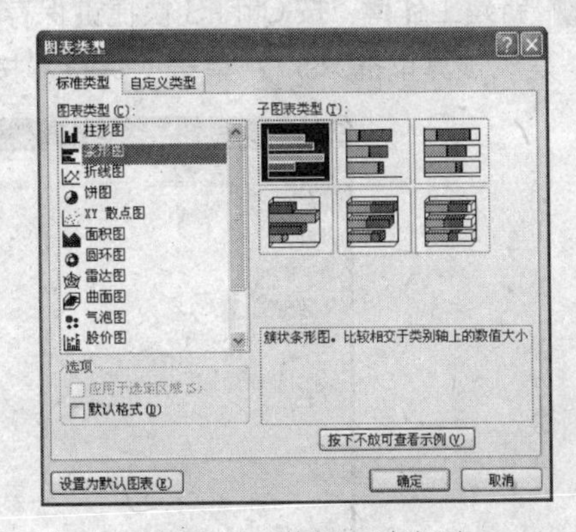

图 18.18　选择一种类型

Step 15 在图表外空白处单击，返回 Word 页面视图。

Step 16 为图表设置背景墙。进入图表编辑状态，右击，在弹出的快捷菜单中选择“设置背景墙格式”命令，如图 18.20 所示。

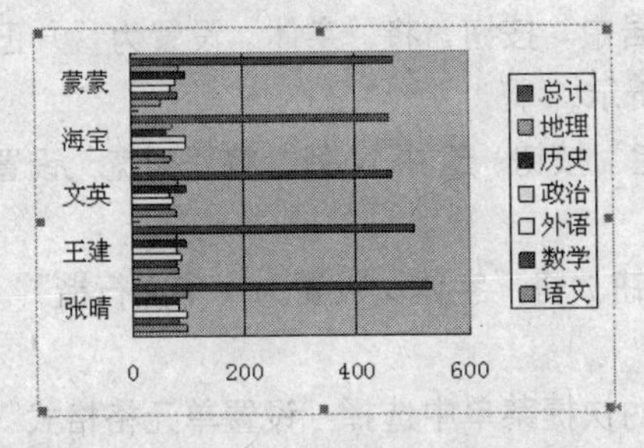

图 18.19　定义完类型后的效果

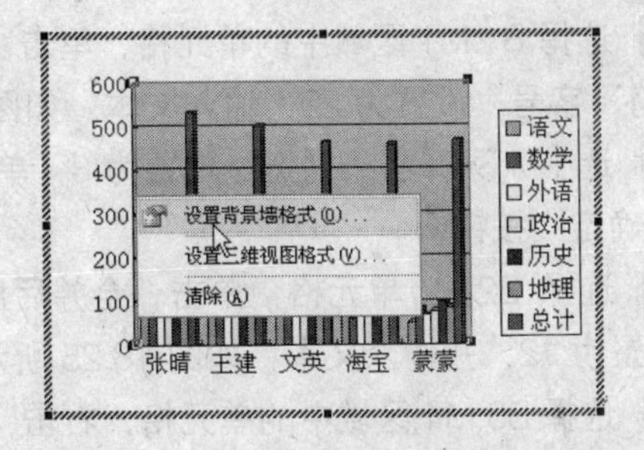

图 18.20　选择“设置背景墙格式”命令

Step 17 打开“背景墙格式”对话框，在“区域”选项组中选择一种填充效果，如图 18.21 所示，单击“确定”按钮。

Step 18 至此，成绩图表效果就制作完成了，完成后的效果如图 18.22 所示，将场景进行保存即可。

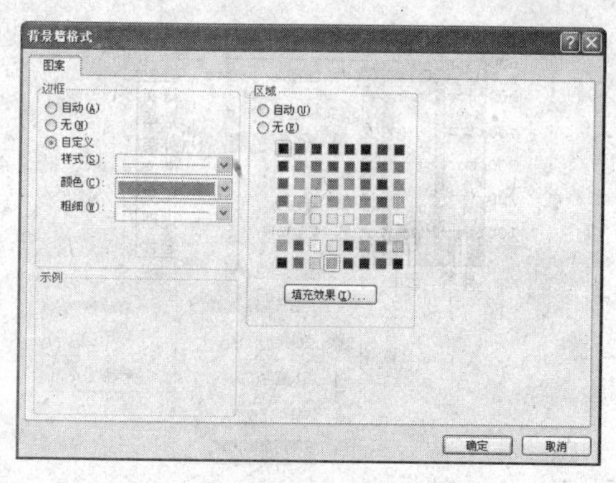

图 18.21　选择一种填充效果

姓名 成绩 科目	张晴	王建	文英	海宝	蒙蒙
语文	96	82	78	69	53
数学	82	79	68	59	82
外语	96	89	72	98	69
政治	82	79	68	98	79
历史	82	96	96	62	98
地理	96	78	82	73	86
总计	534	503	464	459	467

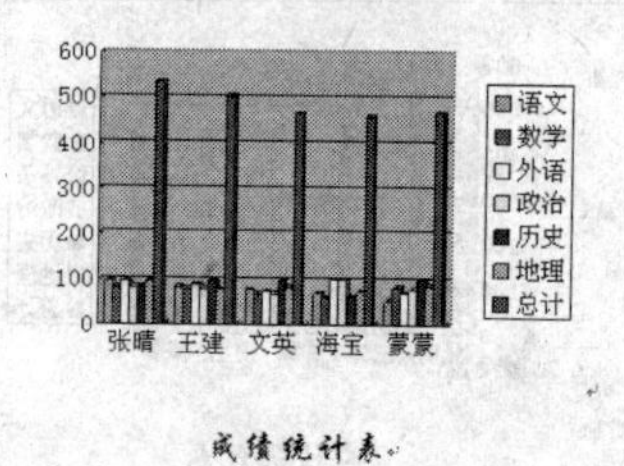

成绩统计表

图 18.22　完成后效果

综合案例 2　使用 Excel 制作建筑预算审批

本例将介绍建筑审批的制作，具体操作步骤如下。

Step 01 新建工作簿，按 Ctrl+S 快捷键保存，在打开的“另存为”对话框中选择保存路径，将其命名为“建筑预算审批.xlsx”，单击“保存”按钮，如图 18.23 所示。

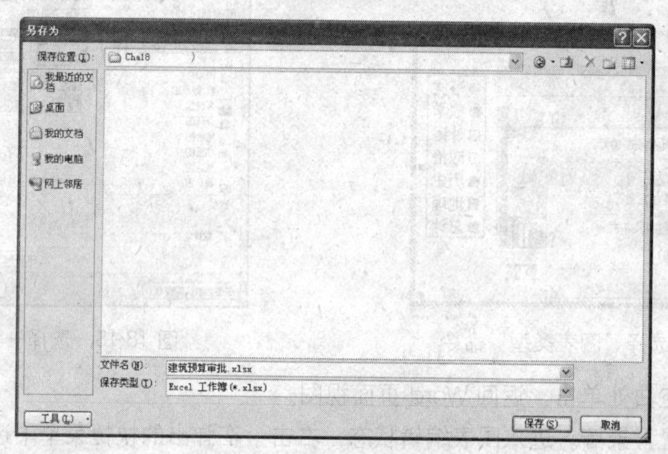

图 18.23　“另存为”对话框

Step 02 选择 B1:M1 区域中的单元格，单击“合并后居中”按钮，将“字体”设置为“方正康体简体”，将“字号”设置为 22，输入文本，如图 18.24 所示。

Step 03 选中 A 列，将“列宽”设置为 3，单击“确定”按钮。选中 N 列，将“列宽”设置为 3，单击“确定”按钮。

Step 04 选择 B2:E2 单元格，单击“合并后居中”按钮，将“字体”设置为“华文行楷”，将“字号”设置为 12，并输入文本，如图 18.25 所示。

Step 05 选择 B3:M4 区域中的单元格，右击，在弹出的快捷菜单中选择“设置单元格格式”命令，在打开的“设置单元格格式”对话框中选择“边框”选项卡，在“线条”选项组中选择一种线条样式，在“预置”选项组中单击“内部”按钮，如图 18.26 所示，单击“确定”按钮。

Step 06 选择 B3:D3 单元格，单击“合并后居中”按钮，将“字体”设置为“宋体”，将“字号”设置为 14，并输入文本，如图 18.27 所示。

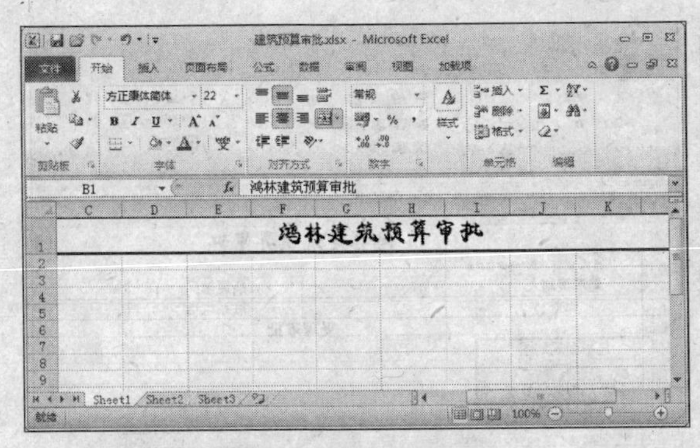

图 18.24　设置并输入文本（一）

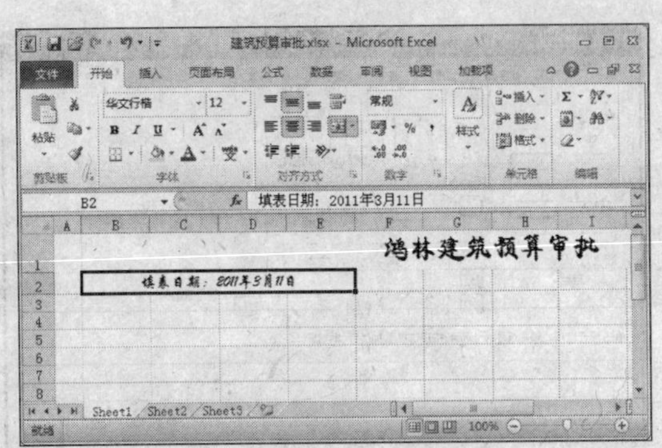

图 18.25　设置并输入文本（二）

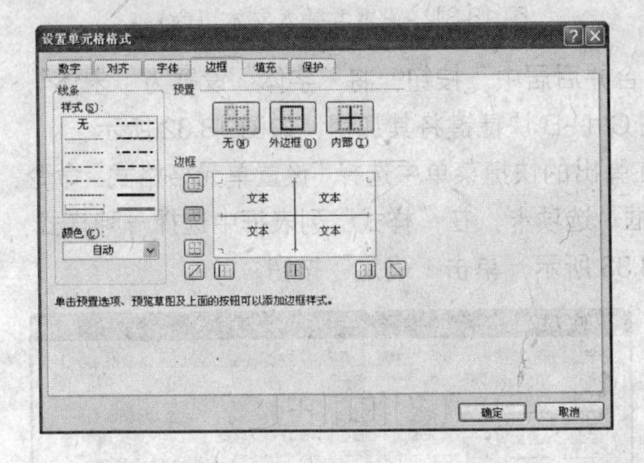

图 18.26　“设置单元格格式”对话框

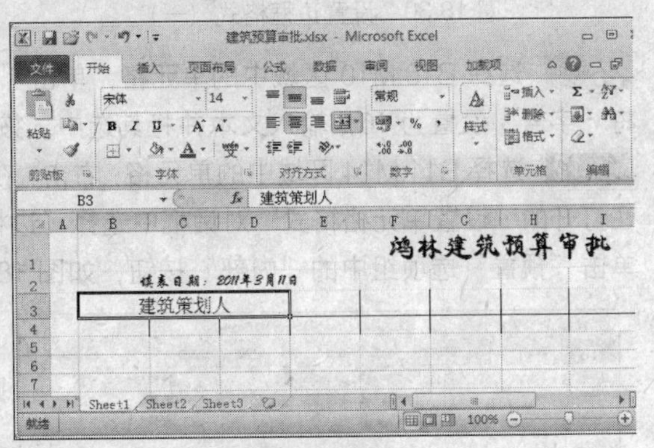

图 18.27　设置并输入文本（三）

Step 07 按住 Ctrl 键选择 B4:D4、E3:G3、E4:G4、H3:J3、H4:J4、K3:M3、K4:M4 单元格，单击“合并后居中”按钮，将“字体”设置为“宋体”，将“字号”设置为 14，并输入相应的文本，如图 18.28 所示。

Step 08 选择 B5:M5 区域中的单元格，单击“合并后居中”按钮，将“字体”设置为“宋体”，将“字号”设置为 16，并输入文本，将其选中，按 Ctrl+B 快捷键将其加粗，如图 18.29 所示。

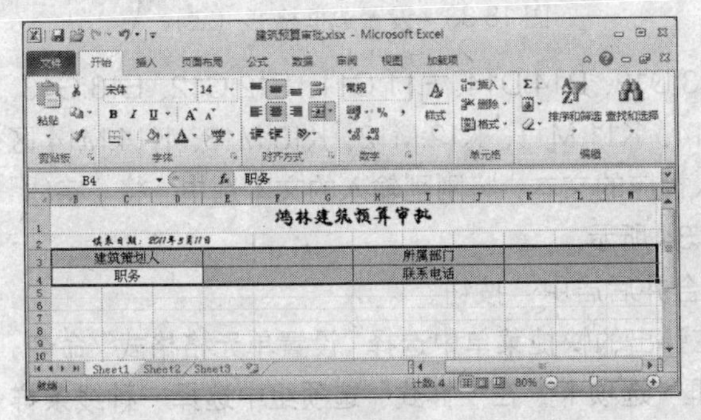

图 18.28　设置并输入文本（四）

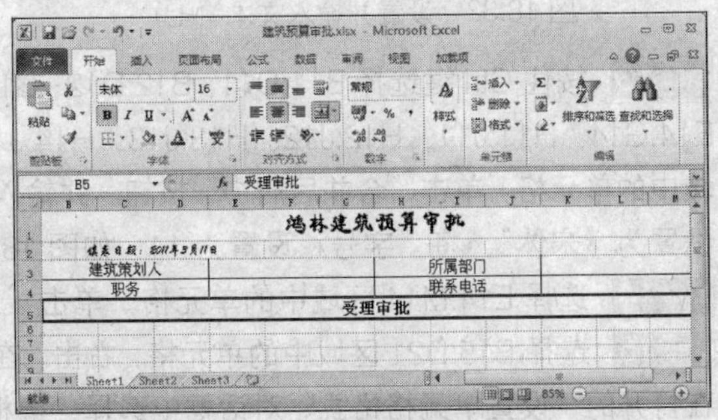

图 18.29　设置并输入文本（五）

Step 09 选择 B6:M9 区域中的单元格，右击，在弹出的快捷菜单中选择“设置单元格格式”命令，在打开的“设置单元格格式”对话框中选择“边框”选项卡，在“样式”列表框中选择一种线条样式，单击“预置”选项组中的“内部”按钮，如图 18.30 所示，然后单击“确定”按钮。

Step 10 按住 Ctrl 键，选择 B6:D6、B7:D7、B8:D8、B9:D9、E6:M6、E7:M7、E8:M8、E9:M9 区域中的单元格，单击“对齐方式”选项组中的“合并后居中”按钮，并输入相应的文本。将刚输入的文本选中，将“字体”设置为“宋体”，将“字号”设置为 14，如图 18.31 所示。

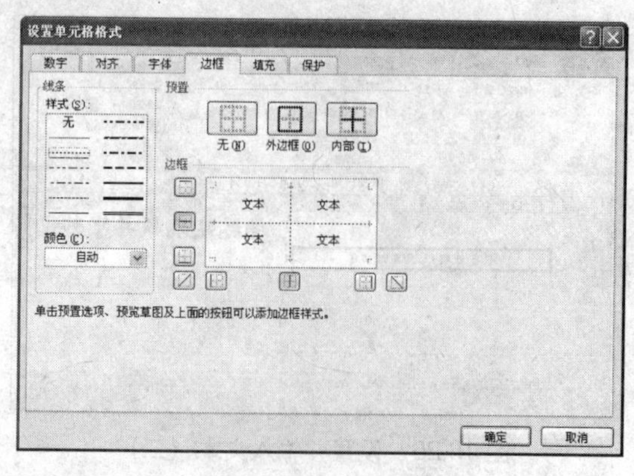

图 18.30 设置边框格式（一）

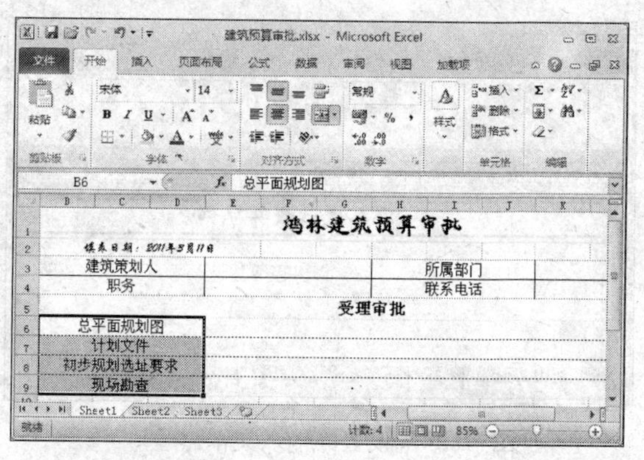

图 18.31 设置并输入文本（六）

Step 11 选择 B10:M10 区域中的单元格，单击“合并后居中”按钮，将“字体”设置为“宋体”，将“字号”设置为 16，输入文本并将其选中，按 Ctrl+B 快捷键将其加粗，如图 18.32 所示。

Step 12 选择 B11:M14 区域中的单元格，右击，在弹出的快捷菜单中选择“设置单元格格式”命令，在打开的“设置单元格格式”对话框中选择“边框”选项卡，在“样式”列表框中选择一种样式，单击“预置”选项组中的“内部”按钮，如图 18.33 所示，单击“确定”按钮。

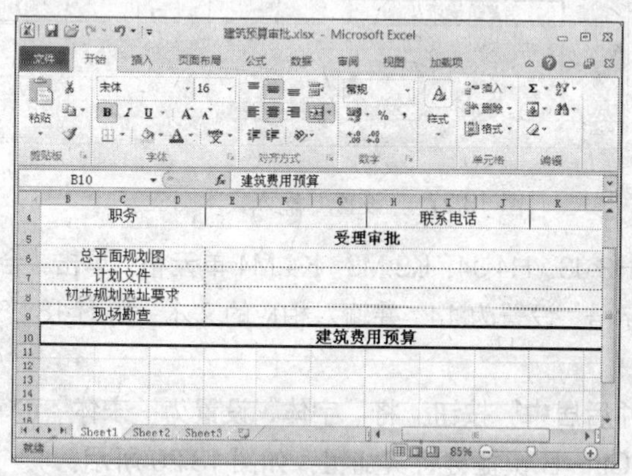

图 18.32 设置并输入文本（七）

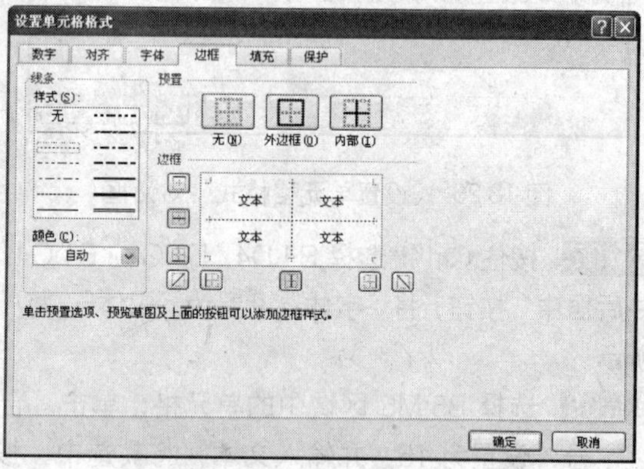

图 18.33 设置边框格式（二）

Step 13 按住 Ctrl 键选择 B11:D11、B12:D12、B13:D13、B14:D14、E11:G11、E12:G12、E13:G13、E14:G14、H11:J11、H12:J12、H13:J13、H14:J14、K11:M11、K12:M12、K13:M13、K14:M14 区域中的单元格，单击“合并后居中”按钮，并输入相应的文本，将刚刚输入的文本选中，将“字体”设置为“宋体”，将“字号”设置为 14，如图 18.34 所示。

Step 14 选择 E14:M14 区域中的单元格，单击“合并后居中”按钮。

Step 15 选择 B15:D21 区域中的单元格，右击，在弹出的快捷菜单中选择“设置单元格格式”命令，在打开的“设置单元格格式”对话框中选择“边框”选项卡，在“样式”选项组中选择一种线条样式，单击“预置”选项组中的“内部”按钮，设置完成后单击“确定”按钮，如图 18.35 所示。

Step 16 按住 Ctrl 键选择 B15:D21、E15:M19、E20:H21、I20:M21 区域中的单元格，单击“合并后居中”按钮，并输入相应的文本。选中 B15:D21 单元格中的文字，将“字体”设置为“宋体”，将“字号”设置为 28；选中 E20:H21、I20:M21 区域中的单元格，将“字体”设置为“宋体”，将“字号”设置为 11，并单击“文本左对齐”按钮，如图 18.36 所示。使用同样的方法，设置并输入文本，如图 18.37 所示。

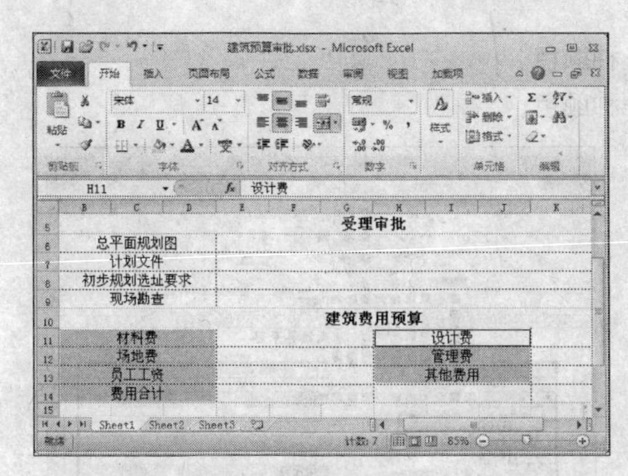

图 18.34　设置并输入文本（八）

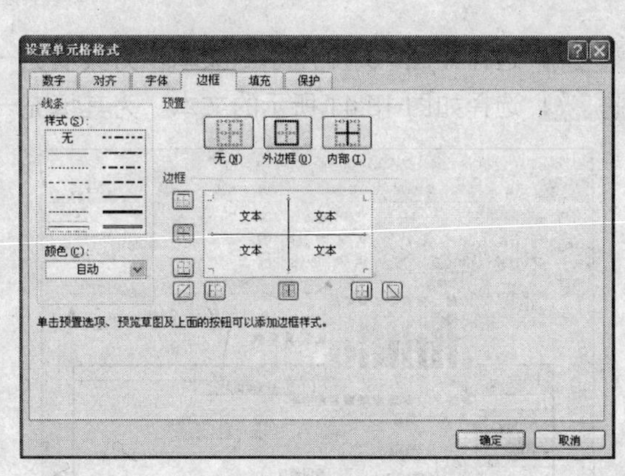

图 18.35　设置边框格式（三）

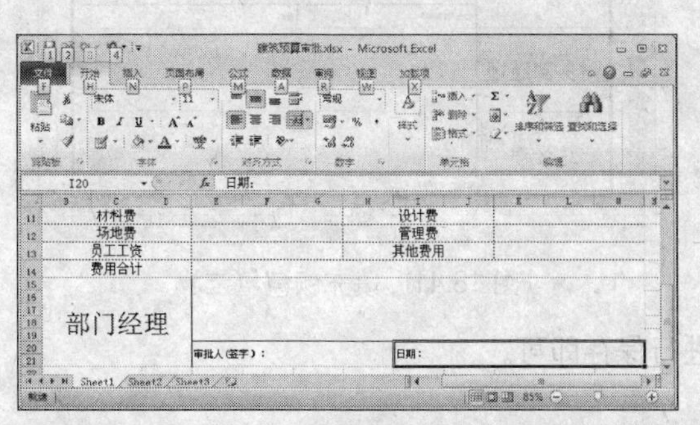

图 18.36　设置并输入文本（九）

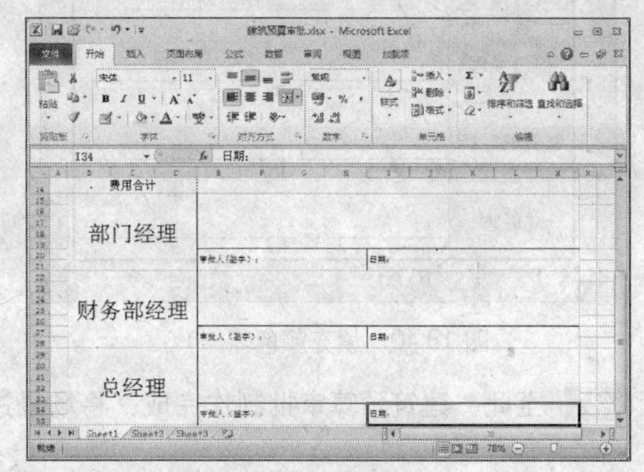

图 18.37　设置并输入文本（十）

Step 17 选择“字体”选项卡中“下框线”右侧的下三角按钮，在弹出的下拉列表中选择“线型”选项，在弹出的级联菜单中选择一种细边框线，绘制如图 18.38 所示的边框线。

Step 18 再次选择“绘制边框线”工具，将“线型”设置为粗框线，绘制如图 18.39 所示的边框。

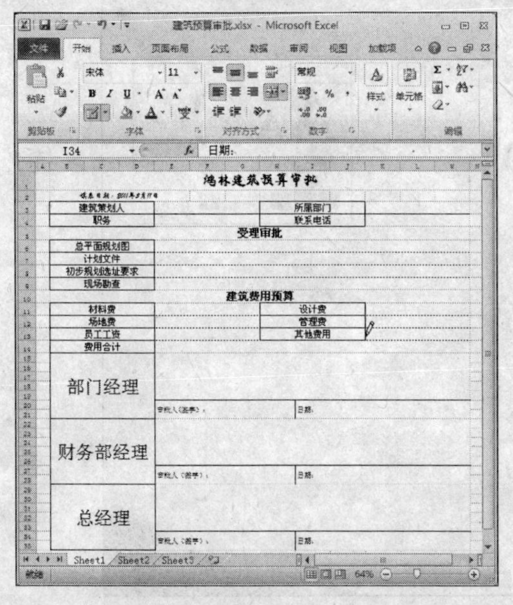

图 18.38　绘制边框线（一）

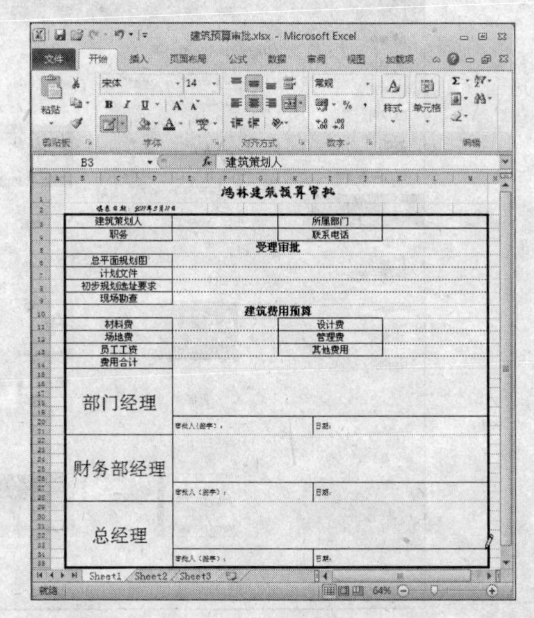

图 18.39　绘制边框线（二）

Step 19 选择如图 18.40 所示的文本，为其填充一种颜色。

Step 20 选择如图 18.41 所示的文本，为其填充一种颜色。

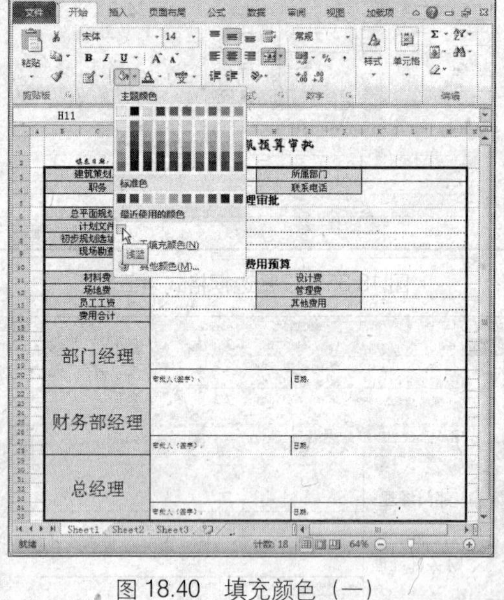
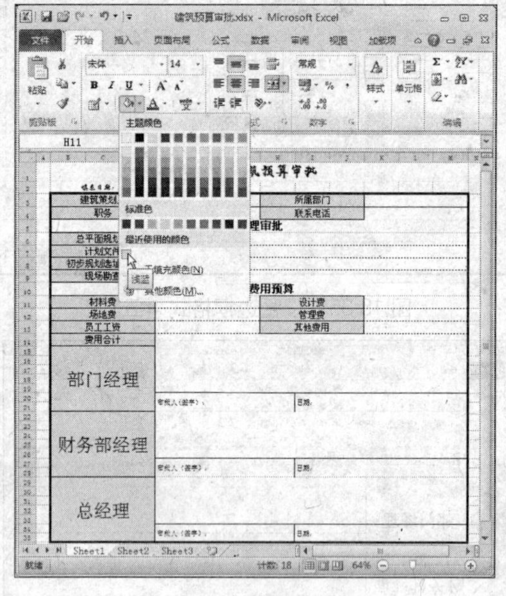

图 18.40　填充颜色（一）

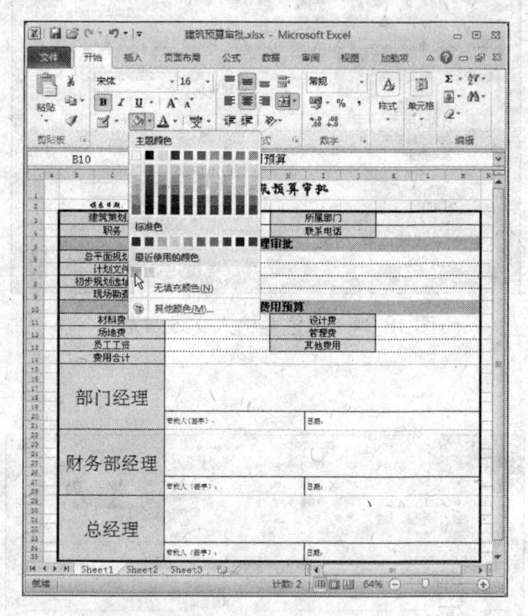

图 18.41　填充颜色（二）

Step 21 至此，建筑预算审批制作完成，将场景进行保存即可。

综合案例 3　使用 PowerPoint 制作培训方案幻灯片

Step 01 打开 PowerPoint 2010，单击“文件”|“新建”命令，在弹出的面板中单击“主题”命令，再在弹出的面板中选择“凸显”模板，单击“创建”按钮，如图 18.42 所示。

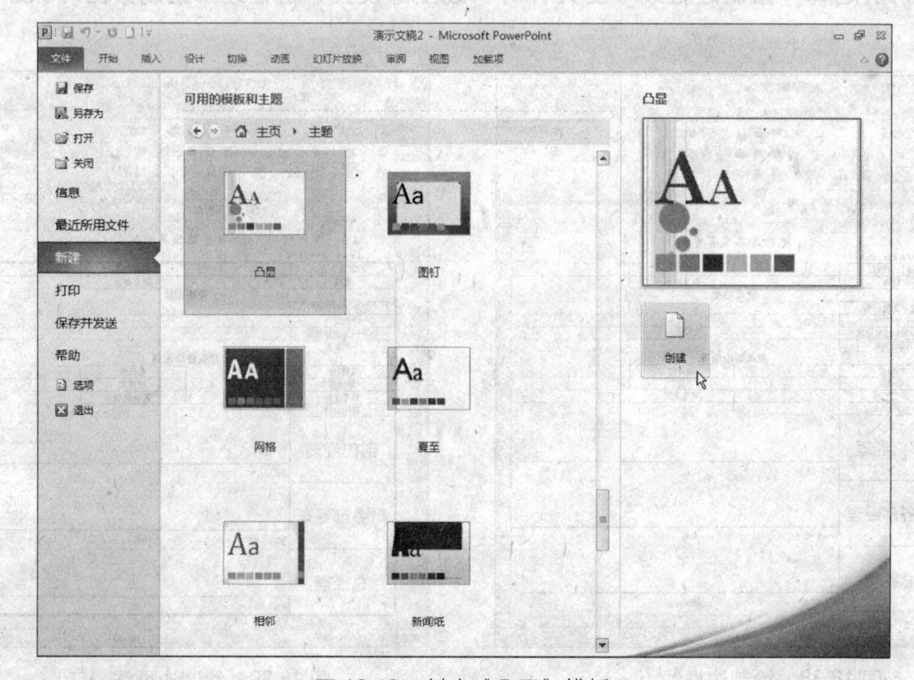

图 18.42　创建“凸显”模板

Step 02 单击标题栏，在标题栏中输入“学校新教师培训方案”文字并将其选中，将“字体”设置为“华文新魏”，将“字号”设置为 36。

Step 03 单击副标题栏，输入内容并将其选中，将“字体”设置为“方正魏碑简体”，将“字号”设置为 20。

Step 04 单击该幻灯片，选择“切换”选项卡，单击“切换到此幻灯片”组中的 按钮，在弹出的下拉列表中选择“覆盖”效果。

Step 05 右击幻灯片，在弹出的快捷菜单中选择“新建幻灯片”命令，如图 18.43 所示。

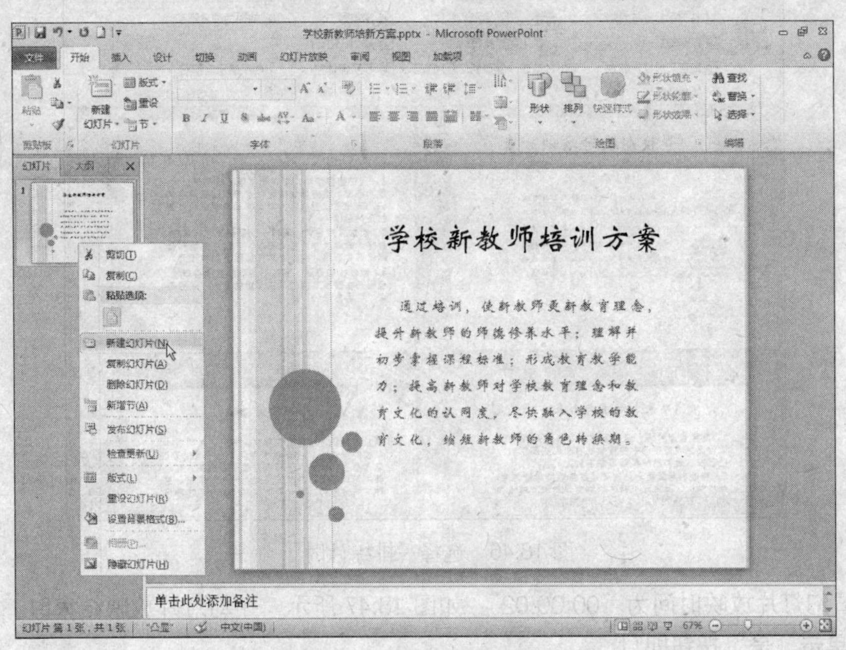

图 18.43　在快捷菜单中新建幻灯片

Step 06 单击新创建幻灯片中的标题栏，在标题栏中输入内容，并将“字体”设置为“华文新魏”，将“字号”设置为 36。

Step 07 选择“绘图工具”下的“格式”选项卡，单击“艺术字样式”组中的 按钮，在弹出的下拉列表中选择如图 18.44 所示的艺术字。

Step 08 设置完成后，单击标题栏下的文本框，为其添加内容，然后选中文本框中的文字，单击“字体”组中的“字符间距”按钮，在弹出的下拉列表中选择“稀疏”选项，如图 18.45 所示。

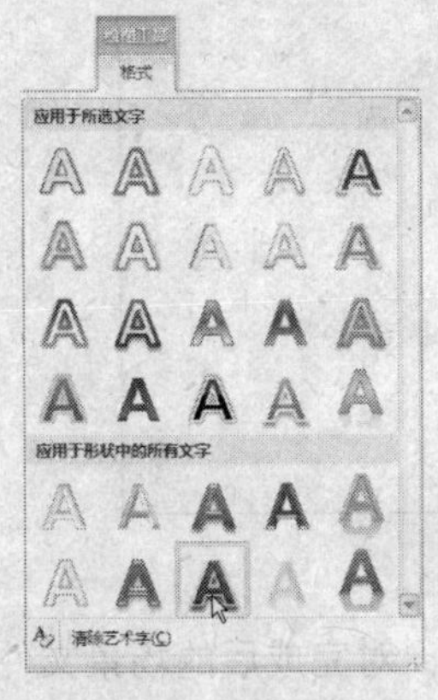

图 18.44　选择艺术字

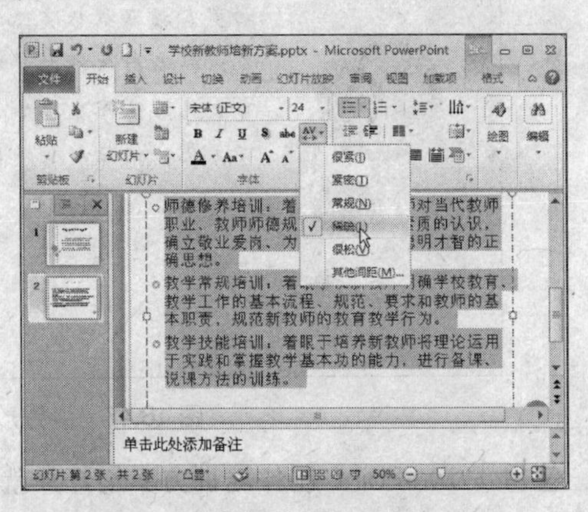

图 18.45　设置字符间距

Step 09 单击该幻灯片，选择“切换”选项卡，单击“切换到此幻灯片”组中的 按钮，在弹出的下拉列表中选择“碎片”效果。

Step 10 按照同样的方法新建并设置其他幻灯片，设置完成后对幻灯片进行处理。

Step 11 单击幻灯片右下角的“幻灯片浏览”按钮，选择“幻灯片放映”选项卡，在“设置”组中单击“排练计时”按钮，如图 18.46 所示。

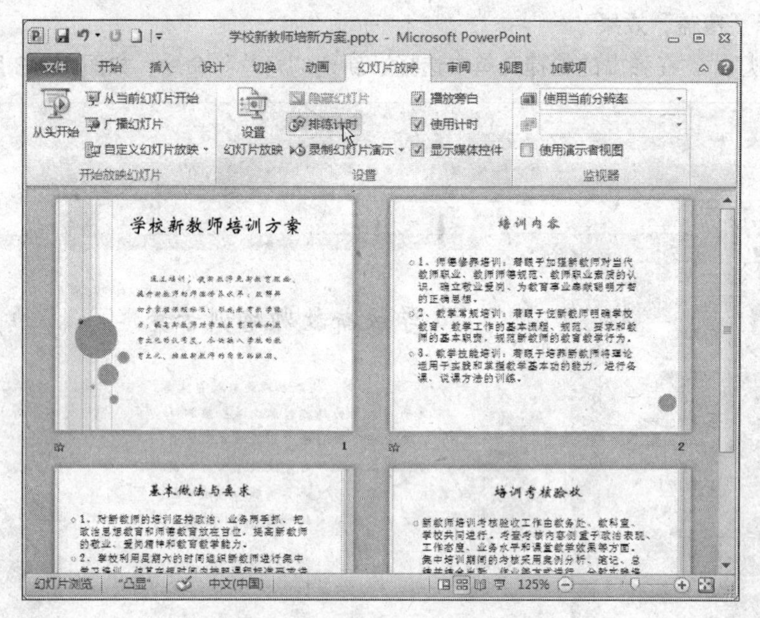

图 18.46 选择“排练计时”

Step 12 设置幻灯片放映时间为“00:00:02”，如图 18.47 所示，在幻灯片放映结束时，自动弹出一个对话框，单击“是”按钮即可。

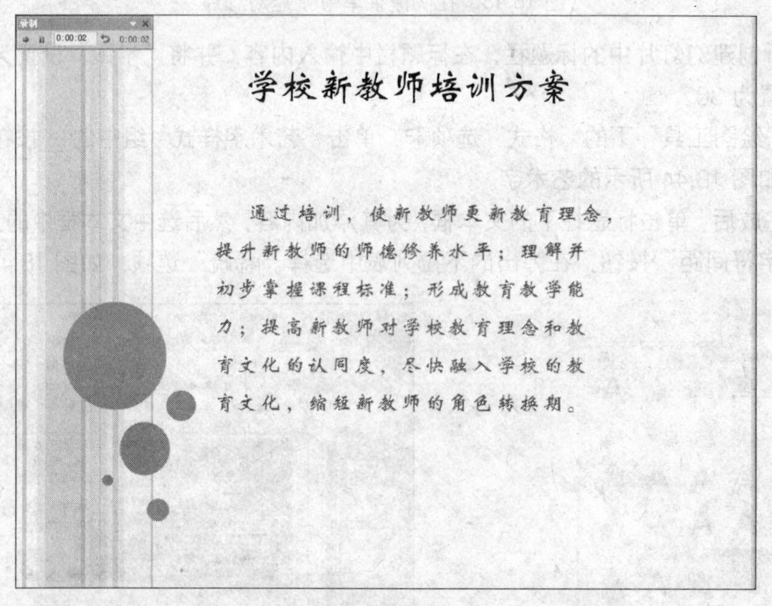

图 18.47 设置放映时间

至此，使用 PowerPoint 制作培训方案幻灯片就制作完成了，对完成后的场景文件进行保存即可。

附录

课后练习参考答案

项目 1　Word 2010 基础入门

一、选择题

1. C　2. A　3. C　4. C　5. A　6.A

二、简答题

1. 提示：见任务 1 实训 3。
2. 提示：见任务 2 实训 1。
3. 提示：见任务 3 实训 2。

项目 2　字符格式和段落编排

一、选择题

1. C　2. B

二、简答题

1. 提示：见任务实训 3 与实训 4。
2. 提示：见随堂演练。
3. 提示：见任务 4 实训 1。

项目 3　设置样式和模板

一、选择题

1. D　2. A　3. A

二、简答题

1. 提示：见任务 1 实训 1。
2. 提示：见任务 1 实训 2。

项目 4　表格处理

一、选择题

1. B　2. A

二、简答题

1. 提示：见任务 1 实训 1。
2. 提示：见任务 2 实训 2。

项目 5　文本框、艺术字和图形设置

一、选择题

1. B　2. A　3. C　4. B

二、简答题

1. 提示：见任务 2 实训 1。
2. 提示：见任务 2 实训 2。
3. 提示：见任务 2 实训 5。
4. 提示：见任务 2 实训 8。

项目 6　页面设置和打印输出

一、选择题

1. D　2. A　3. C　4. B　5. C

二、简答题

1. 提示：见任务 1 实训 2。
2. 提示：见任务 1 实训 4。
3. 提示：见任务 1 实训 7。
4. 提示：见任务 2。

项目 7　Excel 2010 的基本操作

一、选择题

1. D　2. B　3. B

二、简答题

1. 提示：见任务 2 实训 1。
2. 提示：见任务 2 实训 3。
3. 提示：见任务 2 实训 5。

项目 8　管理工作表

一、选择题

1. A　2. A　3. B

二、简答题

1. 提示：见任务 1 实训 4。
2. 提示：见任务 2 实训 6。
3. 提示：见任务 2 实训 4。

项目 9　公式与函数

一、选择题

1. A　2. A　3. C

二、简答题

1. 提示：见任务 2 实训 1。
2. 提示：见任务 1 实训 5。

项目 10　图　　表

一、选择题

1. C　2. B　3. A

二、简答题

1. 提示：见任务 1 实训 3
2. 提示：见任务 1 实训 3

项目 11　管理数据

一、选择题

1. A　2. D

二、简答题

1. 提示：见任务 2 实训 1。
2. 提示：见任务 2 实训 2。
3. 提示：见任务 2 实训 4。

项目 12　打印工作表

一、选择题

1. C　2. A，B

二、简答题

1. 提示：见任务 1 实训 2。
2. 提示：见任务 1 实训 3。

项目 13　PowerPoint 2010 的基本操作

一、选择题

1. A　2. D　3. A　4. C　5. B，D

二、简答题

1. 提示：见随堂演练。
2. 提示：见任务 1 实训 2。
3. 提示：见任务 1 实训 3。
4. 提示：见任务 1 实训 4。

项目 14 格式化幻灯片

一、选择题

1. B 2. A

二、简答题

1. 提示：见任务 1 实训 1。
2. 提示：见任务 2 实训 2。

项目 15 处理幻灯片

一、选择题

1. B 2. A 3. B 4. C 5. C

二、简答题

1. 提示：见任务 1 实训 2。
2. 提示：见任务 1 实训 3。
3. 提示：见任务 2。
4. 提示：见任务 2 实训 1。

项目 16 在幻灯片中插入对象

一、选择题

1. C 2. C

二、简答题

1. 提示：见任务 1 实训 1。
2. 提示：见任务 2 实训 4。

项目 17 设计和放映幻灯片

一、选择题

1. D 2. C 3. B 4. C

二、简答题

1. 提示：见任务 1 实训 1。
2. 提示：见任务 1 实训 2。
3. 提示：见任务 1 实训 2。
4. 提示：见任务 2 实训 1。
5. 提示：见任务 2 实训 4。
6. 提示：见任务 2 实训 5。